근대성의 충돌과 동북아 건축의 대응

글 임기택

주요철학자 소개

PART I 근대성의 도입과 동북아 사상의 대응 및 절충적 전개

근대 사상의 태동과 근대 주체의 발전 및 한계

동북아 기일원론 계보와 근대사유와의 충돌과 대응

중국 및 일본 근대철학의 생성과 변화

한국 기철학의 계보와 근대로의 이행

PART II 동북아 근대철학과 연계된 건축담론과 양태

PART Ⅲ 시사점과 건축적용 가능성

4

네 번째 주제

/

근대성의 충돌과 동북아 건축의 대응

주요철학자 소개

캉 유웨이(康有爲, 1858~1927)

중국 청나라 말기 및 중화민국 초의 학자이자 정치가. 자 광하(廣夏). 호 장소(長素). 무술변법(戊戌變法) 개혁의 중심적 지도자. 고향에서 후학들을 가르쳤으며 량치차오(梁啓超)가 그의 제자이다. 베이징, 상하이에 면학회(勉學會)를 만들며 활발한 활동을 시작하여 '변법자강책(變法自彊策)'으로 개혁을 지도했다. 유교를 재해석한 공양학(公羊學)을 배우고 유럽의 근대 학문과 근대성도 다양하게 공부하고 경험했다. 당시 열강의 노골적인 침략행위에 저항하기 위하여 일본의 메이지유신을 적극적으로 참고했다. 이후, 국회를 설립하고 헌법을 제정하여 운영하는 입헌군주제를 주장했으며, 정치 개혁인 변법자강(變法自疆)의 필요성을 제기했다. 과거시험의 개선, 상공업의 장려, 부정한 관리의 숙청 등을 주요 정책으로 내걸고 개혁을 수행했다. 내용 자체는 근대화의 조류에 적절한 것이었으나 개혁의 추진력이 궁정에 한정되고, 국민들과의 소통과 연대가 없었기에 실제로는 성공하지는 못했다. '100일 변법'이라 불리듯이, 그의 개혁은 얼마 가지 않아 위안스카이(袁世凱)가 배반하면서 실패했고, 서태후 등의 수구파가 원상복귀하며 다시 권력을 빼앗기자, 해외로 망명했다. 이후 개혁 사상은 쇠퇴했고 훗날, 혁명파 손문(孫文)에 의해 그의 정신이 계승되었다.

루쉰(魯迅, 1881~1936)

1881년 중국 저장성(浙江省) 출신. 『광인일기』, 『아큐정전(阿Q正傳)』 등을 쓴 중국 문학가 겸 사상가. 루쉰은 필명이다. 특히 대표작 『아큐정전』을 통해 세계적 명성을 얻었으며, 사후에 그의 의지와 유사하게 문학계의 통일전선이 형성되었다. 모든 허위를 거부하는 정신과 현실에 근거한 강인한 사고가 그의 문학 전반에 흐르고 있다. 유년기에는 비교적 유복했으나 가족의 계속되는 불행으로 집안 형편이 어려워져서 고생하며 성장했다. 학창 시절, 당시 근대적 계몽주의의 영향을 크게 받았다. 1902년 국비유학생으로 선발되어 센다이 의학전문학교로 유학을 떠났다가 자퇴하고, 동경에 머물면서 외국의 소설을 중국어로 번역했다. 이때 중국의 계몽을 위한 문학을 추구했다. 1909년 귀국하여 고향에서 교사로 지내다가 신해혁명(1911)이 발발하자 신정부의 교육부원이 되었고, 근무 중 틈틈이 금석탁본(金石拓本)을 수집하고 고서(古書)를 연구했다. 1918년 『광인일기(狂人日記)』를 발표하여 당시 가족제도의 폐해를 조명했다. 이때부터 '루쉰' 이라는 필명을 사용하기 시작했다. 단편 및 산문시집 『야초(野草)』를 발표하여 중국 근대문학을 확립했는데, 특히 이 시기에 발표한 『아큐정전(阿Q正傳)』은 매우 전투적인 사회 단평(短評)의 분위기를 창조하면서 그의 대표작이 되었고 세계적 명성을 얻었다. 사후, 문학계의 통일전선(統一戰線)이 형성되었는데, 허위를 거부하고 현실에 뿌리박은 강인한 사고가 그의 문학 전반에 뚜렷이 내포되어 후세에 많은 영향을 끼쳤다는 평가를 받는다.

니시다 기타로(西田幾多郎, 1870~1945)

일본의 근대 철학자. 근대철학과 동북아 철학을 결합시켜 독자적인 근대일본 철학을 형성했다. 와쓰지 데쓰로, 미키 기요시, 구키 슈조와 함께 '교토 사철(四哲)' 로 인정받는 철학자이다. 고등학교 때부터 불교의 참선을 수도한 경험으로 인해, 교토대학 철학과 교수가 되고 난 이후, 『선(善)의 연구』를 저술하는데 큰 영향을 받았다. '절대 무(無)의 자각' 과 '절대무(無)의 공간' 의 개념을 설정했는데, 이것은 불교의 '공적영지(空寂靈智)' 의 개념을 중심으로 독일 관념론을 결합하여 재해석함으로써 동북아적인 관점에서 근대 형이상학을 독자적으로 구축한 새로운 시도였다. 불교의 화엄사상과 형이상학은 쉽게 전체주의로 오염될 수 있는 측면이 있어서 일본 군국주의와 대동아 공영사상의 형성에 지대한 영향을 끼쳤다는 점에서 비판받는 측면이 있다. 건축공간과 관련해서 축소지향의 일본성과 '미니멀의 선(禪)의 공간'을 추구하는 일본적 특성 및 담론과 밀접한 관련이 있는 철학자이다.

와쓰지 데쓰로(和什哲朗, 1889~1960)

근대 일본 교토학파의 주요 철학자. 윤리학과 문화철학 분야에 큰 영향을 끼쳤다. 서양철학과 동양철학을 접목하고자 시도했으며, 독창적인 철학 체계를 구축했다. 화혼양재, 존황양이(尊皇洋夷) 등, 일본적인 시각으로 서양 철학을 재해석했고, 이를 극복하고자 했다. 인간의 상호관계성과 환경의 중요성을 강조했다. 사회적 관계성 속에 정체성이 형성된다는 관점에서 공동체성을 중시했으나, 윤리학에서 이데올로기적 측면을 반영하고 있으며, 이러한 그의 철학은 니시다 기타로의 철학과 함께 '대동아 공영사상'으로 이어져 아시아 침탈을 정당화하는 이데올로기로 발전하는데 영향을 주었다고 비판받고 있다. 주요 저작은 『윤리학』(1934)과 『풍토』(1935)인데, 풍토의 주요 내용은 자기를 발견하는 것, 즉 자기 객체화는 결국 특정 풍토와 역사적 배경에서 주체적 해석을 통해서만이 가능하다고 주장했다. 인간존재의 특수성을 강조하며, 인간은 자각을 통해 인간의 존재를 파악한다는 것이다. 다시 말해, 서양을 타자화하고 일본을 주체로 해석하면서 일본적인 윤리학을 정립하고자 했다. 자신의 관계로서의 윤리학에 있어서 니시다의 사유를 출발점으로 하여 많은 영향을 받았고, '절대 무(無)의 장소'로서의 자타불이(自他不二)의 관계를 중시하며 서양철학을 불교적 관점에서 해석하고자 했다. 문화상대주의적 입장과 동북아 불교적 관점에서 서양철학을 해석하고 그것의 윤리성을 강조하는 방향을 취했다.

정약용(丁若鏞, 1762~1836)

조선 후기 학자 겸 문신. 본관 나주(羅州). 호는 다산(茶山). 광주(廣州) 출생. 사실적이며 애국적인 많은 저서들을 남겼고, 다양한 분야(역사, 지리 등)에 관심이 지대하여 주체적으로 역사관을 정립했다. 합리주의적인 과학 정신을 바탕으로 서학을 연구했고, 서양의 과학 지식을 도입하여 실질적인 실용서들을 저술했다. 주요 저서는 『목민심서』, 『경세유표』 등이 있다. 1783년 회시에 합격한 이후, 어전에서 『중용』을 강의하고, 1789년 갑과로 급제한 후, 승진을 계속하다가 가톨릭 교인으로 몰리고 남인인 공서파(攻西派)의 모함으로 해미에 유배되었다. 곧 복권되었으며, 1792년에는 서양식 축성법을 공부하여 구축과 기중가설(起重架說)을 저술하여 축조 중인 수원성 구축에 도움을 주었다. 1799년 병조참의 때 모함을 받아 사직했다. 그를 아끼던 정조가 세상을 떠나자, 신유박해(辛酉迫害) 때 장기(長機)에 유배되고 뒤에 황사영 백서사건에 연루되어 강진으로 유배되었다. 다산(茶山) 기슭에 있는 산정에 칙거하며 유배에서 풀려날 때까지 18년간 학문에 집중했다. 학문적으로 정치기구와 지방행정의 쇄신, 농민의 토지균점과 공평한 분배, 노비제의 폐기 등을 주장했다. 이러한 학문체계는 중농주의적 학풍(유형원, 이익)을 계승한 것이며, 또한 박지원의 북학파(北學派)의 기술도입론을 긍정적인 입장으로 받아들여 실학을 집대성한 것이었다.

최한기(崔漢綺, 1803~1877)

19세기 조선 후기의 철학자. 호 혜강(惠崗). 1825년(순조 25) 사마시(司馬試) 급제 후 학문에 전념하다가 1872년(고종 9) 중추부첨지사(中樞府僉知事)를 지냈다. 경험주의적 인식론이 중심이 되어 근대적 합리주의의 방식으로 저술했다. 경학(經學), 사학, 예학, 수학, 지리 등 해박한 지식을 습득했으며, 책을 좋아하여 많은 귀한 서적을 수집하는데 투자를 많이 했다. 지리학자 김정호와 교우관계였으며, 연암 박지원의 영향 하에 서학을 받아들였다. 경험주의적 인식론에 영향을 받아 선험적인 방식보다는 수학적, 실증적인 방식으로 이해하고자 하여 근대적 합리주의의 사상에 많은 영향을 주었다. 기학(氣學)을 정립했고, 통상 개방과 함께 개화를 주장했다. 당시 진보적인 역사관을 통해 현실을 비판하며, 개혁을 추구했다. 실학파 학자들의 관심과 자세를 견지하고 계승하여, 개화 사상가들의 선구자의 역할을 수행했다. 천문, 지리, 농학, 의학, 수학 등 1,000여 권의 저서를 저술했다. 그의 기학은 서학과 과학기술의 특성이 결합된 것으로, 과학적, 물리적 실증학을 연구하여 이론의 객관성을 흡수하고 유교의 가치를 계승하는 도덕론을 집대성했다. 그의 사상은 서양의 기술 및 과학을 주체적으로 받아들이고 재해석하여 새로운 학문체계를 수립한 것이다. 기본적인 개념은 '천인운화(天人運化)' 의 생명 에너지로서, 끊임없이 운동하는 신기(神氣)라고도 부르는 기가 '앎과 실행' 을 수행하며 자연 변화에 따라 무한한 영향력이 발휘되는 것을 기본으로 했다. 유형의 신(神)과 운화(運化)하는 리(理)가 구분된다고 주장했고, 기의 변화를 바탕으로 인간을 이해해야 함을 주장했다.

신남철(申南徹, 1903~미상)

일제 식민지 시기 사회주의를 신봉한 1세대 철학자. 정치인이자 학자. 해방 이후 북한에서 김일성대학 교수, 법제위원회 위원을 역임했다. 서울에서 출생하여 1931년 경성제국대학 철학과를 졸업하고, 법문학부 미야케 교수의 조수로 헤겔과 마르크스 철학에 심취했다. 1934년에는 「실존철학의 의의」와 「조선연구의 방법론」이라는 제목의 논문을 발표하고 '현상학적 세계관' 을 주제로 강연을 했다. 졸업 후, 기자 생활을 하다가 일제 말 경성제국대학 조교수를 지냈고 중앙고등보통학교 교사로도 근무했다. 1945년 8월 해방이 된 후 조선학술원 서기국에서 일하고 '조선독립동맹

(文房)

환영준비위원회' 에 참여했으며 이후 중앙위원이 되었다. 1948년 총 3권으로 이루어진 『역사철학』을 출간했고, 같은 해 4월 '남북회담 지지 108인 성명' 에 참여했다. 월북 후 연안파 신민당에 가입해 김일성대학 철학과 교수로 재직했다. 해방 이후, 적극적으로 북한의 공산주의를 열렬히 신봉하여 사상적인 분야에서 상징적인 인물이 되었다. 그러나 월북 후, 50년대 말, 종파 투쟁 끝에 연안파가 숙청되면서 함께 역사의 무대에서 사라지고 말았다. 그의 사상은 사회해방과 인간해방을 내용으로 하는 신문화운동이 필요하다고 생각했고, 실천적으로 변화시키고자 노력했다. 그는 브루노를 주체적인 능산적 인간으로 보는 반면, 스피노자는 자기 침잠의 고독에서 자유로이 사색에 몰두하는 수동적이고 은둔적인 객체적 인간, 혹은 소산적 인간으로 보았다. 그는 두 가지 모순되는 상반된 가치가 과학적이고 변증법적으로 승화되는 방법론을 취했다. 좌파적인 마르크스주의에 입각하여 이상적인 도덕적 사회주의로 나아가기를 희망했고, 구조화된 필연성의 현실과 모순되는 자유의 충동의 부조리한 상황에서 인문적인 소양을 바탕으로 비판과 투쟁을 통해 변화시키려고 했다.

박치우(朴致祐, 1909~1949)

박종홍, 신남철과 함께 한국 1세대 철학자이자 실천적 지식인이다. 해방 이후 자신의 신념에 따라 남로당에 가입하여 핵심 이론가로 활동했다. 일본인 교수 미야모토의 조수를 하며 칸트 헤겔 등 독일 관념론의 영향을 받았으며 마르크스주의에 심취했다. 1933년 신남철, 박종홍과 함께 한국인 최초로 '철학연구회' 를 설립하고 공동연구를 수행하며 전문잡지 『철학』을 3회 발간했다. 근대성의 중심이 되었던 칸트와 헤겔로부터 크게 영향을 받아, 자연스럽게 마르크스 사상에 심취했다. 이후, 평양 숭실전문학교 교수로 부임하게 되었는데, 이 사립 학교는 일제에 저항하는 지식인들이 모였기에 민족주의적인 성향이 강하여 신사참배 거부 운동을 하는 등, 당시 저항의 구심점이 되고 있었다. 1940년 7월에 나온 평론, 『동아협동체론의 일성찰』(『인문평론』)은 친일비평으로 평가하는 의견도 있지만, 파시즘을 극렬하게 비판하며 사상적으로는 마르크스주의를 추구했다. 마르크스주의의 실천적 사상의 특성에 발맞추어 현실에 참여하여 모순을 극복하기 위해 실천하며 부조리한 현실을 적극적으로 변화시키고자 했다. 그것은 모순의 변증법적 종합이라는 실천의 과정을 실행하는 것이기도 했다. 해방 후, 현대일보 편집국장인 이원조와 함께 활발하게 활동했는데, 부르주아 문학작품을 극심하게 비판한 사회주의자였고 조선 공산당 기관지 『해방일보』의 주필이기도 했다. 해방 후 좌파가 중심이 된 통일 전선체 '민주주의 민족전선' (이하 민전)의 결성대회 준비위원 및 민전 중앙위원으로도 활동했다. 박헌영의 비서 활동을 하면서 강동정치학원을 설립해 정치부원장을 맡아 사상교육을 담당했다. 박헌영의 지시에 따라 1949년 9월 직접 강동정치학원 출신 360명을 제1군단으로 편성하고 오대산, 태백산 등 남쪽에서 빨치산 활동을 적극 지휘했다. 국군 8연대와 대치하며 김달삼 부대와 연합하여 전투를 수행하다가 그해 11월 말 40세의 젊은 나이에 군경토벌대에 의해 사살되었다.

박종홍(朴鍾鴻, 1903~1976)

호는 열암(洌巖). 평양 출생. 18세에 전라남도 보성보통학교에서 교사생활을 시작했고 1922년에 『개벽(開闢)』에 「한국미술사」를 연재했다. 1924년에 최초 철학논문인 「퇴계의 교육사상」을 발표했다. 1929년에 경성제국대학 법문학부 철학과에 입학하여 칸트와 헤겔 등 독일 관념주의 철학을 주로 연구했다. 1934년에 같은 대학 대학원 졸업과 동시에 조교로 근무했고, 1935년 이화 여자전문학교 강사로 옮기고 1937년에 교수가 되었으며, 1939년 문과 과장을 역임했다. 광복 후 서울대학교로 자리를 옮겨 인재양성에 힘썼다. 한국철학회장, 한국사상연구회장, 학술원 회원, 「국민교육헌장」 기초위원 등을 겸직했다. 광복 후부터는 학술활동으로, 『일반논리학』(1948), 『인식논리학』(1953), 『철학개론강의』(1953), 『철학개설』(1954), 『지성의 방향』(1956), 철학적 모색』(1959), 『새날의 지성』(1962), 『현실과 구상』(1963), 『지성과 모색』(1967), 『한국의 사상적 방향』(1968), 『한국사상사-불교사상편』(1972), 『지각과 의욕』(1972) 등의 다양한 저작을 남겼다.

초기에 독일철학의 관념론을 중심으로 공부했고, 광복 후에는 실존철학, 분석철학, 한국철학 등 폭넓은 분야를 연구했는데, '한국철학사'를 처음 개설한 공로가 있다. 그의 연구는 현실과 이상의 조화를 추구했다고 평가할 수 있다. 이황과 이이의 학설을 깊이 탐구했고 한국 사상의 주체성 정립을 위해 학구적인 노력을 기울였다. 만년에 「국민교육헌장」 기초위원으로서 활동하면서, 한국의 근대화 교육이념에 한국사상의 주체성을 강조하고, 이를 교육헌장 속에 녹여 넣으면서 독재정권 유지에 사상적 기여를 했다는 점에서 비판받기도 한다. 우리의 유, 불, 도 사상과 근대사상을 꿰뚫어 함께 연구하면서, 한국적 입장에서 근대성을 재해석하고자 했으며 일반논리와 인식 논리, 변증법적 논리를 거쳐 역(易)의 논리와 창조의 논리를 집대성한 논리체계를 세우기 위해 노력한 철학자이다. 그러나 근대성의 양면적인 특성이 그의 내면과 실행에 있어서 공존하는 철학자였다.

들어가며

근대성이 도입되면서 자국 기술, 문화와의 급격한 단절을 경험했던 동북아인들과 동양의 국가들에서 공통으로 나타나는 갈등이 있었다. 기존의 전통(사유)과 새로운 근대성과의 부조화를 겪으면서 나타나는 발전과 함께 혼란 및 폐해의 극심한 딜레마가 발생했던 것이다. 우리나라는 서구의 근대성을 직접적으로 도입하면서 발생하는 딜레마를 겪었을 뿐만 아니라, 일본이 겪으면서 자신의 것으로 체화한 근대성과 서구에서 직접 들어오는 근대성과의 삼중 갈등(트릴레마)을 겪게 되었다. 설상가상으로 일제 치하에서 2차 세계대전으로 고통받고 갑작스러운 해방과 한국전쟁 등을 겪으면서 한국은 과거와의 급격한 단절과 혼란을 경험했다. 한국인들에게는 근대성의 외적 변수들의 갈등과 문제점들이 더욱 복잡다단했다는 의미이다.

근대에 접어들면서, 세계는 근대성과 공명하며 근대적 시공간이 성립되었고, 근대성이 만들어 내는 통제적 특성과 근대적 공간의 특성으로 인해 인류는 기존의 전통적인 사상과 공간구조와는 사뭇 다른 새로운 차원의 공간적 특성을 경험하게 되었다. 동북아에서는 유토피아적인 사상과 근대성을 접목하고 도입하고자 하는 세력들이 기존의 수구 세력들과 힘겨루기를 했고 때로는 혁명을 통해 급진적으로 변화를 수용하고자 했다. 대체로 근대성을 수용하는데 세 가지 종류의 대응 세력이 존재했다. 근대성과 과학기술을 최대한 빠르게 수용하고자 하는 세력, 주체적으로 그것을 수용하여 절충적으로 적용하고자 하는 세력, 모든 것을 수구적으로 거부하는 움직임 등의 세 가지 세력들이 상호 투쟁을 전개했다. 건축 부문에서도 유사한 방식으로 갈등을 일으키며 근대성과 근대 건축이 새롭게 이식되고 실험되었다. 그 가운데 근대성을 중심으로 동북아 기일원론의 전통적 방식을 새롭게 해석하여 접목시키는 사상의 흐름도 등장했다. 또 정신적 흐름과 공명하며, 연장선상에서 이에 적합한 건축적 방법론과 실험들이 존재했다. 이러한 계보는 오늘날 기일원론의 사상적 흐름을 근간으로 하여 근대성을 새롭게 해석하고 동시대적 가치와 라이프스타일을 접목하여 새로운 보편성을 획득할 수 있는 방법론이 될 수 있다는 점에서 새롭게 주목할 가치가 있다.

서양의 사유와 교육체계에 의해 동일성의 폐해를 보이는 우리나라의 건축 현실을 생각해 보았을 때, 동북아 사유체계를 살피고 우리의 건축적 자양분이 될 수 있는 동북아 사유체계와 건축적 가능성을 살펴보는 것은 무척 중요하다. 문명권이 다르고, 풍토가 다르기 때문에 동북아인들에게는 근본적으로 인류의 공통적인 구조로는 설명할 수 없는 다른 차원의 정신적, 물질적, 공간적 요소들이 존재할 수 있다. 그것은 일정 부분 이성적인 것으로는 설명하기 힘든 영역이다. 일부는 그냥 다른 것이다. 서양과 다른 것은 다른 것으로 인정하고, 다른 것을 존중하는 태도가 필요하다. 다른 사유체계와 관점을 인정하고 이질적인 부분들을 주체적으로 사유하여 현대적인 관점에서 적용할 때 새로움을 창조하고 더 나아가 반대로 다른 문명권에 문화적 영향을 끼치며 새로운 의미를 생성시킬 수 있을 것이다.

이런 관점에 따른 근대성과 전통사상과 문화와의 화두는 다음과 같다.

-근대성의 성립과 영향은 어떠했고, 근대적 시공간과 통제담론은 어떻게 발전했는가?

-한, 중, 일 동북아의 기일원론과 근대적 사유와의 갈등과 절충의 특성은 어떻게 진행되며 발전했는가?

-한국의 기일원론의 사상의 계보에 근대성의 도입은 어떻게 진행되었는가?

-근대성의 특징과 건축적 대응 태도는 어떤 양상으로 나타났는가?

-트릴레마의 외적 변수에 대응하는 가운데 나타난 한국 건축의 기일원론적 특성은 어떻게 발현했는가?

-1세대 근대 건축가의 한국성 담론과 민족주의 건축의 한계는 무엇인가?

-국가 주도의 근대화 계획의 장점과 한계는 건축분야에서 어떤 영향을 끼쳤는가?

-근대성의 발전 이면의 폐해는 어떻게 나타났으며, 건축에는 어떠한 영향을 끼쳤는가?

등을 중심으로 사유를 진행할 것이다.

근대성의 도입과 동북아 사상의 대응 및

PART I

절충적 전개

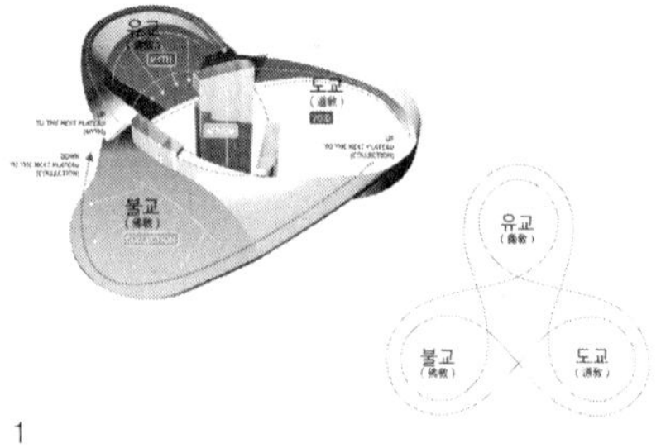

1

1, 2, 3권에서 살펴본 바와 같이 동북아에서 유교, 불교, 도교는 서로의 존재를 부정하거나 말살시키고자 하지 않고 각자의 존재를 인정하는 가운데, 시대에 따라 각각의 시각이 중심이 되어 나머지 두 종교 혹은 사상을 재해석하고 통합하여 시너지를 이루고자 하는 방식으로 진화했다. 이 가운데 자신의 특성이 중심이 되어 자신에게 부족한 부분을 보완하고 좀 더 체계화시키는 방향으로 발전했다. 그 과정에서 세 가지 축은 서로 뒤섞이며 순환하는 구조를 보였다. 그것은 마치 벤 반 버클의 '벤츠 뮤지엄' 의 다이어그램과 유사하다. 세 가지 사상은 세 가지 각자의 축을 중심으로 나머지 두 가지를 포획하거나 혹은 포용하고자 서로 투쟁하거나 조화를 이루며 순환하고 있는 양상이다. 동북아에서는 단순히 정, 반, 합의 투쟁을 통해 진보의 목적론과 같이 일방향성(역사성)을 보여왔던 서양 사상의 방향성과 다른 양상의 사유와 문화가 전개된 것이다. 근본적으로 다른 방향성을 가지고 있는 사상과 문화에 근대성이 이식되면서 근본적인 갈등과 대응이 나타나게 되는 것은 당연한 수순일 것이다. 이제 살펴보게 될 4권의 내용은 근대성이 강제적으로 도입되고 이식된 상황에서 동북아 사상과 문화와 건축이 어떻게 대응하며 전개되었는지에 대한 부분에 초점을 맞추며 시작하게 될 것이다.

오늘날 한국의 건축을 만드는데 있어서 지역적인 '한국성' 이라는 특수성을 만족하면서 동시에 세계적인 보편성을 획득하고자 한다면 어떻게 접근해야 할 것인가? 그리고 그것을 미래지향적인 방식으로 성취하고자 한다면 어떻게 해야 할 것인가? '한국성' 이라는 개념을 객관적으로 바라

1 유, 불, 도의 순환과 포용

보고 그것을 어떻게 획득할 수 있을 것인가? 이러한 문제의식으로부터 이 글은 시작된다. 한국 건축역사학 분야는 옛 건축 유구의 세부적인 분석에 치우쳐져 있는 경향이 강하고, 동시대 한국성을 추구하는 건축가들은 시대별 정신사와 각종 외적 변수의 특수성을 고려하지 않은 채, 시간성을 배제한 한국성으로 왜곡된 작품 활동을 하는 경우가 많았다. 이에, 우리는 동시대의 건축 담론과 동북아 사유라는 정신사적 흐름 가운데 만들어진 동북아적, 한국적 특성을 상호보완적으로 함께 살펴볼 필요가 있다. 특히 각 시대별 특성을 인지한 가운데 사상사(종교적 특징 포함)의 흐름과 변화를 살펴보게 되면, 전통 건축에 투영된 세계관과 사상과 공명하는 건축의 공간적, 경관적 특성을 이해하는데 도움이 될 것이다. 서양의 사상과 근대성이 한국의 물질세계와 공간에 많은 영향을 끼친 현 상황에서 이러한 시도들은 새로운 동양적 가치와 아이덴티티를 생성시킬 수 있는 모멘텀의 계기가 될 수 있을 것이다. 그것은 동북아 사상과 문화적 시각이 동시에 충족되고 동시대적 세계관(보편성)을 함께 획득할 때 가능할 것이다. 그러나 서양사상과 세계관에 근거하여 전통사상과 물리적 구조를 바라보고자 한다면 오류가 생길 수밖에 없음을 경계해야 할 것이다. 그동안 음양오행에 영향을 받은 공간의 질서 등 전통사상에 의한 건축공간의 구성 방법 및 동양의 주역 및 풍수지리의 관점으로 바라본 세계관과 건축공간 배치와 관련된 연구들이 있었으나, 이러한 방향성이 각 시대를 총괄하여 보편적인 동시대성을 획득할 수 있도록 자체적인 노력을 기울였는지에 대한 의문이 존재해 왔다.

또 한 가지는 환경적 문제에 대한 대안의 시각으로서, 서양 중심의 사고에서 탈피해야 함을 기억할 필요가 있다. 근대사회로부터 시작된 시장경제와 교환가치에 의한 운행 및 세계질서와 공간, 경관 및 환경의 변화는 현재 여러 가지 측면에서 지속가능성에 대한 심각한 의문이 제기되는 상황이다. 한국성과 관련하여 그동안 1세대 건축가들이 추구했던 형태적 모방과 2세대 건축가들의 은유적 표현 및 동시대 건축가들의 공간적인 공통 분모에 대한 건축을 추구하고 추상적인 재현을 시도한 것은 어쩔 수 없는 한계가 존재했으며, 보편성 및 공감을 얻는 부분에 부족함이 있었다.

'동서양의 건축적 현상을 가시적인 사실로서가 아니라 정신적 이념 구조로 파악했을 때 서로 무엇이 어떻게 다른가 하는 것을 찾아내는 것은 어려운 과제이며, 이념적이고 정신적인 배경을 구체적으로 찾아내어 현대적으로도 재현 가능한 가치와 이상으로 바꾸어 가치와 추구하려 했던 목적과 이상을 만나게 해주어야 한다.'[1] 라는 주장은 동시대적 한국성에 있어서 고려해 보아야 할 지향점이 될 수 있다. 또한 미래 사회에 대한 대안적 제시와 함께 환경 및 경관과 공간구조에 어떠한 대안을 제시할 수 있는가에 대한 건축적 방향성을 함께 제시할 수 있어야 할 것이다. 이를 위해 우선 서양의 '근대성' 의 특성과 건축적 영향에 대한 명확한 이해가 필요하다.

서구의 근대성은 인류에게 커다란 진보를 만들어 내며 장점도 많았지만, 그만큼 어두운 그림자와 같은 폐해도 심각했다. 서구의 근대성의 특징과 장, 단점을 정확하게 파악하고 단점에 대한 오늘날의 대응 방식을 생각하고 실천할 때, 새로운 방향의 한국성을 실현할 수 있을 것이다. 그러한 측면에서 근대성과 근대사상의 근본적 특성에 대해서 우선 살펴볼 필요가 있다.

1) 김성우, 건축에서의 근대적 오류와 전통적 대안, 한국인문사회과학회, 1997, p34

근대 사상의 태동과 근대 주체의 발전 및 한계

서양의 근대 사상의 핵심이 되는 부분을 먼저 살펴보아야 하는 몇 가지 이유가 있다. 우선, 근대사상이 서양의 눈부신 과학혁명, 산업혁명에 거의 직접적으로 영향을 주었다는 점을 들 수 있다. 또 발전의 이면에 그것을 작동하게 하는 매커니즘으로 발생하는 폐해가 컸다. 빛이 밝으면 그 이면에 드리우는 그림자 역시 커지게 마련이다. 근대적 주체는 새로운 역사를 열어젖힌 새로운 '주체' 였지만 새로웠던 만큼 문제 역시 많았기 때문이다.

서양에서 '근대성이 언제부터 시작되었는가' 라는 부분은 여전한 논쟁거리이다. 근대의 시작을 바라보는 시점은 다양한 해석이 있어 왔다. 다만, 대체로 신을 중심으로 사유하는 중세의 암흑기를 지나 르네상스 이후에 인간 중심적인 사상과 인간의 감정을 중시하는 문화가 생성되면서 근대와 근대성이 발아되었다는 의견이 많다. 또 사회적으로는 자본의 점진적인 성숙을 통해 시민계급의 성장이 이루어졌고, 과학혁명과 산업혁명으로 인해 물질적 풍요와 발전이 급격하게 이루어져서 인간의 삶의 양태를 크게 변화시켰던 시기를 근대가 시작되는 시기라고 보는 견해도 있다. 관점에 따라 그 시기는 다양한 시점으로 달라질 수 있다. 그러나 사상적인 측면에서, 신 중심이 아닌, 인간 중심으로 세계와 진리를 바라보고 느끼고 판단하는 철학적 문제는 데카르트 사상 이후로부터 출발점으로 보는 것이 일반적이다. 이 지점이 바로 내재성이 중심이 되는 동북아 사유와는 차이를 보이는 지점이며, 서양 근대 사유의 출발은 근대성의 충돌

지점이 어디인지, 또 어떠한 이유로 인해 그러한 문제 의식을 가지게 되었는지를 이해하게 되는 중요한 출발점이 되고 있다. 그래서 4권의 내용은 이 부분으로부터 사유의 출발점으로 삼고 논의를 이어 나갈 것이다.

0401 근대 철학의 기원과 주체의 목적론적 방향성

중세에는 신학이 철학 그 자체였고, 신학의 체계 안에서 사고하도록 강요했다. 신학의 허용범위에서만 사유하는 것이 허락될 뿐이었다. 신의 판단 허용범위 안에 인간이 대상화되어 사유하기를 강요당했던 것이다. 그 시기에 서양인은 단순히 신의 구원을 바라는 존재일 뿐이었다. 주체적인 사유를 한다는 것은 불가능했다. 브루노 같은 철학자와 같이, 당시 기준으로 보았을 때 이단적인 사유를 주장한 선구자들도 있었지만, 이내 박해의 대상이 되었다. 인류는 이른바 인문적인 특성이 압제당하는 암흑기를 경험하게 된 것이다.

'이데아의 세계'라는 추상적인 개념과 같이 '신'은 하나의 개념이자 실체로서, 계속해서 논쟁의 중심이 되어왔다. '신은 단지 이름뿐이냐, 혹은 실재하는 것이냐'의 논쟁이 철학사에 두 가지 축으로 계속해서 등장해 왔다. 한쪽에는 오직 이름만 있을 뿐이라는 유명론(唯名論, nominalism)이 존재한다. 그것은 관념적인 개념이 단지 사람들이 이름을 붙인 것에 지나지 않는다는 것이어서, 신이라는 단어가 단지 이름뿐이라는 결론에 도달하기 때문에 신학적으로는 유명론을 받아들일 수 없었다. 여기에서 바로 대립적인 실재론(realism)이 등장했다. 실재론은 플라톤으로부터 서양 사상에 면면히 내려오면서 눈에 보이지 않지만, 실재하는 것으로 여겨지는 합리적인 관념론의 주요 축을 형성했다. 그러나 이러한 축의 반대편에는 경험을 중시하며 유명론을 조목조목 반박하는 사상의 축이 존재했다. 이른바 영국의 경험론(유명론)이라고 할 수 있고, 이것은 전자인 대륙의 합리론(실재론)과 대립을 이루고 있다.

데카르트는 유명한 '나는 생각한다. 고로, 나는 존재한다.' 라는 문장과 같이 코기토를 중시한다. 그는 극한의 방법적 회의(의심)를 통해 자명한 사실, 즉, '생각하고 있는 이 순간만큼은 생각하고 있는 나 자신을 의심할 수는 없다' 라는 결론에 이르게 된다. 내가 생각하고 있고 내가 이 세계를 바라보고 판단하고 있는 주체라는 것이다. 그 주체는 신으로부터 독립된 주체를 의미한다. 또 주체는 확실한 진리에 이르기 위한 출발점을 의미하기도 한다. 중세에는 신의 뜻이 중심이 되어 인간을 판단한다. 신이 구원해 주는 '주체' 이고 인간은 피조물인 '객체' 로서 신의 처분에 따르는 수동적인 존재일 뿐이다. 그러나 르네상스 이후의 근대인은 마치 신의 자리에 내가 위치하고 객체와 세계를 판단하고 느끼는 '주체' 가 되었다. 그래서 이것을 '주체 철학' 이라고 말하고 주체가 '어떻게 올바르게 진리를 인식하느냐' 가 중요한 문제로 등장하게 된다. 인식론은 그래서 철학의 중요한 주제이다. 철학에서는 전통적으로 어떻게 대상과 일치하게 인식하여 올바른 지식을 만드는 것이 가능할 것인가가 중요한 문제가 되었다.

—유명론과 실재론의 차이와 관점

경험론은 '인식주체의 경험이 지식과 진리의 근거가 된다' 라는 입장이다. 베이컨, 로크, 버클리와 흄 등의 경험론자들이 영국 경험론의 계보를 잇고 있다. 유명론은 '보편적인 것은 오직 이름뿐' 이라는 주장을 전개했고 '보편' 이 실재한다는 것이 실재론에서 주장하는 입장이다. 실재론은 플라톤의 '이데아' 의 개념과 같이 눈에 보이지는 않지만, 그 가치는 우리의 생활에 실재한다고 보는 입장이다. 이와 반대로 유명론적인 입장에 있는 사람들은 경험주의자의 입장으로, 눈에 직접적으로 보이는 보편자가

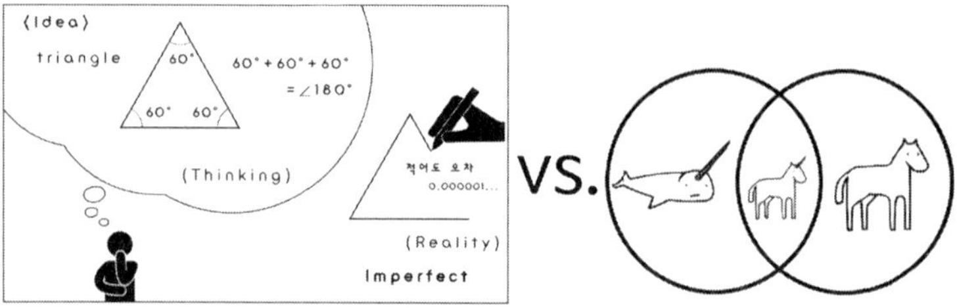

실재론의 입장 유명론의 입장

2

더욱 현실적이라고 보며, 보편자란 우리의 지적 능력속에만 존재하는 명목적인 것이라고 생각한다.

고대의 실재론은 감각 너머에 이데아의 세계가 있고 그것이 실재한다고 생각했지만, 데카르트 이래 근대 사상은 합리적 이성을 바탕으로 실재를 파악할 수 있다고 생각한다. 넓게 보면 실재론의 입장에 서있는 데카르트는 경험과 관찰의 불확실성과 지적, 본유관념과 연역적인 지식이 우리에게 진리에 이르게 한다고 강조한다. 그러나 경험론의 관점에서 유명론을 주장하는 로크는 신학적인 우주론은 올바른 관찰에 입각하는 과학적 지식의 발전에 저해된다고 주장한다. 또 버클리는 '물질이란 존재하지 않는다. 존재하는 것은 오직 지각된 것 뿐이다.' 라고 주장한다.

더 나아가 흄은 나라는 주체, 즉 자아의 정신이라고 불리는 것이 사실은 '인상과 지각의 묶음' , 즉, '관념의 다발' 일 뿐이라고 주장한다. '관념의 다발' 이 주체라는 믿음을 형성하게 된다고 보는 것이다. 예를 들면, 상상속의 유니콘은 '뿔이 있는 물고기' 와 '뛰어다니는 말' 과 '날개 있는 새' 등, 기존의 경험을 결합시켜 조합해 낸 산물로, 그러한 기존의 경험이 없으면 만들어 낼 수 없고 존재할 수 없는 것이며, 관념에 불과하다는 것

2 유명론과 실재론

이다. 유명론자들은 '유니콘' 이라는 상상속의 동물은 기존 경험에서 나오는 '관념의 다발' 이 만들어 낸 허상에 불과하다는 입장이다. 그래서 유명론자들은 근대적 주체의 믿음은 주관적이고 개인적인 것일 뿐이라고 생각한다. 이렇게 흄은 데카르트가 신으로부터 독립하여 만들어 낸 '근대적 주체' 를 근본적으로 '해체' 하게 된다. 근대적 문제 설정 가운데 유명론을 끝까지 밀고 나간 결과, 근대철학의 출발점이었던 주체를 해체하기에 이른 것이다. 이처럼 회의주의는 극한에 선 근대철학, 극한에 선 유명론의 다른 모습으로 비판받은 것이다.

0402 근대적 주체의 재건과 한계

–칸트의 '근대적 주체' 의 재건(再建)

서구 사상의 흐름에 있어서, 본격적으로 근대의 폐해가 생기게 되는 그 근본적인 원인은 무엇일까? 흄에 의해 근대적 주체의 허구적 특성이 드러나며 근대적 주체는 해체되었다. 신으로부터 독립된 주체는 매우 위태로워졌다. 중세에는 신이라는 존재를 통해 진리에 다가갈 수 있다고 보았고, 이후 신에게서 독립한 주체는 스스로 독립적이고 주체적으로 생각할 수 있다고 보았는데, 그것이 허상이라는 것이 밝혀진 것이다. 인간은 이제 진리로 한 발짝도 나아갈 수 없는 것이다. 그렇다면 인간은 신으로부터 독립하여 스스로 생각할 수 없게 되었다. 이렇게 데카르트의 자명하고 확실한 근대적 주체(생각하는 나)는 흄에 의해 해체되었고 불확실한 것으로 증명되었다. 바로 이 지점에서 칸트는 이렇게 해체된 근대의 데카르트의 '주체' 를 재건할 수 있는 사유를 제시하며 명성을 얻었다.

칸트는 우선 인간은 무엇을 알 수 있는가?(순수이성비판), 인간은 무엇을 할 수 있는가?(실천이성 비판), 인간은 무엇을 바랄 수 있는가?(판단력 비

3

판) 등의 세 가지 질문을 한다고 간주했다. 흄이 제기하며 근대적 주체를 해체했던 바로 그 지점에서 칸트는 그 문제를 중심으로 하여 근대적 틀 안으로 그 문제를 다시 가져오면서 근대적 주체를 새롭게 자리를 잡게 하고 재건하려고 했다. 칸트는 '진리는 대상에서 찾을 것이 아니라 대상을 만드는 우리의 판단 형식에서 찾아야 한다.'라는 주장을 하게 되었다. '인식의 다발' 이라는 흄의 상황에서는 '사물 대상(물 자체)' 이라는 외부 대상을 올바르게 인식하는 것이 불가능하다. 칸트가 주장하는 주체의 판단은 마치 인공지능 로봇이(AI) 인식할 때 사용하는 객관적 형식의 범주의 표에 있는 알고리즘으로 사물을 인식하는 방식과 유사하다. 마찬가지로 인간도 합리적인 이성으로 범주에 의해 인식하는 것이 가능해지는 것이다. 칸트는 이것을 '코페르니쿠스의 발상의 전환' 만큼이나 획기적인 것으로 자평한다. 확실히 이것은 이전의 체계와는 완전히 다른 접근방식이다. 여기에서 그가 이야기하는 선험적 종합판단 혹은 '아 프리오리' (a priori: 선천적)는 경험적인 것과 대조적이다. 칸트는 경험이 없다고 해도 선험적 판단 근거에 따라 인식할 수 있다고 주장하는 것이다.

흄이 근대 주체를 해체한 바와 같이, 생각하는 주체와 대상인 사물 자체(물 자체)는 인식기관의 한계나 경험의 주관성 등의 한계로 인해 올바르게 인식하는 것이 근본적으로 불가능하다. 이에, 칸트는 그 사이의 간극을 어떻게 새로운 방식으로 인식하게 하는가에 초점을 맞추어 근대 주체를 재건하고자 했다. 분석판단, 동어반복 등은 모두가 그러한 불완전한 경험을 만들어 낸다. 그는 새로운 지식을 추가하면서도 확실하고 타당한 판단, 즉, 경험 이전의 선험적 판단기준이 필요하다고 생각했다. 즉 선험

3 칸트의 초상

적 감각의 형식이 필요하다고 본다. 감각 판단의 범주로 인해 주체는 법칙을 인식하고 사물들에 대한 판단을 할 수 있다고 본다. 선험적인 지성 형식이 구성되면 진리를 올바르게 판단할 수 있다는 것이다. 쉽게 말해 누구나 인정가능한 보편타당한 인식의 기준표에 따라 인식하면 대상을 올바르게 인식할 수 있고 진리에 올바르게 다가가게 된다고 본 것이다. 이 새로운 접근 방식으로 근대적 주체가 다시 되살아 난 것이다.

칸트의 범주는 쉽게 이야기해서 AI(인공지능) 로봇이 사과를 인식할 때 색은 빨갛고, 형태는 어떠하며, 어떤 물리적 특징이 있는지에 대한 판단을 함에 있어서 미리 주어진 기준표에 의해 판단하는 것과 유사하다. 그러한 기준표에 의해 유사도가 가장 높으면 사과로 확정할 수 있다고 보는 것과 같이, 불변의 보편적인 판단의 기준을 선험적인 것으로, 주체가 기댈 수 있는 근거로 본 것이다. 사실, 인간이 가까이 있는 무언가의 대상을 올바르게 파악하고 인식하는 것은 마치 AI 로봇이 사물을 인식하는 것 만큼이나 어려운 것이다. 주체가 객체(세계)를 파악하고 진리로 나아갈 수 있도록 만드는 것은 무척이나 어려운 일이다. 그것은 마치 화성에 로켓을 쏘아 올려 화성 탐사를 위해 로버를 보낸 것과 같은 상황과 별다르지 않다. 빛의 속도로 전파를 받는데만 7분여가 소요되는 먼 곳에 있는 가운데, 로버가 보내오는 정보로 화성이라는 객체의 특성을 파악하고 그 특성을 인식하는 것과, 인간이 가까이 있는 사물을 올바르게 인식하는 것은

4

4 AI 로봇의 인식실험과 화성 로버의 탐험

둘 사이에 본질적으로 별 차이가 없는 것이다.

또한 행동에 있어서도 인간의 의지를 규제할 보편적 원리가 이성의 내부에 있다는 것은 인간 이성의 실천적 자율성의 원리로 확보될 수 있음을 뜻하는 것이 된다. 그것은 최종적 '자율성' 이다. 그는 보편타당한 윤리 원칙을 찾으려고 했다. 칸트는 '너는 언제나 네 의지의 준칙이 보편적인 입법 원리로서 타당하게 행동하라' 라고 주장한다. 남들도 동일하게 인정할 수 있는 도덕적 기준을 자신의 마음속에 기준으로 삼고 철저하게 양심적으로 지키라는 의미이다.

대륙의 합리론의 계보의 연장선상에서 칸트는 독일 관념주의의 흐름을 세운 인물이 되었다. 보편타당한 윤리 원칙이라는 개념을 이데아와 같이 실재하는 개념으로 자신이 설정하고 그것을 현실에서 엄정하게 실천함으로써 그 개념은 살아 숨 쉬는 실생활의 질서로써 작동하게 될 것이다. 그렇게 된다면, 자연스럽게 윤리적인 질서가 수립될 것이고 이데아와 유사한 윤리 원칙의 개념이 현실 세계에서 개인과 공동체에 살아 숨 쉬며 실재한다고 느껴지는 개념이 될 것이다. 칸트는 진리는 경험을 통해 얻어지는 것이 아니라고 주장한다. 인간의 감각기관은 불완전하고 사물 자체를 올바르게 인식하는 것이 불가능하다. 따라서 그는 올바르게 진리에 도달하는 것이 불가능하다고 보았다. 이에 칸트는 두 가지 방법론으로 주체와 '물자체' 의 간극을 극복하여 올바르게 인식할 수 있는 근대적 주체를 재건하게 된다. 그는 우선 진리를 주관화시켜서 진리를 외부의 사물이나 대상에서 찾는 것이 아니라 주체 자체의 내부에서 찾는 것을 주장한다. 이를 가능할 수 있게 하기 위해, 그는 주체(주관)를 객관화시켜 경험이나 인식의 기초가 되는 필수적인 형식을 설정하여 주체 내부에서 찾아냄으로써 주체가 올바르게 대상울 인식할 수 있게 된다고 보았다.

그러나 칸트에게도 상당한 문제점이 존재한다. 칸트 이후 피히테, 헤겔은 그 문제가 되는 부분들을 비판하며 자신의 철학을 정립했다. 우선, 칸트의 선험적 범주는 아리스토텔레스의 10개 범주를 변형시켜서 만든 것으로, 범주 이전에 범주를 나누는 어떤 기준이 또 필요하다고 볼 수 있는데, 이러한 점에서 근본적인 문제가 발생한다. 또 범주를 이해하기 위해서는 일정 정도 교육이 필요하다. 완전히 경험 이전의 선험적인 것은 아니라는 것이다. 또 주체가 판단하는 시간과 공간은 상대적일 수도 있다는 난점이 있다. 절대적 시공간에서는 합리적인 시각이라고 볼 수도 있지만, 우리를 둘러싼 세계에서는 아인슈타인의 상대성 이론과 같이 상대적 시간과 같이 다른 외적 변수 하에서는 다른 판단을 내릴 수 있다는 것이다. 또 순수이성과 실천의 분리 문제, 실천적 판단을 하는 이성은 이론적인 판단을 수행하는 이성과 전혀 별개의 문제가 있음을 들 수 있다. 주체(인간)는 진리를 인식할 수 있는 중심이 된다. 사실은 여기에서 인류 역사에 있어서 '동일성의 폐해'의 비극이 시작되는 지점이라고도 볼 수 있다.

임마누엘 칸트의 판단표임마누엘 칸트의 판단표		
구분	판단	범주
분량	전칭판단(보편적)	단일성
	특칭판단(특수적)	다수성
	단칭판단(개별적)	전체성
성질	긍정판단	실재성
	부정판단	부정성
	무한판단	제한성
관계	정언판단	실체와 우유성
	가언판단	인과성과 의존성
	선언판단	상호성
양상	개연판단	가능성-불가능성
	실연판단	현존성-비현존성
	필연판단	필연성-우연성

아리스토텔레스의 범주론 및 4원인설	
범주	4원인설
1. 실체	질료인,
2. 양	형상인,
3. 질	작용인,
4. 관계	목적인
5. 장소	
6. 시간	
7. 위치	
8. 소유	
9. 능동	
10. 수동	

4

4 칸트의 판단 범주표와 아리스토 텔레스의 판단 범주표

칸트는 세상을 인식하는 보편적인 법칙을 세운 것인데, 사실 그 보편적인 법칙이 시대별로 사회별로, 혹은 개인별로 달라질 수 있다는 것이 문제가 될 수 있다. 칸트 본인이 생각하기에 보편적이라고 생각하는 기준이 실제로는 그렇지 않은 부분이 존재한다면 어떻게 될까? 그리고 그것이 맞는 것이라고 타인에게 폭력적으로 강요하게 된다면 어떻게 될까? 거기로부터 문제는 시작되는 것이다. 이후, 피히테는 칸트의 그 지점을 지적하고 비판하며 자신의 철학을 정립했는데, 마치 신과 같은 주체의 지위를 수립하고, 독일 관념론의 계보를 이어 나가면서 헤겔에 이르러 완성을 이루게 되었다. 그것을 달리 이야기하면 향후, '근대적 주체'의 폐해 문제를 야기시킬 수 있는 잠재적 폭탄이 완성된 것이라고 할 수 있다. 그 위험성은 결국, 인류에게 제국주의 및 1, 2차 세계대전이라는 사건으로 폭발하면서 인류에게 큰 상처를 남기게 되었다.

—피히테의 '자아(自我)'와 '비아(非我)', 그리고 '종합'의 과정

5

칸트가 주체의 문제로 돌아가 근대적 주체의 문제를 획기적인 선험적 범주의 방식으로 재건했지만, 문제점도 존재했다. 피히테는 칸트의 철학에 영향을 받았지만 사물 자체(물 자체)의 개념이 논리적으로 성립하기 힘들다는 점을 들어 칸트의 철학을 논파하면서 칸트 사상의 연장선상에서 자신의 사상을 전개했다. 그는 '있기는 있되, 인식되지 않는 무엇(물 자체)'에 대한 근본적인 물음을 제기했다. '사물 자체가 인식되지 않는 무엇이라면 사물 자체가 있다는 것은 어떻게 인식했는가?'라는 모순에 봉착하게 된다는 것이다. 선험적 주체에 대해 무언가 말할 수 있다는 것은 그것을 먼저 말하는 주체가 이전에 존재해야 한다는 문제가 발생하게 된다.

5 피히테 초상

이에 피히테는 '자아(自我)' 와 '비아(非我)' 의 개념을 정립했다. 헤겔의 변증법만큼이나 피히테에게 '자아' 와 '비아(非我)' 는 핵심적인 개념이다. 주체와 대상을 관계지어 연결하며 통일시키는 원리를 새로운 '자아' 로서 정립한 것이다. 직접적으로 경험되지도 않고 인식되지는 않을 수 있으나, 주체와 대상을 관계되도록 연결시키는 '활동을 하는 것' , 그 과정에서 스스로를 드러내는 이 과정의 원리를 피히테는 '자아' 라고 개념화한다. 연결시켜 관계를 형성시키는 활동의 과정을 통해 '자아' (주체)가 생긴다는 것이다.

자아는 정신적 활동이다. 그런데 무언가 '활동' 이라고 한다면 일단 '대상' 이 있어야 한다. 비유하자면 '먹는다' 는 활동은 음식이라는 대상이 있어야 하고 '땅을 파는' 활동은 팔 땅이 있어야 한다. 그 때 피히테는 언급하는 혹은 사유하는 대상이 자아 안에 이미 놓여 있어야 한다고 한다. 이는 자아의 부정이라는 성격을 갖기에 '비아(非我)' 라고 한다. 즉 자아가 비아를 정립하는 것이다. 그것은 자아와 비아가 서로 대립하는 것, 즉 '서로 마주 서 있게 된 것' 을 가리킨다. 그것은 경험하는 의식을 말한다. 종합하는 자아도 대상도 구별을 통해 그 내용을 획득한다. 비아는 대상이 갖는 다양성을 대변한다. 절대적 자아란 활동을 통해 자아와 비아를 동시에 정립하는 '자아' 를 의미한다. 피히테는 자아와 비아의 종합만이 절대적이라고 주장한다. 피히테는 자아가 사용하는 범주로 사용하듯이 초역사적이고 추상적인 것이 아니라 구체적이고 역사적이 된다는 것이다.

피히테 철학의 중요한 의미는 이전에 신이 차지하고 있던 자리를 이제는 '자아' 가 차지하게 되었다는 점에 있다. 이제 인간은 신의 자리에서 다른 개체를 혹은 사물을 절대적인 관점으로 판단할 수 있는 근거가 성립된 것이다! 근대적 주체 철학은 새롭게 자아의 신학을 구성하여 절대자인 신의 자리에 자아라는 '주체'를 바꾸어 자리시키면서, 주체가 중심이 되는 철학 체계를 정립했다. 이 새로운 신학(주체 중심) 안에서 모든 것은 자아의 소산이며, 자아 활동의 결과물이 된다. 자아가 다른 대상을 신적인 입장에서 판단할 수 있는 계기가 마련되었고, 이러한 부분이 소수 주체에게 판단의 권위를 부여하게 되면 함부로 다른 개체를 판단하거나 다룰 수 있는 폐해의 잠재적 씨앗이 태동하게 된 것이다. 서양이 동양을 대상화하여 강제 침탈하고 식민지 활동을 한 것, 히틀러가 유대인을 대상화하여 말살하고자 했던 생각에는 이렇게 특정 '자아'가 '비아'를 대상화시키려는 사고와 활동이 근본이 되었다고 볼 수 있다.

—헤겔의 변증법적 종합과 절대정신

헤겔은 피히테와 마찬가지로 칸트와 피히테 철학을 비판하는 것으로 독일 관념론의 계보를 잇고, 완성했다.

첫째, 헤겔은 칸트가 현실과 인식주체의 분리, 분리된 양자를 사후적으로 연결하는 과정에 집착하고 있다는 점을 지적한다. 이것은 외부에서는 표상의 인식이 올바른지 확인 불가능하다는 것으로, 이것은 흔히 불가지론자의 태도이다. 한편, 헤겔은 피히테가 자아 안에 주체와 객체 양자를 끌어들여 해결하려고 하는데, 이 방식 역시 주관주의에 물든 것으로 문제가 있다고 판단했다. 다음으로, 헤겔은 칸트가 인식 이전의 인식능력(선험적 판단 범주)이 문제가 있음을 언급한다. 즉, 그것은 음식을 먹지 않고도 맛을 알 수 있다고 하는 것과 마찬가지로 말이 되지 않는다고 비판하는 것이다. 이것만으로도 사실, 칸트의 선험적 판단 범주는 매우 큰 허점이 노출되는 것이다.

셸링이 자연을 중시하는 사유로부터 크게 영향을 받은 헤겔은 자아를 근거로 자연을 도출할 수는 없는 일이라고 비판한다. 헤겔은 주체-객체의 동일성을 확보하기 위해서는 자연을 주체화하는 데서 출발해야 한다고 주장한다. 즉 '자연' 이 주체이자 정신이라고 보는 것이다. 자연은 무한한 활동으로서, 주체-객체가 통일된 절대자란 바로 이 자연을 두고 하는 말인데, 그 자체가 객체이기도 한 주체를 설정하는 것, 이것을 헤겔도 절대자, 절대정신이라고 설정한다. 그것은 스피노자의 '신' 의 개념과 유사하며 그로부터 영향을 받았음을 느낄 수 있는 대목이다. 절대정신은 그 전체의 본성이 활동적이고 산출적이라는 점에서 주체로서의 정신적인 성격을 갖고 있기 때문이다. 그러나 헤겔의 철학과 셸링의 철학이 다른 점은 다음과 같다. 헤겔은 자연과 주체가 하나로 되는 경지를 추구하는 것이 아니라, 대자화 하여 주체로 다시 돌아오면서 절대정신으로 나아가는 목적론적 방향성을 통해 절대정신에 이르는 것을 자연이라고 보았고 이것이 셸링과의 명백한 차이점이다. 이 지점이 가장 큰 문제가 되는데, 자연을 사변화 시키고 관념화시키면서 주체의 명백한 오류가 생길 수 있는 지점이 되고 폐해가 발생하는 지점이 될 수 있기 때문이다.

셸링의 경우 정신은 자연과 직접적으로 동일한 것으로 간주되고, 그에 따라 자연의 변화와 법칙속에서 정신의 운동을 발견하는 자연철학이 중요한 것이 된다. 반면, 헤겔에게 절대자는 무엇보다도 우선 '정신' 이다. 이 정신은 스스로를 외부화(外化, 소외)시켜 자연, 사회, 역사 등을 객체(대상)로 만든다. 자연, 사회, 역사는 이 정신의 표현인 셈이다. 사회나 역사로 전환된(외화된) 절대정신은 역사의 발전과정을 통해, 그리고 그 속에서 자기 발전 과정을 통해 자기 자신에 대한 인식에 도달한다. 이로써 절대정신은 다시 자기에게로 복귀한다. 헤겔의 변증법은 부정의 부정, 원환 과정을 통한 목적론적 과정이 절대정신으로 포섭되는 것으로, 자연 그 자체의 사유와는 다르다. 이 지점이 매우 중요한데, 이성의 폐해가 발생하는 지점으로 생각할 수 있는 부분이다. 애니메이션 '센과 치히로'의 '가오나시'라는 괴물은 어느 순간 주변의 모든 것을 먹어 치우고, 그 몸집을 불려 나가면서 점점 그 힘이 강력해지고 더욱 더 폭력적인 괴물로 폭풍 성장한다. 근대성의 특성 역시 개인들의 다원성을 무시하고 동일성의 힘으로 포함시키고 집결시켜 절대정신으로 향하는 강력한 세력을 형성하고자 하는 성향을 보인다는 점에서 이러한 이미지와 매우 유사하다.

셸링의 개념에서 '자연'과 '정신'은 무차별적으로 동일한 것이다. 그러나 헤겔은 동일성과 함께 차이를 포섭하려고 한다. 헤겔의 사상에서 차이란 오직 동일화시키는 힘이다. 이 부분이 바로 들뢰즈가 계속해서 동일성을 비판하는 지점이다. 헤겔에게 '차이'란 사실상 동일자의 포섭 능력을 과시하는 요소일 뿐이며, 변장한 동일자에 불과하다고 할 수 있다. 이 부분을 들뢰즈, 푸코 등의 많은 후기구조주의 철학자들이 계몽주의를 비판하는 부분이다. 헤겔은 지식을 대상에 대한 주체의 연관이라고 정의했다. 헤겔은 절대정신이 스스로를 돌아보면서 진리의 기준을 계속 정정해 가는 과정이라고 주장한다. 진리를 확인하고 보증해 주는 것은 발전해 가는 절대정신 자신이다. 헤겔의 사상은 범신론적 자연관(신)을 가진 스피노자로부터 영향을 받은 것이다. 따라서 헤겔의 철학은 일정 부분 근대화된 스피노자주의라고도 할 수 있다.[2] 헤겔에게 절대자(절대정신)는 스피노자식의 '실체'이다. 진리란 스스로 돌아보며 자기가 갖고 있는 기준을 계속해서 정정해 가는 과정이라고 헤겔은 주장한다. 헤겔은 변증법의 원환 과정의 폐쇄성을 극복하고 있는 듯 보이지만, 여전히 폐해의 위험성이 도사리고 있다. 외부화(외화)되어 만들어 내는 자연, 사회, 역사는 '양태'에 해당된다. 목적론적 과정에 이르게 된다는 것이다. 절대적 진리를 향해 나아가는 목적론적 과정에 조그마한 차이는 무시되고 포섭되어 굴러가게 된다. 절대정신의 자기실현이라는 목적론적 과정에 포섭시키는 것

2) 스피노자는 합리적인 관점으로 신을 사유했는데, 기존의 기독교의 인격신이 아니라 범신론적인 관점으로 내재되어 있는 신의 속성을 사유했다. 신의 속성이 발현하여 운행의 법칙에 따라 끊임없이 만들어지는 자연을 사유했다. 헤겔의 절대정신(신의 개념)과 목적론적 운동은 이러한 개념으로부터 영향을 받은 것으로 볼 수 있다.

을 스피노자는 거부했지만, 헤겔은 그 부분을 중시했다는 것이 큰 차이점이다.

'헤겔의 절대정신을 중시하는 변증법의 철학은 어떠한 영향을 끼쳤는가? 환원되면서 목적성의 방향성을 가지게 되고 결국 절대정신에 이르게 된다는 시각은 목적론적 시각이다. 거기에는 미묘한 차이 역시 보편적으로 환원되면서 그 목적을 위해 희생되며 절대정신의 변화 과정으로 휩쓸리게 된다.'[3] 라는 분석과 같이, 헤겔의 변증법의 과정에서 차이가 그처럼 동일성으로 환원되는 한, 모든 개체는 이제 그것이 갖는 보편성으로 환원된다. 변증법의 모든 원환 과정을 통한 진보의 운동 방향성은 목적론적 운동이다. 목적이 있다는 것은 절대정신으로 발전하며 나아가야 하는 명백한 의도가 있으며, 그 목적을 성취하기 위해 조그마한 차이는 배제하고 소외시키고 무시하며 목적으로 포섭하여 이끌어 나가게 마련이다. 즉, 차이를 만들어 내는 변화까지도 모두 한 가지 목적으로 강제하며 전체주의적으로 움직이게 될 수 있다. 즉 변화와 차이는 목적으로 환원되는 것이다. 자연, 사회, 역사 역시 절대정신이 외화(外化) 된 것으로 만들어버려 객관세계를 관념의 원환 굴레로 몰아넣는 폐단이 나올 수 있다.

'헤겔 철학은 절대정신의 자기의식이기에, 그 안의 어떠한 내용도 절대적인 것이 된다. 따라서 이러한 환원 전체가 절대적인 것으로 된다. 완성된 근대철학의 절정에 선 근대철학은 자신이 포섭할 수 없는 것은 어떠한 것도 용납하지 않는 전능한 이성이 자리를 차지하게 된 것이다. 엥겔스의 말처럼, 이로써 철학은 아니 최소한 근대철학은 '종말'의 길로 접어들게 된다.'[4] 이후, 인류는 주체의 이성을 신봉하고 잘못된 결정을 내릴 수 있는 파시즘의 폐해를 겪으면서 주관적인 주체보다는 인간의 삶의 근본적인 구조에 집중하여, 보다 객관적인 방식으로 인간세계에 접근하고

3) 이진경, 철학과 굴뚝 청소부, 그린비, 2015, p193
4) 이진경, 앞의 책, p193

6

자 하는 구조주의로 진화하게 된 것이다.

앞서 언급한 대로, 근대성은 인류에게 엄청난 진보와 자유를 가져다주었지만, 동시에 목적의 달성을 위해 차이들을 억압하며 비인간적인 만행까지도 묵인하는 결과를 가져왔다. 서구열강의 제국주의, 1, 2차 세계대전, 나치의 유대인 대학살 등의 폐해는 이렇게 절대정신의 목적론적 방향성과 깊은 관련이 있다. 1차세계대전에서 최초로 나타난 참호전은 인류에게 깊은 충격을 주기에 충분했다. 승자나 패자나 전쟁 영웅도 없이 끝없는 소모전과 살륙전이 반복되며 한쪽이 승리할 때까지 투쟁하는 양상은 변증법의 정과 반이 극렬하게 대립하는 것을 상징한다. 인류가 두 패로 나뉘어 극렬하게 대항했던 세계대전, 이후 동서냉전과 대립은 근대성이 가지고 있던 자아와 비아가 근본적으로 가지고 있었던 대립적인 특성과 상호 투쟁의 속성이 애초에 자리 잡고 영향을 주고 있었던 것이다.

0403 서구 근대성의 성립 및 발전과 폐해

서구의 이원론적 세계관과 동양의 일원론의 세계관, 특히 기일원론의 세계관에는 많은 차이점이 있으며 그로 인해, 세계를 이해하고 구성하는 특성에 있어서 많은 차이를 보여왔다. 이데아라는 불변의 이상세계와 불완전한 모사(copy)로 보는 물질세계로 나누는 서양의 이원론은 신과 피조물이라는 이원론적 세계관과 물질세계에 대한 객관적인 탐구를 중시하는 시각과 과학적 접근방식에 많은 영향을 끼쳤다. 신의 세계를 신봉했던 중세를 지나 신의 자리에 주체가 자리하고 세계와 물질을 객관화하여 과학

6 1차 세계대전의 참호전 양상

적으로 분석하고자 하는 성향은 과학기술의 눈부신 발전을 가져왔다. 또 개인의 활동을 중심으로 하는 경제의 발전과 봉건 군주제의 폐지와 민주 사회의 성립에 중요한 역할을 하게 된다. 서구의 근대성은 그 자체로 강력한 물질적 발전을 성취했으나 동북아 세계는 객관적인 과학적, 물리적 경쟁력이 떨어졌으며, 이로 인해 침략과 무력 지배의 대응 능력이 뒤처지게 되었다. 이로 인해 결국, 동북아 국가들은 서양 제국주의 열강에 의해 침탈되고 근대성이 강제적으로 이식되는 역사를 경험하게 되었다. 동북아 국가들 및 동양 세계에서는 근대성과 자국 문화와의 갈등, 접목, 절충, 및 극복의 과정을 거쳐야 하는 공통적인 딜레마 상황에 직면하게 되었다. 이제 근대성 및 근대 사상과 공명하는 서양의 근대사회에서 보여지는 일반적인 특성에 대해서 살펴보도록 하자.

서양에서는 플라톤의 완전한 이데아 개념과 모사(copy)인 속세를 구분하는 이원론적 세계관으로부터 기독교적인 세계관이 발전하게 되었고, 중세를 지나 르네상스 시기에 이르게 되면서 신의 자리에 인간을 위치시켜 인간의 감정과 판단이 중심이 되는 인간중심의 세계관으로 변화되었다. 이로부터 주체와 객체의 이원론이 중심이 되는 존재론이 발전하게 된 계기가 되었고, 이것은 생각하는 주체가 대상을 합리적이고 객관적으로 분석하는 과학기술 발전의 근본 토대가 되었다. 또 기독교적 세계관으로부터 유래된 '평등' 의 가치는 이후 시민이 중심이 되는 공화정 탄생의 기초가 되었다. 시민이 중심이 되는 과정은 경제적인 측면이 큰 영향을 끼쳤는데, 길드(guild)로부터 시작된 자본의 성장으로 인해 부를 기반으로 하며 왕권을 견제하는 대상인의 권력이 등장하게 되었다. 인류는 최초로 왕이 사는 왕궁 외에 '팔라쪼(palazzo)' 라고 하는 대상인 권력의 대규모 저택의 유형을 목도하게 되었고, 산업혁명 이후 단시간 내에 산업 부재로 구축되는 수정궁(Crystal Palace, 1851)과 같은 대규모 공간을 경험하게 되었다.

서양, 동양의 구분에 상관없이 공통으로 근대 사회가 보이는 네 가지 특성이 있다. 첫째는 국민국가이고, 둘째로 자본주의의 발전이며, 셋째, 과학기술의 비약적인 발전, 넷째, 민주주의의 발전을 들 수 있다. 첫 번째, 근대사회에서 국민국가가 수립되었다는 점을 들 수 있다. 서양은 시민혁명에 의해 17세기에 이미 국민국가가 수립되었다. 이에 반해, 동양은 여전히 왕조(dynasty) 국가가 지속되고 있었다. 동북아에서는 명나라가 들어서고 주원장은 쇄국정책으로 나라의 문호를 닫아버렸다. 이로 인해 중국은 세계적인 조류에서 뒤처지는 계기가 되었다.

두 번째, 자본주의는 산업혁명으로 인해 폭발적인 발전과 변화가 이루어졌다. 서양은 공장제 수공업에서 더 나아가 비약적인 생산실적을 이루었고, 동시에 소비구조가 점점 발전하면서 회전속도가 가속화되어 집적의 정도와 규모가 커지게 되었다. 상업자본주의와 산업자본주의는 이를 기점으로 큰 발전을 이루게 되었다.

세 번째, 과학기술은 서양의 외재적 특성과 개인주의적 특성 그리고 대상화의 사고가 구조적으로 발전했던 서양에서 집중적으로 발전했다. 도덕주의보다는 객관적이고 외적인 조건을 중시했던 것이다.

넷째, 민주주의는 시민들이 투쟁하여 전제 봉건왕조 국가를 타파하고 만들어 낸, 시민의 대표로 이루어진 공화정이 통치하는 체제이다.

이 네 가지 요소들은 서로 긴밀하게 엮이고 상호작용을 하면서 발전을 계속하여 서구사회를 진보하도록 만들었다. 동양에서 외재적, 실재적 특성의 서구 근대성과 내재적 특성의 동양사상이 접목되면서 충돌을 겪게 되었다. 서양의 근대적 특성이 거의 강제로 이식된 상태로 동북아 세계에도 지속적으로 영향을 끼치게 되었고 결국, 외부로부터 서양 제국주의 침탈을 통해 근대성을 받아들이고 변화와 혼란의 시기를 거치게 되었다. 이러한 급변의 시기에는 각 세력별로 기술과 외국 문물에 대한 뚜렷한 대응 태도가 나타나기 마련이다.

앞서 언급한 대로, 데카르트의 근대적 주체가 흄에 의해 해체되고 난 이후, 칸트는 근대적 주체를 선험적 판단의 범주를 통해 재건하게 되었다. 피히테는 자아와 비아의 개념으로 주체가 신의 위치에서 판단할 수 있는 근거를 마련했고, 헤겔은 이를 중심으로 정과 반이라는 대립적인 것들을 동일성의 종합을 통해 절대정신이라는 목적을 향해 전체가 일사불란하게 운행할 수 있는 근거를 만들었다. 그러나 이러한 독일 관념론의 계보의 방식은 과학기술의 눈부신 발전을 이루고 시민의 자유를 향상시키는 장점이 있었고, 동일성의 특성을 통해 절대정신의 목적을 성취하기 위한 발전의 사상적 토대가 되었다. 그러나 이러한 동일성은 개체의 자유를 침해했고, 제국주의와 1, 2차 세계대전의 폐해를 만드는데 사상적으로 강력한 영향을 끼쳤다.

동북아에서도 정치적, 사상적 입장에 따라 사상의 다양한 양태가 발생했다. 그러나 근대사상이 도입되면서 유토피아 사상은 근대기술과 근대성을 적극적으로 받아들이거나, 현실을 회피하거나, 혹은 적극적으로 현실을 극복하고자 하는 혁명 세력에게 받아들여졌다. 동북아 사상에서 기일원론의 철학의 계보를 살펴보면, 양과 음이 교대로 번갈아가며 변화하는 세계의 운행을 바라보는 시각만큼이나, 기일원론은 불합리한 현실을 정반대로 변화시키고자 하는 세력에게 매력적으로 다가오는 것이었다. 왕부지의 철학은 기일원론의 특성을 보이면서도 동시에 근대적 특성이 접목되는 사상이다. 기일원론은 이러한 특성으로 인해 이후, 유물론의 특성들과 접목되어 발전하게 되었고, 이는 사회적 변혁을 이루는데 사상적 토대가 되었다.

이러한 상황에서 동북아에 근대사상과 근대성이 도입되면서 어떠한 변화를 가져왔으며 기철학 중심의 사유는 어떻게 갈등하고, 적응하고, 변용되었는지, 그리고 그것은 어떻게 물질세계와 공간에 투사되어 변화를 주었는지에 대해서 살펴보기로 한다. 아울러 그것이 한국성의 동시대적 발현에 있어서 어떠한 영향을 끼쳤는지에 대해서도 사유할 것이다.

동북아 기일원론 계보와 근대사유와의 충돌과 대응

0404 근대 사상과의 충돌, 접목 및 대응

동북아의 기일원론의 계보는 서구의 이원론에 근거하여 만들어졌던 근대성이 도입되면서 갈등을 불러일으켰다. 서구 제국주의 열강의 침탈에 의한 기술과 근대성의 강제 이식으로 인해 갈등이 있었던 것이 크지만, 사상에 있어서 근본적으로 접근방식에 큰 차이가 있었기 때문이다. 과학적, 물질적 진보는 침략 기술(전쟁기술)과 통제와 관리를 효율적으로 운영할 수 있었고, 효율적으로 일상 공간의 통제 기술을 강화시키는데 직접적으로 영향을 끼쳤다. 동북아의 전통적인 기일원론의 사유 방식과 근대성과의 근본적인 차이는 기존의 방식과 경관과 공간구조와 근본적으로 불협화음을 내는 부분이 많을 수밖에 없었다. 근대성이 이식되고 그에 따른 갈등과 불협화음을 극복하기 위해 다양하게 정신적, 물질적, 공간적 실험들이 진행되어 왔다. 그 실험들은 오늘날에도 현재 진행형이다. 그만큼 서구의 근대성은 동북아 사회에 큰 단절과 갈등을 불러일으켰다. 이제 근대성이 도입되던 당시, 여전히 중세 봉건 사회 구조에 속해 있던 동북아인들의 정신적, 사상적 대응 방안에 대해 살펴보기로 하자.

중국의 역사 발전을 이끌었던 사상은 태평천국 운동과 변법유신 운동 등에서 기원한다. 우선, 태평천국 농민 혁명은 봉건적인 토지 소유제에 반기를 들었고, 황제가 통치하는 청조(淸朝)를 전복하기 위해 투쟁했다. 그러한 혁명 역시 황제의 통치 체제를 근본적으로 무너뜨리는 것은 아니었고, 소농의 봉건사상에서 완전히 벗어나지 못하는 한계를 지녔다.

자유주의 개량파의 변법유신 사상은 청나라의 봉건 군주제의 전복에는 반대하면서 서양 제국주의를 배격했다. 그래서 중국의 독립과 입헌군주제의 부강한 국가를 지향했다. 캉유웨이, 탄쓰퉁, 옌푸가 주요한 인물이다. 쑨중산과 장타이옌이 이끌었던 혁명 민주주의 사상파는 평균지권과 토지국유화로 자본주의의 발전을 추구했다. 개량파는 자유를 존중했던 영국의 자유주의로부터 강하게 영향을 받았고, 혁명파는 평등을 추구했던 프랑스의 민주주의로부터 영향을 받았다. 이들은 반봉건이라는 공통 기반 위에 서서 캉유웨이는 박애, 탄쓰퉁은 평등, 옌푸는 자유를 제일의 가치로 여겼다.

이러한 운동은 모두가 서구 제국주의 열강의 침탈 가운데 근대성이 접목된 사상적 저항의 일환으로 추진된 것이었다. 이러한 특성은 동북아 국가들에서 공통으로 유사하게 나타난다. 중국은 앞서 언급한 유토피아적인 사상과 함께 왕부지의 사상, 양명학의 사상이 근대성을 품고 있었고, 이후, 마르크스주의를 받아들이고 접목하여 봉건제를 타파하면서 새롭게 근대사회로 진입했다. 일본은 독자적으로 메이지 유신을 통해 근대화를 이루었으나, 신도(神道) 사상과 접목된 입헌군주제가 유지되는 기묘한 체계를 발전시켰다. 한국은 동북아 3국 중 성리학의 도그마(dogma)가 가장 강력했던 국가로, 쇄국정책이 강하게 추진되다가 제국주의 열강의 침탈 이후 일본에 의해 강제 합병되었다. 한국은 기일원론의 양명학을 받아들인 강화학파와 실학자들에 의해, 그리고 동학사상에 의해 근대성이 추구되었으나, 수구 세력의 강력한 박해로 인해 본격적으로 근대성을 도입하는데 처참히 실패하고 말았다.

0405 유토피아 사상과 근대의 발아와 왕부지 철학

삶의 가치를 실현시키는데 있어서 나와 세계가 하나라는 사상이 중심이 되어왔던 동북아인들에게 도교적인 가치의 '천인합일'과 '기'가 중심이 되어 산맥의 흐름, 위계, 땅의 기의 흐름을 중시하는 풍수지리의 개념과 가치는 자연스러운 것이었다. 기(氣)를 중시하는 동북아 철학은 기득권보다는 주로 민중에게 친숙한 도교 사상으로부터 개념이 발전되어 왔다. 도교에서 강조하는 세계 운행 원리인 '도(道)'의 개념은 외재적인 개념의 신의 존재가 인간과 세계를 창조한다는 서양의 개념과는 정반대로, 신의 속성이 사물과 세계 자체 내에 내재해 있어서 그 자체의 순리대로 운행한다는 개념이다. 동서양 공통으로 이상적인 세계를 가정하고 그에 따라 그 세계를 만들고 통치하기 위한 비전으로 사용하는 세력과 그러한 세상을 만들기 위해 기존 체제를 전복하려는 또 다른 세력에게 이상세계에 대한 개념은 달리 차용되었다. 동북아에서 이상세계의 추구는 근대로의 이행에 중요한 의미를 지니고 있다. 전제군주 체계를 개혁하거나 벗어나고자 하는 진보적인 세력들에게 있어서 새로운 비전으로서 역할을 했기 때문이다.

표 1

	산해경	무릉도원	삼신산	대동사회
표현문서 및 주요논의 학설	신화체계 신화집	도교적 도화원기(산문)	도교적	유교적
공간	신화적 공간	부와 격리된 소규모 향촌	신선의 장소, 바다 가운데 섬	인위적으로 달성된 낙원
주요 존재	인간과 자연	불사 경지의 신선	불사 경지의 신선 및 천신	노인과 과부, 약자 능력있는 사람
거주 방식	인간은 착취의 대상이 아닌 친교의 대상, 풍요로움, 불사의 생명력, 자연과의 친교	자급자족의 자기소유 통제 욕망의 절제와 검약을 통해 안정추구	불사의 경지에 도달한 신선이나 천신들이 사는 곳	공평, 평등 노약자 우대 능력자 역할에 맞는 일 부여
특성	태초의 이상세계 반영, 신화적 세계관 반영	신화적, 도교적 이상향에 대한 대표성	엘리트, 선민의식	인간 창조세계를 긍정

표 1 동북아 유토피아사상의 특성

앞의 표에서 보는 것과 같이 동북아 정신세계에는 전통적으로 산해경 유형의 신화가 있었으며 도교의 무릉도원 및 삼신산과 대동 사회 등의 이상사회가 있었다. 이들 대부분은 신화적 공간이나 가기 힘든 외딴곳, 혹은 낙원의 공간들을 설정하여 불사(不死)의 신선이나 특별한 존재가 살거나 혹은 자급자족의 평등한 세상을 설정하고 있다. 대부분은 도교적 세계관이 반영되어 있거나 유교적인 특성의 대동 사회의 경우, 합리적인 방향에서 공평한 세상을 꿈꾼다. 이러한 사회의 궁극적 모델은 요순 시대의 태평성대(역사관-복고적)라는, 인위적으로 달성된 낙원을 설정하고 있다. 도교의 다소 허무맹랑한 세계관과는 달리, 유교의 '대동사회' 개념은 인간이 창조한 세계질서를 긍정하고 있으며, 재화, 제도 등이 인간에 의해서 완비된 사회이다. 또한 이러한 사회는 인간에 의해, 또 제도에 의해 현실 및 사회의 개혁적 의지를 실현해 나가는 사회이다. 이것은 오늘날 근대적인 국가체계를 떠올리게 하는 가치들이다.

서양의 경우, 이러한 세상은 파라다이스와 유토피아로 대표된다. 코케인 유형은 모든 소망과 욕구가 충족되는 환상적인 공간으로, 사람들의 바램과 욕구가 이루어지는 환상의 공간인데, 그리스의 풍요시대, 로마의 축복의 섬으로, 신화적 공간을 상징한다. 파라다이스는 구약, 창세기에 묘사된 에덴동산이 대표적이다. 에덴동산은 젖과 꿀이 흐르고 원죄가 없고 먹고 마시는 수고로부터 벗어나 행복만이 가득한 영생불멸의 공간이다. 또한 성경에는 천년왕국이 등장하는데, 이것은 묵시록에 나오는 개념으로, 미래의 이상세계, 새로운 종말, 그리스도의 재림, 지상천국을 의미한다. 파라다이스(천국)와 천년왕국은 모두가 그리스도교의 천국관에서 파생된 것이다. 천년왕국은 중세 이래 형식주의에 대한 반발, 하층민의 반항이 결합되어 종말론적인 종교운동 및 사회운동으로 확대되었던 개념이다. 근세에 이르게 되면 토마스 무어의 '유토피아' 개념이 등장하는데,

그것은 동양의 대동사회와 유사하게 현실 부조화와 모순을 극복하고 새롭게 이상사회를 건설하고자 하는 열망을 그리고 있다. 무어의 유토피아 개념은 이후 동북아의 사회주의 및 공산주의에 많은 영향을 끼쳤다.

이 개념들의 공통점으로는 실제, 환상, 미래 구상의 공간 등, 이것들이 일정한 공간개념을 바탕으로 하고 있다는 점을 들 수 있다. 이 이상향들은 인간의 보편적 이상, 꿈, 소망을 그 주요한 내용으로 하고 있다. 또 한 가지 특징은 상상력에 의해 구성된 픽션으로, 문학적 성격을 띤 것이 많다는 점이다. 그러나 중요한 차이점으로, 서양은 무어의 유토피아 사상 이후, 정치, 경제적으로 진보의 개념이 접목되면서 역동적인 물질계로 바꾸어 놓았다는 점을 들 수 있다. 동양에서는 순환적 역사관에 입각하여 상실한 시대(요순)로 복귀하고자 하는 경향이 강하다는 점이 차이점이다. 서양이 근대로 이행하는 분위기와는 달리, 당시 동북아 국가들의 사유체계는 여전히 주희의 성리학을 중심으로 하면서 변용된 세계관에 머무르고 있었기 때문이다.

리(理) 중심의 성리학(리학)적 세계관과는 달리, 기(氣) 중심의 가치를 중시하며 성리학과 접목된 기일원론의 체계(심학, 기학)는 근대성의 요소들과 접목되며 더디게 발전하고 있었다. 무언가 급진적인 변화와 백성들이 주체가 되는 발전은 이상세계를 꿈꾸는 자들의 영역이었다. 그러한 운동들은 대부분 실패로 끝나게 되었다. 그러나, 그것은 근대성의 발현과 함께 역사의 거대하고 도도한 흐름에 발맞추어 전진하고 있었다. 이 시기의 이상국가에 대한 생각은 동, 서양의 차이가 어느 정도 있었지만, 그 내용은 근대성의 특성이 포함되어 있었다. 이제, 동북아 사상가들의 이상향의 사유들과 근대성이 접목되고 발전되면서 근대적 기 철학의 적용이 어떻게 이루어졌으며 그 이후의 변화 과정은 어떠했는지 살펴보도록 하자.

—태평천국 운동과 근대성의 태동

태평천국 운동은 청나라 말기 홍수전이 청조를 타도하고 새로운 왕조를 세워야 한다는 기치를 내세우며 일어난 근대적인 농민 운동(1851~1864년)이었다. 청나라 말기, 아편전쟁에서 패배하고 영국에 엄청난 배상금을 내야 하는 청나라의 사정으로 인해, 백성들은 과도한 세금을 내야 하는 상황이었다. 서구로 은의 유출이 증가하고 농민들의 생활은 급속도로 피폐해졌다. 또 외국에서 저가의 공업 제품이 대량으로 유통되면서 전통적인 수공업자들이 고사되는 상황이 발생했다. 이러한 상황에서 홍수전은 옛 한족이 중심이 되며 새로운 왕조를 세워야 한다는 목표를 설정하고, 배상제회(拜上帝會)라는 그리스도교 비밀 결사를 토대로 난을 일으켜 난징을 점령하고 '천경(天京)'으로 이름을 변경했다. 이 난을 통해 한때 중국의 절반 정도의 영토 면적을 차지한 상태에서 이들은 약 14년간 저항을 이어갔다.

태평천국 군대는 난징을 수도로 천명하면서, 천조전무제도를 발표했다. 이 제도의 내용은 그동안의 폐습을 근대적 관점에서 재설정하는 것으로, 토지의 균등 분배와 여성의 전족 금지, 남녀 차별 폐지, 아편 금지 등이 주요한 정책이었다. 이러한 제도는 노동자 계급에게는 환영받았지만, 같은 한족이면서 기존의 사회 지배층인 지주, 부유한 상인들의 호응은 받지 못했다. 우선 증국번과 이홍장이 나서서 군대를 일으켰고 여기에 영국을 포함한 서양 세력들까지 토벌에 가담했다. 1864년, 홍수전은 지도층 사이에서 격렬한 의견대립과 투쟁에 직면했고, 지방 한족 지주 세력들과 결탁한 외국 세력으로부터 공격당하면서 내부의 자중지란 속에 무너졌고, 결국 홍수전은 자살하고 말았다. 그러나 이 사건을 계기로 중국은 영국 및 프랑스와 불리하고 굴욕적인 조약을 체결했다. 이 조약으로 외국 상인들은 중국 내에서 자유롭게 활동할 수 있게 되었다. 당시 서양의 과학기술과 근대화 문명은 너무나도 강력한 것이어서, 사회 도처에서 거스를 수 없는 변화가 진행되었으며 근대성을 이루는 근본적인 과학기술을 조속히 수용해야 한다는 시대적인 요구에 직면하게 되었다. 이어 태평천국 운동을 진압하는데 공을 세운 관료들을 중심으로 '양무운동(洋務運動)'이 시작되었다. 서양 기술의 도입을 중시하여 대포와 군함 등의 군사 분야에서 서양식 무기를 도입하는 것을 비롯하여, 근대화에 필요한 인프라(철도, 해운, 방적, 광산 사업)를 갖추는 등, 다양한 분야에서 근대화를 위해 노력을 기울였다. 그는 서양식 무기를 도입하고 무기 공장들을 설립했다. 또한 근대식 학교와 교육체계를 도입했다. 그러나 그러한 운동은 정부 관료들 사이에서도 이견이 제기되며 큰 변화를 성취할 수는 없었다. 리훙장이 근대화된 해군을 육성하다가 벌어지게 된 청나라와 프랑스와의 해상전쟁에서 패배하고 난 이후에는 결국 양무운동도 소멸되고 말았다. 중국의 근대화는 정치와 제도가 함께 이루어져야 성공할 수 있으나 그렇지 못했기에 실패할 수밖에 없었다. 그러나 근대화로의 거대하고 도도한 흐름은 거스를 수 없는 대세가 되었다.

홍수전은 서양의 상제(上帝)를 빌려 군중을 조직하고 참신한 의식과 엄격한 군사 규율로 조직을 운용하여 큰 호응을 얻었다. 또 집단화, 단일화를 통한 행정조직으로 지배하고자 했다. 도덕과 종교는 지속적인 혁명의 동력원이 되지는 못했다. 그는 농민전쟁의 특성을 긍정하면서 객관 법칙을 깊이 탐구하여 역사 경험을 총괄하지 못한 점에 있어서는 단점이라고 보았다. 소비와 분배만을 위한 혁명은 그 동력원을 쉽게 잃게 마련이다.

이들이 허무맹랑한 비전을 추구하는 것처럼 느껴질 수도 있지만, 이처럼 억압적인 전제군주의 체계에서 새로운 세계로 나아가고자 하는 운동에는 앞서 언급한 이상사회에 대한 기대와 바램이 투사된 급진적 사상이 내포되어 있었다. 이러한 사상들은 고대로부터 기인하는 도교의 이상적인 세계를 꿈꾸거나 새로운 세계가 순환적으로 도래한다고 홍보하며 민중을 끌어들여 추동력을 얻고자 했다. 새로운 시대의 비전은 근대성의 도입과 함께 새로운 시대를 예견하게 만들었다. 홍수전의 태평천국 운동은 그 시대의 상황에서 기존의 관습과 제도, 정치적 상황을 유지하면서 자국의 국방을 강화하고자 하는 군사적 근대화만을 추구했다는 점에서 한계가 있었다. 다만, 기존의 체계에 근대성을 접목하여 절충적, 점진적 발전을 이루고자 했던 사상적, 실천적 운동이라는 점에서 의의가 있을 것이다.

—왕부지 철학의 근대적 특성

7

기의 흐름이 물질화될 때 리가 드러나는데, 그 순간 이상향의 방향성이 들어가게 되면 강력한 흐름의 움직임이 되어 혁명의 기폭제가 되는 경우가 있다. 여기에 근대성이 접목되면 근원적인 문제가 발생하게 된다. 근대성은 리와 기를 명백하게 나누며 주체의 리가 투사되어 기를 만들게 된다고 보았다. 이러한 근본적인 불협화음을 조화시켜 사유하고자 한 근대적 사상가로 '왕부지'가 있다. 왕부지는 명말, 청초의 사상가이자 문학가이며, 16세기에서 17세기에 걸쳐 중국 유물주의 근대사상을 집대성한 계몽주의 사상의 선구자이다. 그는 호남성 사람으로, 만년에 석선산(石船山)에 은거하였으므로 왕선산(王船山)으로도 불린다. 그는 유, 불, 도(노장 사상)를 자신의 관점으로 재해석했으며, 마태오 리치를 만나면서 그리스도교와 근대과학의 다양한 지식을 섭렵했다. 역사적 시각에서는 자연 진화론적인 측면까지도 감지된다.

7 왕부지 초상

명나라 말기, 왕부지는 멸망한 명나라의 잔여 세력에 가담하여 왕권 회복을 위해 투쟁 운동을 전개했다. 그는 청나라의 집요한 박해를 피해 목숨을 부지하기 위해 숨어다녔다. 그는 명 왕실을 따라 피난했다가 신하들의 내분 상황을 바라보며 절망하고 낙향하여 학술과 저술에 집중했다. 낙향한 이후, 그의 삶은 매우 척박하여 경제적으로 어려움을 겪었으며 명 왕조가 멸망하는 것을 지켜보았다. 또 개인적으로는 연이어 가족이 죽는 비극도 경험하며 비탄에 빠지기도 했다. 그럴 때마다 그는 학문에 더욱 정진했다. 그는 사상과 교육부문에 있어서 칼 대신 붓으로 대안책을 내는 항청 투쟁을 계속했던 것이다. 주요 저서로는 『주역외전』, 『상서인의』, 『독사서대전설』, 『장자정몽주』, 『사문록내외편』, 『독통감론』 등이 있는데, 그의 생전에는 주목받지 못했으나, 사후 170년이 지나서 증국번(曾國藩), 증국전(曾國荃) 형제가 왕부지의 책들을 『선산유서(船山遺書)』 288권으로 전집으로 간행하여 세상에 널리 알리게 되었다.

왕부지의 사상에서 정치적으로는 '공(公)'의 개념이 중요하다. 그는 왕이라 할지라도 자기 맘대로 할 수 있는 것은 아니라고 주장했으며 '세(勢)'와 '리(理)'를 결합한 진보적 역사관을 가지고 있었다. 그의 학문은 철학면에서는 장재의 태허론에 이어 기일원론(氣一元論)의 자세를 보이고 있다. 정(靜)적이고, 도덕적 수양론을 중시하는 리 중심의 주자학과는 달리, 기일원론은 인간의 욕망까지도 긍정하였으며 기에 의해 움직이고 생동하는 유물론적 관점이 존재한다. 기와 세상의 물질을 중시했기 때문에 그의 관심은 자연스럽게 물질적 세계의 물리적 특성에 초점이 맞추어져서 천문, 역법, 수학, 지학 등에 관심을 두며 연구를 했다. 그는 성리학을 존중하면서도 마음 수양 중심의 도덕론을 비판하면서 유물론적 가치를 중시했던 것이다.

왕부지는 명나라의 멸망이 주자학(성리학)에 근본을 두면서 정적이고 관료적이며 변화되지 않는 정치의 문제가 심각했던 것을 그 원인으로 보았다. 그는 이를 극복하기 위해서는 교육이 개선되어야 한다고 생각했다. 따라서 그에게 정치적 변화는 교육의 변화와 떨어질 수 없는 것이었다. 그는 국민을 위하는 능력 있는 통치자들이 잘 선택되어야 하며, 사익만을 취하는 통치자들은 배제되어야 하는데, 이를 위해 실용적인 교육이 전제되어야 한다고 보았다. 그는 실무에 바로 적용될 수 있는 교육과 학습과 응용이 함께 이루어져야 한다고 주장했다. 이를 위해 학문만을 하는 인간상을 비판하면서 문무가 겸비된 인재상을 강조했다. 오늘날의 기술관료 등과 같이 이론과 실무에 있어서 동시에 능력을 겸비한 인재상을 뽑을 것을 주장했던 것이다. 그는 교육과 정치제도가 함께 개혁되면서 사회가 발전해야 한다고 주장했다. 국가의 정치를 개혁하기 위해서는 교육이 제대로 정립되어야 한다는 것이다. 그의 주장은 교육을 통한 점진적 개혁을 주장하는 현대의 앤서니 기든스의 '제3의 길'을 떠올리게 만든다. 국가의 정치와 교육을 개혁하는 것이 가장 큰 관건이라는 것이다. 왕부지는 명말, 청초에 여러 가지 사회적, 개인적 어려움에도 불구하고 불굴의 의지로 자신의 삶을 주도했다. 그는 비판적 자세와 시대정신을 잃지 않고 투쟁 정신을 보여주었으며, 학문적으로 승화시키고 실천한 드문 지식인이었다.

데카르트의 철학과 함께 거의 동시대에 등장했지만, 여러 측면에서 다른 경향을 보여주었던 스피노자와 현대의 들뢰즈의 철학 체계는 동북아에서는 기일원론의 사유의 전통에서 유사한 부분을 찾아볼 수 있다. 기일원론은 성리학의 리와 기의 개념을 중심으로 하여 전개되었다. 리와 기가 분리될 수는 없지만, 리를 중심으로 하여 기가 후차적으로 발현된다고 보았던 주희와는 달리, 기일원론자들은 기(氣)가 운행하면서 자연스럽게 리(理)가 드러나는 것으로 보았다. 기일원론은 당파적으로는 리를 중심으로 하는 성리학적 사대부의 보수적 입장과는 달리 물질적 입장을 중시하는 지방호족, 무관, 상공업 계열, 일반 백성, 체제 변화를 추구하는 세력들에게 환영받았다. 기일원론은 성리학의 개념 안에 있었지만, 근대적인 과학개념이 녹아 들어가 기학으로 발전하기도 했다. 이러한 전통은 17세기 왕부지, 18세기 대진을 거쳐 19세기 한국의 최한기로 이어지며 발전을 지속했다. 이러한 계보를 살펴보면, 기일원론은 동북아 사유의 전통에 근대적인 특성이 발전하는 방향성을 읽을 수 있다.

왕부지의 사상은 앞서 언급했던 그의 생애만큼이나 비주류적인 입장에서 기존 체제를 변혁시키고자 하는 열망으로 가득 차 있는 것이었다. 따라서 그의 사상은 전통을 혁파하고 새로운 것을 수용하면서도 동시에 원융(圓融)과 회통(回通)의 전통을 새롭게 하고자 하는 열망으로 가득함을 느낄 수 있다. 그의 사유는 변화하고 움직이며 생동하며 무언가를 만들어 내는 기일원론의 전통에 맞게 '변(變)과 동(動)의 사유'라고 할 만하다. 왕부지는 고정되어 있고 변할 수 없는 리의 세계에서는 변과 동을 사유하거나 표현할 수 없다고 생각했다. 헤겔의 변증법을 벗어나고자 시도하는 서양의 대부분의 철학자들이 그의 영향력 안에서 오히려 벗어날 수 없는 역설적 상황에 빠지게 되는 경험을 하게 된다. 이와 마찬가지로, 왕부지 역시 성리학의 리, 기의 전통하에서 기를 중심으로 주희의 성리학적 질서를 벗어나고자 했지만, 이 역시 그 큰 틀을 벗어나지 못하고 있는 것과 유사하다.

성리학은 유, 불, 도의 개념이 통합된 동북아 사상의 저류지와 같은 전체 지도가 되는 체계로, 동북아 사상이 종합된 학문이다. 성리학은 유교적 통치 및 세계관이 중심이 되어 주역과 음양오행에서 기원하는 도교적 관점(세계관, 우주관)을 새롭게 해석했다. 성리학은 도교 중심의 동양적 세계관과 정치 개념을 연결시킨 주돈이의 태극도설과 장재의 태허 개념과 기일원론의 전통을 이어받고 있다. 그러나 왕부지는 유교의 실재론을 취하고 불교에서 중시하는 마음의 치유를 중심으로 하는 존재론을 비판했다. 그는 물질을 중시하는 일종의 유물론자적인 측면이 있었기에 마음의 개념을 폄하했다. 왕부지에게 '기의 개념'은 그 자체로 생성의 존재론을 함축하고 있는 개념이지만, 왕부지는 기의 실재성과 이법성을 강조함으로써 불교를 비판했다. 자연스럽게 왕부지는 이러한 측면에서 마음을 중시했던 양명학에 비판적인 입장이었다. 특히 그는 양명학을 불교의 아류 정도로 생각했다. 물질을 객관적인 실재로 파악하고자 했던 왕부지에게 양명학의 마음을 중시하는 방식은 실재하지 않는 방식이라고 생각한 것이다.

왕부지는 장재의 기일원론을 좀 더 내재화하여 음양이 변화되어 물질적으로 만들어 내는 기의 양상에 집중하게 된다. 왕부지는 장자의 '태허' 개념에서 '허(虛)'는 기의 운행이라는 점은 받아들이지만, 현실을 떠나 초월적인 상황으로 도피하고자 하는 점에 대해서는 비판적 입장이었다. 성리학의 리 중심의 정적인 세계를 그가 극렬하게 비판했듯이, 왕부지는 기일원론의 원조격인 장자의 사회에 대한 소극적인 태도 역시 마음에 들지 않았기 때문일 것이다. 실제로 혁명가와 같은 그의 삶을 떠올리면, 그러한 학문적 태도를 잘 이해할 수 있다. 주자의 관점이 리기이원론이지만 리와 기가 떨어져서는 생각할 수 없다고 주장한 바와 같이, 기일원론 역시 결국은 리기이원론의 영향에서 자유로울 수는 없었다. 두 요소가 상호 조화속에 드러나는 매커니즘은 결국, 이원론의 구도 안에서만 설명이 가능하기 때문이다. 주자는 성즉리(性卽理)의 사유이지만, 왕부지는 기일원론의 계보에서 성즉기(性卽氣)의 사상을 주장한다. 다시 말해, 기가 세계를 운행하는 가장 주요한 요소라는 것이다.

왕부지는 '양생음성(陽生陰成)' 이라는 생성의 법칙을 중시했다. 즉 '양은 생(生)하고 음은 성(成)한다. 양은 동적으로 발산하면서 새로움, 차이를 만들어 내지만(生), 음은 정적으로 수습하면서 양의 움직임이 망령되지 않도록 잡아준다(成).' 라는 것이다. 그는 양의 드러나는 운동은 보이지 않는 곳에서 은은하게 움직이는 음의 요소가 받쳐주었을 때 가능해진다고 보았다. 두 가지 모두가 공존하면서 조화를 이루어야 함을 강조하는 것이다. 그것은 서양의학이 아픈 곳을 치유하기 위해 아픈 곳에 직접적으로 매스를 가하는 것과는 달리, 상호 연결된 이면의 기관을 보완하는 방식으로 치유하고자 하여 음양의 조화를 중시하는 동양의학의 방식과 유사하다. 그의 사유의 최종 목표는 기의 흐름이 물질적으로 드러나는 방식과 그 과정에서 드러나는 리에 있었고, 그것은 오늘날의 관점으로 보았을 때 물질적인 것을 중시하는 유물론적인 느낌이 강하다. 그것은 신체적, 생리적, 물질적 차원이 결합되어 있는 것이었다.

주자(주희)는 리를 중시하고 기의 흐름인 욕망을 멀리하는 '존천리 거인욕(尊天理 去人慾)' 의 개념을 제시했지만, 왕부지 사상은 천리 속에 이미 인욕(人慾)이 내포되어 있다는 개념을 중시했다. 인욕이 발휘되며 물질화되어 드러나면서 천리가 실행된다고 보았기 때문이다. 왕부지에게 정은 성과 대립하는 것이 아니라 성이 심을 통해 현실에서 나타나는 모습이다. 그에게 성과 정은 연속적이며 근원적으로는 하나이기 때문이다. 그는 인욕은 인성의 '하부구조/형이하' 를 이루며 '상부구조/형이상' 인 도덕성은 이 하부구조의 토대 위에 존재한다고 보았다. 이것은 토대와 상부구조는 마르크스의 경제의 토대 위에 상부구조가 올라타면서 물질세계가 이루어진다는 유물론적 세계관과 유사한 구조임을 떠올리게 만든다. 마르크스의 사적 유물론은 변증법의 역사적 발전을 중시한다. 왕부지 역시 역사 중심축의 시간성이 내포된 개념을 전개한다. 성(性)이란 주어진 것이고 하늘로부터 받는 것이며, 인간(넓게는 모든 개체들) 속에 들어온 기화의 궁극적인 이치라는 것이다. 개별자들은 모두가 생명의 흐름 속에서 기의 흐름이 시간속에서 물질적으로 구체화 된 존재라는 의미를 내포한다.

양명학과 왕부지의 철학 그리고 이단적인 이지의 사상 등은 기존의 세계관과 질서, 사회 이데올로기와는 다른 방향성을 취했다. 특히 왕부지는 근대 과학의 영향을 받아 기 중심의 성리학을 발전시켜 나가면서 동양적 사유와 근대과학을 접목하여 해석하고자 노력했다. 특히 이지의 경우에는 당시 주류였던 유교를 비판하며 계급, 남녀의 질서 체계를 거스르는 사유의 방향성으로 박해를 받았다. 이렇게 기존 체제를 부정하거나 극복하고자 하는 시도와 근대성을 접목하고자 하는 태도는 새로운 시대로의 전환에 걸맞는 다양한 사유의 시도로서 가치를 지닌다.

0406 기일원론과 유물론과의 접목

성리학은 고대 유학을 중심으로 하여 유학적 관점에서 불교의 인식론, 도교적 세계관을 새롭게 통합하여 새로운 유학을 만들었기에 '신유학' 이라고도 불린다. 성리학은 시대의 변화에 따라 새로운 방향성을 융합하며 발전하게 되는데, 신유학의 세 가지 학문 계열로, 리학, 심학, 기학이 있다. 신유학은 송 제국 시대 이후부터 전개된 유학의 새로운 경향이었다. 그것은 단절된 고대 유교를 되살리는 것이다. 핵심적인 개념은 리(理), 기(氣), 심(心), 성(誠) 등이다. 송 제국 시기에 성리학(신유학)은 리와 성을 강조했다. 그래서 성리학, 혹은 리학(理學)이라고 불렸다. 그것은 현실을 중시하는 학문적 태도라고 볼 수 있는 것이다. 명 제국의 신유학인 '양명학' 은 심(心)을 강조한다. 심학은 왕수인이 만들었으며 청 제국에서는 성리학이 기학으로 변화하는데, 이 시기의 심학은 왕부지, 대진 등이 주요 학자이다. 그들은 기를 핵심 범주로 설정했고, 기가 만들어 내는 물질세계는 구체적이므로 '실학' 이라고도 불렸다. 중국 사회가 위기에 빠질 때마다 리학과 심학은 위축되고 기학이 대두되었다. 기학을 중시하는 이들은 현실주의적인 성향이 강했으며 공동체의 구축을 지향했다는 공통점이 있다. 원형은 장재의 형이상학(태허, 객형)이 중심이 되어 계보를 이루며 기일원론의 전통을 만들어 나갔다.

–기일원론(氣一元論)

기일원론(氣一元論)의 관점은 우주를 운행하는 가장 핵심적인 존재는 오직 기(氣) 하나뿐이라는 시각이다. 그것은 우주 만물이 '기' 에 의해 생성되고 운행된다는 성리학의 본체론에서의 기 중심의 이론이다. 다시 말해, 우주의 근원을 '기(氣)' 의 운행이 가장 중요한 것으로 설명하는 입장이다. 성리학은 현상계가 리와 기로 이루어져 있다고 보는 리기이원론(理氣二元論)의 본체론이다. 리는 기에 앞서 존재하는 원리와 체계이고, 기는 그에 따르는 물질의 구성 원리라고 보기 때문에 리와 기는 근본적으로 섞일 수 없다. 그러나 기일원론자들은 기가 독자적으로 존재하며 우주 만물을 구성하며 생성되는 가운데 리의 법칙이 드러난다고 보았다.

기일원론이 최초로 발원한 것은 장재(張載)의 '태허설(太虛說)' 로부터이다. 그는 존재를 거슬러 올라가다 보면 '태허' 를 만나게 되는데, 이것은 무형이지만 실체가 있는 것으로 보았다. 장재는 리는 기의 본체에 해당한다는 입장을 취했다. 이후 명나라 시기의 나흠순(羅欽順), 청나라 초기의 왕부지(王夫之)가 이를 더욱 발전시켰고 청대 중기에 대진이 계보를 완성시켰다는 것이 일반적인 평가이다. 이들은 기를 중시하여 리와 기의 연계 작용으로 세계를 보는 관점에서 주로 리를 중시하는 성리학(리학 중심)의 관점에 대립하여 기를 중시하는 입장을 견지했다. 이들은 세계가 기로 구성되어 있고, 기의 운행 가운데 리가 '법칙' 으로 드러나는 것임을 주장했다. 이러한 시각은 조선에서 이황과 기대승의 수준 높은 리기론으로 더욱 심화 발전되었다.

표 2

기의 두 양태	장재의 개념	공기의 비유	H20의 비유
보이지 않는 기	태허(太虛)	수증기	물
보이는 기	객형(客形)	다양한 구름들	다양한 얼음들

[5]

청나라 시기의 기일원론은 근대 과학의 특성이 적용되어 기의 특성을 이성적으로 바라보고자 했다. 그들은 보이지 않는 대기가 실제로는 존재하고 있고, 그것의 양태가 변화하면서 공기, 수증기, 물이 되는 순환하는 양상을 직접적으로 사유했다. 물은 분자구조가 같지만, 온도가 변화함에 따라서 다양한 양태로 변화한다는 세계의 운행 법칙을 근대적 방식으로 파악하고자 한 것이다. 기의 움직임이 화학적, 물리적 법칙에 의해 움직이고 발생한다는 접근 방식은 서양 화학에서의 에테르에 해당되는 과학적 내용으로, 이 역시 근대적 방식으로 접근한 것이다. 동북아인들은 소리가 전달되려면 공기가 필요하고, 빛이 운동하고자 하면 어떠한 매개 물질이 필요하다는 개념을 최초로 성리학에 접목하여 사유하기 시작한 것이다.

주자와 기일원론자들의 주장이 대립하는 지점은 바로 이 부분이다. 주자의 입장에서는 세상의 이치인 리가 먼저 존재하고, 그 법칙에 따라서 세상이 움직이고 형성되는 것이다. 그러나 기일원론자들은 기 자체는 뭉치고 흩어지지만, 불변하는 존재의 이유나 목적 자체를 사유한 것이다. 그는 존재의 프로그램을 태극 혹은 리라고 불렀다. 눈에 보이는 세계와 눈에 보이지 않는 세계, 즉 기가 관통하는 유와 무의 세계 모두에 태극이 전혀 변하지 않는 채로 존재하고 있다는 것이다. 태극, 그것은 전체 우주의 DNA였던 셈이다.[6] 기의 운행 가운데 그것이 내포되어 본질과 리가

표 2 기일원론의 개념

5) 강신주, 철학vs 철학, 오월의 봄, 2016, p1049
6) 강신주, 앞의 책, 2016, p1089

드러난다는 것이다.

건축적으로 간략하게 설명하자면, 리는 설계도와 같은 '원리'를 의미하며, 기는 설계도에 의해 만들어지는 물질적, 공간적 부분이다. 일반적으로 설계도를 그리고 집을 구축한다는 점에서 리기이원론적으로 생각하기 쉽다. 그러나 기일원론자들은 집을 짓다 보면 자연스럽게 설계의 원칙이 드러난다는 입장이다. 이치에 맞지 않게 구축하면 무너질 것이고, 이치에 맞지 않게 짓는다면 불편하거나 기능이 성립할 수 없을 것이다. 기의 흐름에 맞추어 짓다보면, 자연스럽게 그 원리와 원칙이 드러나게 된다는 것이다. 지어지는 매커니즘 자체 내에 이미 그 원리가 내재되어 있다는 입장인 것이다.

–왕수인의 양명학

명 시대에 기일원론의 대표적 사상으로, 왕수인이 정립한 양명학이 등장했다. 쉽게 변하는 마음을 수행하여 안정적이고 윤리적인 중용의 가치를 접목시키는 것은 유교적 관점에서 불교적 가치와 동북아 사유의 전통을 반영하여 발전시킨 것이었다. 왕수인은 양명학을 세우며 모든 사물에 하늘의 이치가 있다고 설파했다. 어떤 물품(물질)이 있다고 가정한다면, 상황에 따라서 그 물품은 다른 용도로 쓰일 수 있을 것이다. 때와 상황에 따라 쓰임새가 다르다.

8

양명학에서는 심즉리(心卽理) 설과 성즉리(性卽理) 설은 같지 않다고 본다. 달리 말해 양명학에서 중요하게 생각하는 것은 사물의 이치는 내 마

8 왕수인 초상

음에 있다는 것이다. 그것은 완전한 관념론이라고 할 수 있다. 주자는 성과 정이 나뉘며 성은 리이고 심에도 리가 있다고 보았다. 왕수인은 심과 성과 정이 서로 같은 것이고 그것이 바로 리라고 보았다. 물(物)에는 리가 없으며 마음에 성, 정, 리가 있다는 것이다. 이미 마음 안에 선이 가득 차 있다는 것이다. 여기서 성은 양지(良知)이자 양능(良能)이다. 즉, 배우지 않고도 알고 실행할 수 있는 것을 의미한다. 격물(물질)을 만나면 내 마음에 측은지심을 투영(치양)하여 실행에 옮길 수 있다는 것이다. 사물에 그대로 마음을 투영시킬 수 있다는 것이다. 그는 양지를 만들지 못하는 것은 사욕(私慾)이 개입했기 때문인 것으로 보았다.

성리학과 양명학에서 동시에 금하는 것은 '사욕' 이다. 성리학에서는 희노애락애오욕의 칠정(七情)이 사욕으로 넘어갈 수 있다고 본다. 성리학에서는 칠정이 삼가지 않고 곧바로 드러나면 도덕적으로 바람직하지 않은 것으로 보고 이를 금지한다. 그러나 근대에 들어 신윤복, 김홍도는 백성들의 감정, 즉 살아 숨 쉬는 서민들의 표정과 해학 등을 표현하여 변화하는 감정인 기(氣)의 측면을 강조하는 그림을 그렸다. 양명학을 세운 왕수인에게는 희노애락애오욕, 인의예지 등이 중요했다. 조선에서는 양명학을 공부하면 사문난적(斯文亂賊)으로 몰려 고초를 당했다. 왕수인이 특별한 점은 주희가 애써 마련한 리일분수 도식을 '마음' 으로 수렴하는데서 찾을 수 있다. 이 과정에서 그는 자신이 장재나 주희(주자)의 리를 중시하는 방식을 제대로 인식하지는 못했던 것으로 보인다. 장재나 주희는 당 제국의 이데올로기였던 불교를 대신하여 새로운 제국의 이데올로기를 만들려고 했다. 그러나 그들은 불교는 지나치게 관념론적인 특성이 있다는 것을 문제로 보았다. 그들에게 불교는 부모와의 인륜까지도 무상하고 공(空)한 것으로 보고 관념적으로 치우치게 되어 자기 내면에 빠져 허우적대는 '유아론(唯我論)' 으로 보였던 것이다. 그렇기 때문에 장재는 기라는 범주를 강조했고 주희는 인간의 관념을 초월하는 리를 강조했던 것이다. 그렇지만 왕수인의 양명학에서 가장 중요한 것은 사물의 원리였던 기와 리가 이제 '마음' 으로 수렴되었다는 점이다.

장재(기)와 주희(리)는 과거 당 제국의 이데올로기와 질서 체계를 한 번 더 도입하려고 노력했던 국가주의자 혹은 제국주의자의 면모를 가지고 있었다고 평가할 수 있을 것이다. 불교는 개인의 내면으로 침잠하고 살펴서 유아론을 극복하고자 하는 경향이 강하다. 왕수인은 리와 기가 마음으로 수렴함을 강조했다. 이런 경향은 명 제국 말기, 청 제국 초기의 '유교, 불교, 도교의 가르침이 같다' 라는 '삼교일치론' 의 주장이 나오며, 유, 불, 도가 상호 연관되었고 상호 영향으로부터 사상이 성립되었다는 것을 논증하고 있다.

왕수인은 양명학의 창시자로, 심즉리설(心卽理說), 지행합일설(知行合一說), 치양지설(致良知說)7) 이 양명학의 가장 중요한 키워드들이다. 주자학이 마음의 본질을 성(性)이라고 하여 성을 인식하기 위한 복잡한 수양론을 전개한 것에 반하여, 양명학은 인간의 심, 그 자체가 지닌 본질을 강조하여 심이 지닌 양지(良知)를 이루기만 하면 된다고 함으로써, 간명하고도 강렬한 수양론을 제시했다.

쉽게 이야기해서 양명학은 불교의 이론을 중시하는 교학적 태도보다는 마음의 본질에 다가가기 위해 수행하는 선학(禪學)의 입장이며 문자도 필요하지 않다고 하는 불립문자(不立文字)의 입장과 유사한 것이다. 정신사적으로 서구의 근대사상 및 문물을 받아들이기 시작하던 시기의 철학적 움직임들은 이처럼 중세 봉건시대의 위계와 권위적 세계관에서 근대사회의 근대적 특성들이 감지되는 사상적 변화를 보인다는 점에서 주목

7) 치양지설(致良知說): 마음이 곧 이치이며, 천리인데, 그것은 하늘이 부여해 준 것이며, 그것이 바로 양지이다. 그것은 선천적으로 누구나 지니고 있는 앎이다. 자신의 마음을 잘 다스리고 이치를 깨달은 후 실천으로 완성해야 한다. 그래서 치양지설은 아는 것과 실천하는 것이 하나라는 지행합일(知行合一)을 강조했다.

할 필요가 있다. 그러나 그 당시의 사상적 흐름은 개인 혹은 소수의 선도적 지식인의 영역에 씨앗이 뿌려지는 정도였을 뿐이었고, 여전히 중세 봉건적 도그마가 지배하던 공고한 사회 분위기였다. 이들의 사상은 주류에서 벗어나 있었다. 그러나 너무나 억압적인 사상적, 사회적 분위기에 대한 반감이 커지고 있었고 새로운 움직임이 싹트기 시작하고 있었다. 이러한 기일원론의 특성 자체가 탑다운의 보수적, 권위적 리 중심의 사상과는 달리, 풀뿌리 민주주의와 같은 보톰업의 사상적 특성과 그 궤를 같이 하고 있다는 측면에서 기 철학의 잠재성의 움직임은 새로운 시대에 대한 예감을 가능하게 하는 것이었다.

—중국 근대 사상과 유물론의 접목

리쩌허우는 다양한 외적 요소들을 비교하며 서양과 동양의 사유의 차이에 대해서 연구했다. 그는『중국 근대사상사』에서 현대 사상가들을 서구사상과 인민주의 사상과 구분하기도 하고 문화 대혁명과 나치즘의 차이점을 주장하기도 했다. 연구의 논리적인 확증을 위해 다양한 자료를 제시하고 새로운 관점에서 해석했다. 그는 주로 슝스리, 량수밍, 펑유란, 머우중산의 사상을 대략 언급한다.

그는 결론적으로 중체서용이 아닌, '서체중용(西體中用)' 을 주장한다. 쉽게 이야기해서 서양의 기술과 물질을 기반으로 하되, 중국의 사상을 주체적으로 사용한다는 의미이다. 서양 제국주의 열강들이 동북아에 경쟁적으로 몰려들어 침탈하고 이권을 챙기던 시기에, 중국은 '중체서용(中體西用)' 을, 조선은 '동도서기(東道西器)' 를, 일본은 '화혼양재(和魂洋才)' 의 방식으로 유사하게 절충적인 방식으로 대응했다. 동북아 국가들은 모두 기존의 가치관을 중심으로 삼고 여기에 서양의 기술을 주체적으로 수용해야 한다고 표방했다는 점에서 유사하다. 리쩌허우는 현대 중국 사회가 당

면한 문제를 극복하기 위해 '서체중용' 해야 한다고 역설했다. 그가 내세우는 체(體)는 물질과 정신을 포괄하는 개념이다. 과학기술은 물론 사회적 생산력과 생산양식까지 포함한다. 서양의 '체' 를 중국에 응용(中用)하자는 것이 리쩌허우 사상의 근본이다.

리쩌허우는 현대 중국 사상이 구체화 되는 계기를 다음의 세 가지 요소들의 복합화로 구분하고 있다. 우선 과학과 현학의 논쟁으로 대표되는 학술적 원류가 되는 철학과 중국 현대사회와 고대 사회의 특성을 보이는 역사, 그리고 민족성을 보이는 문예(루쉰의 사례) 등 세 가지 측면이 복합화되면서 구체화 된다고 주장한다. 이렇게 분석하는 배경에는 구체화 되는 시기가 일본 제국주의가 침략하여 이에 저항하던 시기와 맞물린다는 특징이 있다. 침략자에 저항하기 위해 민족의식을 고취하는 것은 어떻게 보면 자연스러운 것이다. 공동의 적을 물리치기 위해 개별적인 계몽이나 개인의 특성은 배제되거나, 억압되거나 후 순위로 미뤄지게 되었던 것이다. 앞서 세 가지의 주요한 특성이 복합화된다고 보았는데, 세 영역에서 주로 언급되고 있는 인물들이 있다. 그는 후스, 천두슈, 루쉰을 주요한 인물로 언급한다. 그는 후스는 명석하지만 연약한 학자이며, 천두슈는 단호하고 다소 경박한 혁명가이며, 루쉰은 비관적이면서 예민한 글을 쓴 문학가로 분석하고 있다. 리쩌허우가 특히 심도있게 분석한 인물은 루쉰으로, 계몽주의를 추구하면서도 그것을 넘어 다른 차원의 특성을 보이는 문학비평적 미학의 관점에서 루쉰을 칭송한다. 그는 중국 민족이 처한 어려운 현실을 극복하고자 하는 의지와 역량이 훌륭하다고 보았고, 니체적인 권력의지와 초인의식으로 넘어서고자 했던 루쉰의 문학관을 높이 평가하고 있다.

근대 시기 중국은 이상세계를 동경하는 관념론적인 특성이 있었던 중국 전통 사유의 특성으로 인해 서양 열강과의 전쟁, 일본과의 전쟁 이후, 열악하고 궁핍한 현실에 처하게 되었고 중국은 이를 타파하는데 모든 역량을 집중했기 때문에 실사구시적인 현실개혁이 최우선 과제가 될 수밖에 없었다. 마오쩌뚱(모택동)은 규칙과 질서를 중시하는 실용적인 노선을 취했다. 그는 유물론적 인식론을 중심으로 영웅주의적, 낭만주의적 철학적 세계관을 수립했고, 이를 군사적, 정치적 행로와 결합시켰다. 중국의 마르크스주의는 실용적이고 실천적인 특성을 띠며 전개되었다. 중국의 실용주의는 인민주의라는 중국적 특성과 결합하여 현실의 모순을 극복하고 변화시키기 위해 변증법적으로 실천했다. 그들은 구체적인 문제, 구체적인 분석과 해결 방안을 추구했다. 중국의 마르크스주의는 문화대혁명의 시기에 사상의 사유화의 폐단이 극명하게 드러나기도 했다.

신해혁명과 5.4운동 이래 사회주의 국가가 된 중국은 유학이 종교화되어 봉건적 사상이 여전히 유지되었던 특성이 있었다. 중국 사상의 계보는 공맹, 정주(주자), 육왕(육구연)의 사상의 계승을 중시하고, 이를 근간으로 하여 서양철학과 근대 사상을 접목시키고자 했다. 현대 신유학은 송, 명시기에 리학(성리학)이라는 전통 철학을 통해 원리의 도덕주의를 강조하는 상황에서 불교나 도교의 이론을 재해석하여 새로운 학문의 흐름을 만들었다. 신유학 역시 이후 서양의 현대철학을 중국의 관점으로 재해석하여 그 영역을 확장시키고자 했다. 결론적으로 전체적인 중국 근현대 사상의 흐름은 '서체중용'이라는 하나의 단어로 대체할 수 있을 것이다.

앞서 언급한 바와 같이, 기일원론은 인간의 감정이나 물질의 구성 체계에 중점을 두는 바와 같이, 이데아적인 세계를 추구하는 실재론적인 입장이 아니라, 영국의 경험주의와 같은 실질적인 세계의 법칙을 추구하며 조절과 평형의 가치를 중시하는 경향을 보인다. 기일원론이 중시되었던 청조 말기에 기일원론인 양명학과 관념보다는 '물질'을 중시하는 유물론의 흐름이 연결되며 사회주의 국가가 되는 수순이 어떻게 보면 자연스럽다고도 할 수 있다. 특히, 기라는 물질을 중시하면서 근대성이 발아하고 발전이 예견되는 양명학과 기학이 진보적인 특성을 지니고 있었던 만큼, 봉건왕조를 타파하고 새로운 세계를 만들고자 하는 유물론적 특성에서 향후, 마르크시즘과의 친연성을 예측해 볼 수 있다. 기일원론의 흐름과 중국의 공산화는 이처럼 밀접한 관련이 있다.

중국 및 일본 근대철학의 생성과 변화

중세 봉건적 특성이 여전했던 동북아에서 시민 중심의 근대적인 평등사상과 월등한 과학기술 등 서양의 근대적 사상과 기술 및 문물의 도입은 큰 충격을 주기에 충분했고 한, 중, 일의 동북아에서 근대화로 본격적으로 전환되고 발전하게 되는 계기가 되었다. 서구와 급격한 근대적 차이와 불균형을 보였던 만큼, 정신적으로 근대철학의 생성과 사회 동력의 측면에서 점진적으로, 때로는 근대적 방식으로 새로운 운동을 전개한 사상가들은 사회를 급진적으로 발전시키고자 하는 열망으로 가득 차 있었다. 이제 한, 중, 일, 동북아 3국에서 이들이 사상적, 제도적, 물질적 측면에서 서구 근대성을 어떠한 방식으로 접목시켜 근대화하고자 했는지 살펴보기로 하자.

0407 중국 고증학 및 19세기 변법유신과 캉유웨이 사상

─고증학(考證學)

고증학은 중국의 명(明) 말, 청(淸) 초에 일어난 학문으로, 실증적으로 고전을 연구하는 학풍 또는 방법론이었다. 고증학(考證學)의 한자를 보면 '생각을 증명하는 학문' 이라는 뜻이다. 뜻에서 보이듯이 사유를 증명하려 했기 때문에, 그 증명 방식은 실제로 객관적이고 과학적인 분석 방식을 사용했다. 이러한 태도는 서양의 선교사들에게서 전해진 서양 문물에 영향을 받은 것이다. 고증학에서 중요한 개념은 실사구시(實事求是)이다. 경세(經世)를 위해서 실사(實事)에 기초해서 옳은 것을 구하는 것이 중요하다는 것이다. 이러한 문제의식에 의해 학문 역시 실제적이고 실용적인 실학을 중심으로 하는 학풍이 전개되었다. 고증학자들은 당시의 주류 학문인 성리학이 형이상학적인 주제에 매몰되어 정적이고 도덕적인 측면만 강조하고, 실제적인 것은 그다지 중요하게 생각하지 않았던 것을 비판하고 실제적인 지식과 실천을 강조했다.

사상적으로 근대성이 접목된 학문은 필연적으로 기술 과학을 이용하여 자본을 집적하고 권력을 집중시켜 왕정을 전복함으로써 시민사회가 중심이 되는 평등사회를 만드는 방향에 친화적이기 마련이다. 따라서 당시 왕정 체계는 적극적으로 이러한 자유사상들을 탄압하게 된다. 중국 사상가 '이지' 도 박해를 받아 비극적으로 죽었던 것처럼, 청나라 시기의 지식인들은 현실 세계에 대한 실증적이고 과학적인 지식을 추구하고자 했지만, 끊임없는 검열과 사상적 탄압 속에서 현실에 대한 관심과 참여를 포기할 수밖에 없었다. 다만, 현실적으로 남은 것은 고증학적인 학문의 방법으로 연구하는 것 뿐이었다. 옛 성현들의 문헌을 연구하는 것은 누구라도 흠잡을 수 없는 것이었기 때문이다. 다만, 이 문헌들을 연구할 때 합리주의적인 관점으로 증거와 명백한 자료에 근거하여 실증적인 연구를 수행했다. 이러한 연구의 흐름은 결국 차선책으로서의 과학적 문헌 탐구라고 할 수 있다. 일종의 변종의 대안적 연구라고 해야 할 것이다. 당시 지식인들이 할 수 있는 저항이란 경학(經學)과 사학(史學) 부문에서 리를 중심으로 도덕수양론을 강조했던 송, 명 시대의 연구들을 배척하고 한나라 및 당나라의 훈고학을 실증적 방식으로 연구하는 것 뿐이었다. 그러나 이 연구는 결국 현실의 변화에 있어서 별다른 영향을 끼칠 수 없었다. 쇄국정책이 중심이 되어 옛 것에만 집중하는 가운데 과학기술과 근대성으로 무장한 열강의 제국주의 침략이 격화되는 상황에서 오히려 경쟁력이 떨어지게 되었다. 청나라의 고증학은 학문의 본질을 고민하고 새로운 대안을 찾으려고 모색하며 나온 학문의 흐름이었고, 이후 한국 실학 형성에 직접적으로 영향을 주었다.

고증학의 대표적인 학자로 대진(戴震, 1723~1777)이 있다. 서민 출신의 고증학자 대진은 음운, 훈고(訓詁), 지리 등 다양한 분야에 통달하여 훈고적인 방식으로 옛 문헌의 의리를 합리적인 관점에서 실증적으로 연구했다. 그는 주자학의 성즉리(性卽理)가 리를 중심으로 하여 리와 기를 분리하고 도덕 수양을 중심으로 하다 보니, 실제 물질세계의 변화와 세상의 변화에 둔감하고 백성들의 생활에 실질적인 도움이 되지 못함을 비판했다. 그는 주자학의 오류를 실증적, 과학적으로 밝혀내어 새로운 시대에 대응하고자 했다.

고증학은 엄혹한 전제군주 시대에 그나마 근대성을 접목하여 성리학의 한계를 극복하고 저항하고자 하는 지식인들이 선택할 수 있는 최선의 분야였을 것이다. 기일원론을 중심으로 하여 근대적 이성을 접목하여 과학적으로 고찰했기 때문이다. 고증학의 발전은 역설적으로 새로운 시대에 대한 열망과 갈증의 증폭, 혹은 불만의 정도가 임계점에 이르렀음을 상징한다. 근대성이 도입되며 새로운 시대를 갈망하는 지식인들이 중심이 되어 권위적인 중세 봉건사회의 도그마에 소극적으로 저항하며 한풀이하듯 연구했던 분야가 바로 고증학이었기 때문이다. 그것은 새로운 시대가 열리고 있는 가운데 나타나는 근대적 특성이 감지되는 잠재성의 움직임이었다.

–19세기 변법유신과 캉유웨이 사상

청나라는 19세기에 아편 전쟁과 애로우호 전쟁, 청불전쟁에서 서양 제국주의 열강들에게 처참하게 패배하고 청일전쟁까지 제압당하여 치욕적인 조약을 맺게 된다. 이후 불평등한 무역 조약을 맺고 약탈에 가까운 자원의 해외 유출이 이루어지게 되었다. 서양 제국주의 열강들은 중국의 각종 이권들을 차지하기 위해 혈안이 되어 있었다. 또한 내부적으로도 정치, 사회 전반에 불안한 상황이 계속되었다. 이러한 상황이 지속되면서 자연스럽게 과학기술의 발전으로 우위에 있는 서양식 무기체계로 개선을 주장하면서 장기적으로는 사회 전반의 개혁을 요구하는 목소리가 나오게 되었다. 양무운동과 변법자강운동과 같은 개혁운동이 전개된 것이 그 사례이다. 그는 물질문명이 고도로 발달한 기초 위에 사회구조를 구축하는 역사 진화론이자 반봉건 민주주의의 내용이며 정치투쟁에서 실천적 변화를 통해 옛것을 고쳐 새롭게 만든다는 절충적 방식을 취했다는 점에서 의의가 있었다.

리쩌허우는 중체서용에 대한 중층적인 해석을 지향하며, '서로 다른 역사 시기에 처하고 세 가지 서로 다른 유형에 속하며 세 가지 서로 다른 특색을 가지고 있으면서도 서로 앞뒤로 연속되어 있고, 서로 지양하며 보다 높은 단계로 매진하면서 중국에서 마르크스주의의 전파와 발전을 위해 길을 닦았다.'[8]라는 입장을 피력한다. 앞서 살펴본 태평천국 운동은 완고한 보수파에 대한 저항과 전복을 통해 혁명적 근대성의 접목을 추구했던 것이다.

—변법자강운동(變法自彊運動)

변법자강운동은 캉 유웨이(강유위, 康有爲), 량 치차오(양계초, 梁啓超)가 주축이 되어 청나라 전반의 경쟁력을 강화하기 위해서 일본의 메이지 유신을 모델로 하여 정치, 경제, 교육, 법제도 등을 개혁하고자 한 운동으로, 무술변법(戊戌變法)이라고도 부르는 운동이다. 당시 중국의 상황은 청일전쟁에서 일본에 패배하여 충격에 빠져 있었으며 양무운동(洋務運動)을 주도한 서

8) 리쩌허우, 중국근대사상사론, 임춘성 역, 한길사, 2005, p27

태후와 이홍장에 대한 비난이 높아지던 시기였다. 서태후는 어린 조카인 광서제를 옹립하며 섭정을 하면서 권력을 농단했고, 이화원을 건설하는 데 군함 대신 2천만 냥을 사용했다. 이는 청나라 군대의 근대화에 있어서 치명적인 결과를 가져왔다. 당연히 근본적인 체계를 바꾸어야 한다는 요구가 높아졌는데, 점진적인 변화와 근대성의 접목을 추구하는 변법(變法)파와 전제군주제를 뒤엎고 공화정을 수립하려는 혁명(革命)파가 논쟁을 거듭했다.

변법자강론자들은 전통적인 정치체제, 교육제도의 개혁을 통해 부국강병을 실현해야만 중국이 경쟁력을 확보하여 근대 열강속에서 살아남을 수 있다고 주장했다. 그러나 그들은 유교적 가치에서 벗어나지 않고 중립적인 입장을 취했다. 그들은 '탁고개제(託古改制)'의 정신을 통해 새로운 제도를 취하고자 했다. 개혁을 하면서도 전통을 존중한다는 정신은 입헌군주제를 채택하는 미온적인 방식의 개혁이었다. 시민이 주도하는 혁명이 이루어지지 않고서는 당시의 분위기상 급진적인 변화는 기대하기 어려운 상황이었다.

캉 유웨이는 대동사회를 꿈꾸며 공자의 '탁고개제(託古改制)'의 정신을 강조했다. 즉, '옛것에 비추어 오늘날의 제도를 고친다'는 의미이다. 특히 그는 서양의 정치제도와 사회제도 중 우수한 것들만 골라서 중국 정치제도를 시급히 개혁하는 것이 매우 중요하다고 역설하며 광서제에게 상소를 올렸다. 이것이 광서제에게 받아들여져서 무술년의 변법운동을 전개하는 계기가 되었다. 개혁의 주요 내용은 새로운 교육제도, 과거제도, 및 각종 근대화를 실시하고자 했다. 또 교육기관과 신문을 발행하면서 지식인과 대중들을 상대로 하는 근대화의 계몽운동을 전개했다.

그러나 이러한 과감한 개혁은 기존 체제의 관성과 정치, 관료 조직들의 불협화음속에 순조롭게 진행되지 못했다. 전통적인 것과 쇄신을 적당하게 혼합하여 성공시킨다는 것이 그렇게 쉬운 일은 아니었다. 관료층의 근대화의 이해의 정도는 제각각이어서 황제와 소수의 지식인을 제외하고 개혁을 적극적으로 지지하는 주체 세력의 숫자가 적었다. 불완전한 개혁은 실패할 수밖에 없었다. 그러나 근대화로 향하는 거대하고 도도한 역사의 흐름은 거스를 수 없었다.

9

광서제의 급격한 개혁 정책으로 인해 변화에 민감했던 기득권 세력들은 서태후 주변으로 몰려들어 연대하여 세력을 집중했다. 서태후는 섭정을 하면서 내주게 된 권력을 다시 찾아오고자 했다. 서태후와 그 일파는 '무술정변'의 쿠데타를 일으켜 광서제를 유폐시키고 개혁파를 숙청했다. 변법자강운동을 '100일 변법'이라고 하듯이 이 운동은 위안스카이(袁世凱)의 배반으로 실패로 돌아갔고, 서태후 및 수구파가 다시 집권하여 중국은 근대화에 있어서 더욱 후퇴하는 계기가 되었다. 캉 유웨이는 홍콩으로 피신했고, 양계초는 일본으로 피신했다. 이후 캉 유웨이는 청 왕조가 멸망하고 귀국하였으나 이 때에는 시대에 뒤떨어지는 옛것을 신봉하는 주장과 정책을 제시하며 시대 착오적으로 청왕조를 복원하고자 하는 운동을 전개했다.

당시(1895년)에 한국에서는 명성황후가 피살되고 단발령을 시행하는 사건들이 발생했다. 이후 의병 활동이 시작되었다. 또 유길준은 『서유견문』을 간행했고 1896년에는 아관파천으로 친러 내각이 성립되었고 독립협회가 설립되어 『독립신문』이 발간되었다. 1897년에는 국호를 대한제국으로 변경했고 광무개혁이 시작되었다. 1898년에는 서울에 전차가 개통되었고, 만민공동회가 개최되었다. 또 동학 2대 교주 최시형이 처형되는 사건 등이 발생하는 등, 한국은 근대화로 이행하고 있던 상황이었다.

몇몇 언급된 역사적 사건들의 나열만으로도 우리나라에서는 당시 봉건 군주제 체제와 사회를 개혁하여 근대 사회를 추구했던 사건들이 계속해서 발생하고 있었으며, 근대화로 향하는 거대하고 도도한 역사적 물결이 흐르면서 근대사회로 이행되고 있는 상황이었다.

0408 중국 마르크스주의의 영향과 근대사상으로의 이행

중국의 근대화로의 행보는 마르크스주의가 접목된 사상적 운동으로 인해 본격적으로 진행되기 시작했다. 그러한 움직임의 대표적인 인물이 바로 루쉰이다. 루쉰(魯迅)은 『광인일기』, 『아큐정전(阿Q正傳)』 등 세계적인 문학가이자 사상가로 인정받고 있다. 그의 대표작 『아큐정전(阿Q正傳)』은 세계적으로 주목받았는데, 그는 당시 문학계에 사상적인 투쟁의 통일전선을 형성하는데 핵심적인 사상적 기반이 되었다. 그의 문학과 사상은 사회의 부조리와 허위를 거부하면서 투쟁을 추구하는 강인한 정신을 강조했다. 그의 작품세계는 백성들에 대한 연민과 사랑, 그리고 당시 상류사회의 억압과 수탈 등에 대해 증오심이 동력원이 되었다.

루쉰은 유복한 집안에서 출생했으나 잇따른 집안의 불행으로 인해 가난한 형편으로 전락하여 초년 시절에 고생했다. 그는 어려운 경제적 형편때문에 해군학교에 입학했으나 곧 철도학교로 옮겨서 근대적 학문 경향을 접했고, 졸업 후 국비유학생 자격으로 일본으로 유학하여 센다이 의학전문학교에 진학하게 되었다. 그는 계몽적인 신학문을 습득하면서 부당한 교육방식에 항거하며 의학전문학교를 자퇴했다. 루쉰은 저항적인 감성으로 문학 작업을 지속하다가 망명 중인 중국의 혁명 운동가이자 유학자인 장빙린(章炳麟)에게 사사했다. 1909년 귀국하여 고향에서 교사로 근무하다가 신정부의 교육부원으로 옮겨서 금석탁본(金石拓本)을 수집하고, 고서(古書)를 연구하는 등 고증학에 심취했다. 이후 그는 '루쉰' 이라는 필명을 사용하며 1918년 문학혁명을 계기로 『광인일기(狂人日記)』를 발표했고, 여러 근대적 작품을 게재하다가 그의 대표작인 『아큐정전(阿Q正傳)』을 발표했다. 1920년에는 베이징 대학에서 강의하기도 했다. 1927년 가을에는 상하이의 조계(租界)에 숨어 저작에 매진했고, 급진그룹에 속하여 논쟁하며 급진적 사회비판 단평(短評)의 문체를 확립했다. 그는 '문명비평' 과 '사회비평' 을 국민성을 변화시키기 위한 새로운 전략으로 삼았다.

그는 소비에트 문학작품을 번역하면서 프롤레타리아 중심의 문학을 소개했고, 사회주의 사상에 대해서 연구했다. 이를 바탕으로 그는 '좌익작가연맹' 이라는 사회주의 좌파 그룹의 지도자가 되었고 각종 미디어(문학, 판화 등)를 이끌면서 비판 활동과 작품 활동을 병행했다. 그는 박해를 피해 도피 생활을 하기도 했다. 이러한 과정을 거쳐서 그는 큰 발전을 성취하게 되었다. 그는 만년에 문학계의 사상의 최전선에서 활약하여 통일전선을 형성하는데 지대한 공을 세웠다.

–마르크스주의의 영향과 근대 사상

시간의 흐름속에서 강한 세력의 힘과 문화가 그렇지 못한 나라나 열등한 장소에 흘러들어와 영향을 끼치게 되는 것은 자연스러운 현상이다. 그 과정에서 전통을 재해석하고 외세의 기술 및 문화를 비판적으로 받아들이는 현상은 계속해서 상호작용을 일으키기 마련이다.

중국의 경우, 대규모 외래문화의 수용에 있어서 두 차례의 중요한 사건적 경험을 통해 발전하게 되었다. 첫 번째는 인도불교의 수용이고, 두 번째는 서양의 근대 과학기술의 수용이다. 첫 번째 사건은 자연스럽게 중국 정치, 사회, 문화 전반에 자연스럽게 스며들며 '선종(禪宗)' 이라는 독특한 동북아 불교를 창출했고, 이후 유교, 도교와 융합되면서 성리학이 생성되며 동북아 사상의 저류지 역할을 했다. 두 번째인 서양의 앞선 과학기술과 관련하여, 제국주의의 폭력적인 침탈의 역사를 만들었기 때문에 자연스럽게 처음에는 거부와 저항이 심했다. 중국에서는 어쩔 수 없이 '중체서용' 이라는 절충적인 방법론으로 대응할 수밖에 없었다. 이 점은 동북아 및 동양 사회가 거의 유사하게 경험했던 대안적, 절충적 방법론이었다.

'중체서용' 과 관련해서는 다음과 같이 생각할 수 있다. '중체서용이란 중학위체(中學爲體)와 서학위용(西學爲用)의 약칭으로, 아편전쟁 이후 물밀듯이 밀려 들어오는 서양 문화에 대한 중국의 대응 논리라 할 수 있다. 여기서 중학(中學)은 유교의 경학과 그것에 기초한 봉건예교(禮教)를 가리키고, 서학은 과학기술→정치제도→사상 의식의 순차적이고 단계적인 과정을 거치는 서양 문화의 도입을 가리킨다. 그것은 중국의 전통을 본체로 삼되, 이전에는 업신여기던 서양의 정신적, 물질적 문화를 부분적으로 수용하겠다는 태도였다. 체(體)와 용(用)이라는 가치평가를 염두에 둔다면, 중체서용은 중화주의 또는 중국 중심론의 변형이라 할 수 있다.' 9)라는 의견과 같이, 당시 중국에서는 대규모 공업 생산을 기반으로 삼지 않고 순전히 소비와 분배에만 집중했다. 당시 중국은 평등과 금욕주의의 공산주의를 중심으로 자급자족 경제를 이상적으로 생각했기 때문에, 공동체 생활을 강요하는 것은 지속될 수 없는 정책이었다.

9) 리쩌허우, 중국근대사상사론, 임춘성 역, 한길사, 2005, p28

'체용(體用)' 의 개념에서 사물에 적용되어 본체로 작용하는 '용(用)' 은 쓰임새가 있기 마련이다. 하늘과 하나가 되고자 하는 마음을 중시하는 동북아 사상의 특성상, 그것은 전체 국민의 무의식의 공통성을 말하고 있다. 캉 유웨이의 탁고개제(托古開制) 사상은 중체서용론의 핵심으로, 리쩌허우는 공자를 빌어 서양의 부르주아적인 자유주의를 끌어들였다고 평가한다. 중체서용(中體西用)에서 서용(西用)을 실천적으로 이용하고자 했던 것이다. 문화, 과학, 예술 등을 실용적으로 이용하고자 하는 것은 중국문화의 특성 중 하나이다. '실용 이성은 혈연, 천인합일과 함께 중국의 사상의 특성 중 하나이다. 혈연이 중국 전통사상의 토대의 본원이라면, 실용 이성은 중국 전통사상의 성격상의 특색이다. 그것은 선진(先秦) 시기에 형성되기 시작했다. 선진 제자백가는 당시 사회 대변동이 나아가야 할 길을 찾기 위해 제자들을 가르치고 자기주장을 펼쳐, 쌍주 무사 문화에서 해방된 이성을, 그리스의 추상적 사변이나 인도의 해탈의 길이 아니라, 인간 세상의 실용적 탐구에 집착하게 했다.' [10] 라는 의견과 같이 중국의 실용적 태도는 냉정하면서도 또한 온정이 있는 중용(中庸)의 조화를 이루고 있다.

리쩌허우는 '문화 심리구조' 가 치명적인 약점을 가지고 있는데, 그것은 직관적이고 원시적이며 미성숙한 동북아 세계관(도교적 세계관)이 접목되면서 구축되었기 때문이라고 생각한다. 그는 이 우주론이 반복적이며 변동이 거의 없는 소규모 농업 생산(순환성), 자급자족이라는 폐쇄적인 자연경제(폐쇄성), 강력한 혈연의 규범(질서) 등에 영향을 주었고 수구적인 중국 사회를 지속하는 원인이 되었다고 보았다. 전통이 선조들의 지혜가 축적된 것으로 새롭게 창조하는 부분과 오히려 반대의 특성이 공존하고 있는데, 일반적으로는 보수적인 특성에 머물게 된다고 본 것이다.

10) 리쩌허우, 앞의 책, 한길사, 2005, p35(임춘성 해설 부분)

리쩌허우는 새로운 대안으로 '서체중용'을 제시한다. 중체서용의 실천적 의미가 '서용'에 있다고 가정하면 중용도 함께 적용가능하다. 산업기술과 과학기술을 현대사회 존재의 본체와 실질적인 조건으로 인정하여 그것을 근본으로 삼아야 한다는 것이다. 그것은 전통적인 상황을 해체하고 재해석하는 것이다. '이데올로기 측면에서 볼 때 태평천국은 선명한 특색을 가지고 있다. 그것은 종교의 외피를 쓰고 정치, 경제, 문화 각 방면에서 농민계급이 지주계급에 전에 없이 사상적으로 반항하고 폭력적으로 공격했다는 것이다. 그러나 태평천국 사상은 봉건적 생산양식의 한계를 벗어나지 못했고, 새로운 생산력과 생산양식에 기초한 근대 부르주아적 경제토대가 만들어 낸 민주주의 등 중요한 내용이 결여되어 있었다.'[11]라고 평가하며 당시 움직임의 한계를 지적한다.

중국이 청나라 시기에 기일원론이 중심이 되는 기학이 발전하게 되었던 것에는 비록 동북아 세계관 및 우주관에 영향을 받은 형이상학적인 주제라고 하더라도, 과학적, 합리적 이성을 반영하여 근대성을 담고 있었던 부분에 영향을 받았던 점이 크게 작용했다. 이것은 실질적이고 실용적인 물질적 방식으로 세계를 바라보고 행동하는 실용 이성에 기초했다는 점에서 근대적 특성이 접목된 것으로 해석할 수 있다. 기일원론인 기학이 물질을 중심으로 사유하는 유물론과 궁합이 잘 맞았던 것은 자연스러운 것이었다. 이후 서구 제국주의 열강의 침탈에 맞서 봉건왕조를 넘어서 사회주의국가로 나아가는데 마르크시즘은 기일원론의 사상과 함께 부르주아와 프롤레타리아의 이분법을 이용하며 민중의 힘을 사용하고 저항 의지를 불태우는데 시기적절한 사상이었을 것이다.

0409 일본 근대화(메이지 유신) 이행과 동북아 사유(신도사상)와 접목

일본은 섬들로 구성된 자연환경과 외부로부터 영향을 많이 받았으며, 일

11) 리쩌허우, 앞의 책, 한길사, 2005, p51

원론적인 신도사상(神道思想)이 정신의 근간을 이어오면서 근대화가 이루어진 이후에도 입헌군주제를 시행하고 유지하고 있는 독특한 제도, 문화, 역사적 환경을 가지고 있다. 일본은 섬나라의 특성상, 외부로부터 유입되는 사상과 문화 등을 받아들인 이후에 자신의 것으로 철저하게 변용시켜버리는 특성을 보여왔다. 가장 먼저 근대화를 적극적으로 받아들인 일본은 근대성의 폐해와 장점을 두루 경험하고 기일원론의 철학과 근대사상을 접목시키고 변용하면서 동시대화 하는 측면에 있어서 참고할 만한 선례를 많이 보유하고 있기 때문에 한국성의 동시대성을 사유하는데 유익하다.

–일본의 신도사상

일본의 문명 전체를 관통하며 공존하는 정신은 신도사상(神道思想)이다. 일찍이 일본은 쇼토쿠(聖德) 태자가 유교 중심의 국가에서 적극적으로 불교를 받아들이면서 중앙집권화를 추구했다. 그는 천황을 만물의 중심으로 놓는 사상을 정립했다. 쇼토쿠 태자는 『고사기(古事記)』(712)와 『일본서기(日本書紀)』를 저술하면서 일본 고대로부터 내려오는 신대(神代)의 신화 및 전설과 함께 하는 천황들의 역사를 가장 중시하는 '신도(神道)' 사상을 정립했다. 이것은 일본인의 정체성 형성에 지대한 영향을 주었으며 샤머니즘 및 토테미즘의 자연종교가 고대 왕권에 흡수된 형태였다. 일본인들은 자연과 신의 지위까지 천황의 존재를 올려놓았고 "만세일계(萬歲一系)"로 파악함으로써 정통성을 부여했다. 신도 사상은 부정적인 측면이 있으나, 일본에서 오랜 시간에 걸쳐 내려온 독특한 주요 사상이다. 헤이안(平安) 시대(794~1192)까지 신도사상이 시대적 이데올로기로 작용하여 평화의 시기가 이어졌다. 6세기에 전파된 불교로 인해, 한 때 신도사상과 평등을 중시하는 불교사상이 충돌한 경우도 있었지만 비교적 사이좋게 공존할 수 있었고 이것은 일본 불교의 독특한 특징이 되었다.

1192년에 가마쿠라 막부(鎌倉幕府)가 설립되면서 천황은 '상징적인 존재'로서 권력이 무력화되었고, 이후 막부의 통치자인 쇼군이 권력을 차지하게 된다. 이 시기부터 천황과 쇼군 및 귀족과 승려, 사무라이 사이에 권력 투쟁이 시작된다. 막부가 우세한 시대가 지난 이후에 메이지 유신이 실행된 시기에 이르러서는 왕정이 복고되어 다시 천황이 권력을 획득하게 된다. 이후 주자학이 수입되어 유행하는 시기에는 퇴계의 '경(敬)' 사상이 도입되었는데, 곧 천황을 공경하는 사상으로 변용(재해석)하여 보수화에 사용되었다. 이후, 국학(國學)이 설립되고 이에 영향을 받아 복고(復古)의 흐름을 타고 다시 신도사상과 연계되었다. 다시 예전으로 돌아가고자 하는 민족주의 및 국수주의 세력의 의견이 반영되어 신도사상의 흐름이 되살아 난 것이다. 이것은 막부 말기, 존왕양이(尊王攘夷) 즉, 천황을 높이고(신도사상) 외적을 물리치자는 쇄국주의 및 국수주의 사상의 배경이 되었다. 메이지유신으로 왕정이 되살아났고, 다시 천황이 권력의 중심이 되었다. 이를 바탕으로 20세기 들어 파시즘으로 치닫게 되었고 제2차 세계대전 발발의 원인이 되었다. 민주화된 오늘날에도 천황은 계속해서 일본 신도사상의 정신적 상징으로 존재하며 그 체제가 유지되고 있다.

일본에 수입된 불교는 초기에 귀족적인 특성의 호국불교 성격이 강했다. 왕권을 강화하는 도구로 쓰일 정도였다. 헤이안(平安) 시기에 불교는 중국에서 천태종이 수입되었지만, 실제로는 귀족 취향의 밀교('卽身成佛'의 개념)와 율종이 유행했으며 천태종마저도 밀교화 되면서 밀교가 중심이 되었다. 형이상학적으로 현학적이고 세련된 인식론보다는 강한 분위기(규칙)의 종교성과 함께 지진, 쓰나미 등, 초자연적인 불확실성이 많은 일본의 자연 여건상 주술적, 기복적 특성이 강한 밀교가 더 어울렸을 것이다.

가마쿠라 시대(1192~1333)에는 불교가 왕성하게 발전했으며 일본 불교의 독자적 특성이 형성되었다. 가마쿠라 시대에는 사무라이들이 중심이 되는 시대가 되었다. 또 불교 역시 이런 대세에 맞추어 귀족불교에서 대중불교로 전환된다. 이후 불교는 기복적이고 내세 중심적인 정토종(淨土宗)이 유행했다. 일본에서는 복잡한 교리보다는 '염불종'이라고 불릴 만큼 서민이 쉽게 접근하는 것에 초점을 두었기 때문에 염불만 외우면 해탈이 가능하다고 설파하는 정토종이 힘을 얻게 되었다. 한편으로는 선종(禪宗)이 유행했는데, 선종 역시 복잡한 교리를 배제하고 불립문자(不立文字)의 깨달음을 중시하는 까닭에, 학문과 문자를 중시하는 기득권의 귀족 세력보다는 주로 민중이나 하층 사무라이 세력들에게 받아들여졌다. 일본 불교는 기본적인 불교의 인식론을 바탕으로 하면서 금욕을 중시하는 것보다는 현실에 대한 긍정을 중시했다. 이것 역시 초자연적인 현상들로 고통받고 팍팍한 현실을 견뎌내기 위한 일본의 특수성에 기인한 것이었다.

에도 막부 시기에 후지와라 세이카(藤原惺窩, 1561~1619)에 의해 성리학(주자학)이 도입되면서 성즉리(性卽理)의 본연지성(本然之性)과 기질지성(氣質之性), 리일분수(理一分殊)를 중시하는 주자의 사상과 윤리학 및 동양적 세계관이 점차 영향력을 끼치게 되었다. 그러나 신도 사상과 함께 정치 권력의 영향에서 자유롭지 못했던 일본의 특수성 때문에 주자학 가운데 특히 퇴계의 '경(敬)사상'으로부터 많은 영향을 받게 되었다. 그것은 유학적 관점에서 신도사상을 유지하기 위한 방편이라고 볼 수 있다. 그러나 실제로 일본에서 주로 받아들인 사상은 양명학이었다. 무사였던 왕수인의 간명한 사상적 특성이 복잡한 교리의 주자학보다 무인들에게 적합한 측면이 있었기에 양명학은 하급 무사들에게 적극적으로 받아들여졌다. 양명학은 일정 부분 근대사상과 근대화에도 영향을 주게 되었다. 지행합일(知行合一)을 통해 실천하고 수양을 통한 자연적인 마음을 중시하는 양명학의 '양지

(良知)' 의 개념은 일본의 무사도와 일정 부분 통하는 공통 분모가 존재했기 때문일 것이다. 특히 양명학에서는 상하관계의 절대복종을 의미하는 무사 집단의 가치에 맞게 리를 '효(孝)' 로 해석했다. 이것은 '효(孝)' 와 '경(敬)' 의 정신을 중심으로 공동체의 단체성을 강조하도록 한 의미가 있다.

한편, 고가쿠(古學)는 "공자에게로 돌아가자!"라는 주장을 통해 반주자학적 흐름을 주도했다. 이토 진사이는 현학적이고 형이상학적인 주자학을 비판하면서 '논어' 에 대해 언급했다. 그는 당시의 사회적 상황을 과학적으로 분석하여 공자의 사상이 예의를 지나치게 강조하다 보니, 비정하고 인위적인 것이라고 강하게 비판했다. 이후 근대화의 물결속에서 실학은 양학으로부터 크게 영향을 받았다. 그들은 성리학의 리를 자연과학적 법칙으로 해석했다. 일본 역시 일본의 문화 사상이 중심이 되고 서양의 기술을 선별하여 받아들이는 '화혼양재(和魂洋才)' 정신 즉, "정신적으로 우월한 일본이 서양의 뛰어난 병기를 손에 넣게 된다면 세계를 제패하는 일류국이 될 수 있다."라는 정신을 바탕으로 근대화에 임하게 되었다.

–메이지 유신(明治維新, 1868)

메이지유신(明治維新, 1868)의 근대화를 통해 일본은 근대와 중세의 특성이 묘하게 결합되며 발전했다. 일본의 막부정치는 권력이 없는 상징적인 천황이 존재하지만, 실질적인 권력은 막부의 쇼군이 가지고 있는 체제이다. 쇼군은 각지의 영주인 다이묘를 거느리고 있었으며 각 다이묘들은 사무라이들을 고용하여 무력을 이용해 농민을 지배하면서 세금을 걷는 형식의 봉건제도를 유지했다. 일본은 막부의 정치와 질서 체계가 오랜 기간 공고하게 지속되었다. 그러나 근대화의 변화가 나타나기 시작하면서 공고했던 체제는 점차 무너지기 시작했다. 농민들은 성장하는 도시로 이주하여 상업이 발달하면서 자본을 집적하게 되었고 큰 자본을 형성한 자본가들이 등장했다. 그들은 농지를 구입하고 개별적으로 농지를 다른 농민에게 경작시키면서 새로운 자본의 권력을 생성했고, 그 과정에서 점차 막부의 권력 체제도 와해되기 시작했다. 또한 농민들의 의식도 성장하여 막부의 과도한 세금에 항의하는 사태들도 발생하기 시작했다.

10

이어서 일본은 미국의 페리 제독에 의해 강제로 문호가 개방되면서 불평등조약을 맺게 되었다. 막부의 쇼군이 결정하여 처리한 불평등조약은 천황의 칙허 없이 처리한 독단적 결정이었다. 이에 막부에 불만을 갖고 있었던 천황과 지방 영주인 다이묘들은 천황을 중심으로 모이게 되었다. 천황은 막부를 적이라고 선언하고 사무라이들의 충성 맹세를 받을 수 있었으며, 이를 통해 무혈로 최고 권력을 획득할 수 있었다. 그들은 천황을 중심으로 한 입헌군주제 국가를 선포하며 메이지 유신을 실시했다. 막부를 타도하고 천왕을 정점으로 중앙 집권적 통일 국가를 수립한 일본은 입헌 군주제의 정치변화와 함께 근대화의 흐름이 본격적으로 이루어지기 시작했다. 막부는 곧 붕괴되었다. 그때 세계 역사의 주요 흐름으로, 1863년에 미국에서 링컨의 노예해방이 선언되었고, 1864년에 청나라에서는 홍수전이 자살함으로써 태평천국이 멸망하는 등, 근대화의 물결이 일고 있었던 시기였다. 일본은 서양의 침략과 불평등조약에 맞서기 위해 천황을 중심으로 각 지역의 영주와 사무라이들이 군대를 조직하고 징병제를 도입했다. 천황을 중심으로 하여 중앙 집권적인 행정제도와 관료 체계를 새롭게 정비하고 서양식 교육체계를 도입하는 한편, 평민들은 성을 갖게 되어 평등하게 되었다. 또 의회와 헌법을 만들어 근대식 사법 체계를 도입했다. 그러나 헌법은 천황을 중심으로 상당 부분 자유를 제한하고 천황

10 메이지 유신 시기 철도개통식

의 권력을 인정하는 것이어서 한계가 있었다. 사무라이의 사회적 지위의 약화에 대한 불만을 잠재우고자 일본은 서구 열강들에게 당했던 방식과 유사하게 한국을 침략하여 강화도 불평등 조약을 맺었다. '서쪽 오랑캐를 국토에서 몰아낸다'는 의미의 '양이(壤夷)'를 주장했던 일본은 오히려 페리 제독의 영향으로 인하여 '개국' 정책으로 전환되어 발전하게 되었다. 일본은 이러한 혁명을 지속시키기 위해 정한(征韓)이라는 부작용을 겪어야만 했다. 이후 일본은 중국, 러시아와의 전쟁에서 승리하고 조선에서 각종 자원과 물자를 수탈하여 산업을 발전시키면서 제국주의 국가로 성장할 수 있었고, 결국 조선을 강점하여 식민지배를 실시했다.

메이지 유신은 근대성과 중세의 특성이 대립하거나 착종되면서 이루어진 부르주아적 왕정복고의 특성을 가지는 체제였다.[12]라는 의견처럼, 근대적인 측면에 있어서는 조닌(町人)들의 사상과 양학의 도입, 그리고 시민사회의 형성을 위한 평등사상 등이 발아했다는 측면이 있다. 여전히 남아있는 중세적인 특성에 있어서는 국학, 신도, 존왕 사상을 들 수 있다. 조닌(町人)들의 근대적 사상과 사무라이들의 경제사상 그리고 반주자학적인 양학의 발전으로 인해 근대적인 학문과 사회 분위기가 형성되었고 점차 시민들의 평등의 가치도 높아지고 있었다. 물론 기득권이 지키려고 했던 수구적인 사상들도 치열하게 논쟁이 벌어지며 다양한 사상들이 공존하던 시기이다. 당시에는 국학과 신도사상, 존왕 사상들이 치열하게 논쟁을 일으켰다.[13]

섬나라의 특성상 자체 내의 발전보다는 외부로부터의 기술 및 문화의 유입에 의존해 왔던 일본은 전제왕권과 신도사상이라는 무속, 종교적 특성이 결합된 독특한 전근대적인 특성이 자체 내에서 유지되며 발전했다. 이것은 오늘날에도 천황제가 존속하는 이유이기도 하다. 이러한 사실은 일본

12) 나가오 다케시, 박규태 역, 예문서원, 2002, 『일본사상 이야기 40』 내용 재편집.
13) 수구적인 사상들: 국학: 게이츄, 가모노 마부치, 모토오리 노리나가신도: 야마자키 안사이, 히라타 아쓰타네, 존왕사상: 미토가쿠, 요시다 쇼인

이 메이지 유신으로 인해 빠르게 근대성을 받아들이고 자체적으로 발전시켰지만, 정치적인 측면에서는 후진성을 면치 못하는 이유이기도 하다.

-교토학파와 니시다 기타로

11

앞서 언급했듯이, 일본 사상을 전체적으로 관통하고 있는 신도사상은 샤머니즘 및 토테미즘이 작용하는 제정일치 개념과 천황과 정치 역사에 있어서 일본의 특수성이 결합되어 있는 독특한 사상이라고 할 수 있다. 특히, 주자학의 유교, 불교, 도교의 통합적 성격이 일본에 와서는 천황 중심의 신도사상과 결합되는 양태를 보이게 된다. 그러나 메이지 유신이 실행되고 서양 문물이 본격적으로 도입되면서 사상적인 면에서도 서양의 영향을 크게 받게 된다. 일본은 서양을 이중적인 대상으로 보았는데 본받아야 할 대상이자 적이라는 이중적이고 모순적인 대상으로 간주한 것이다. 니시다 기타로(西田 幾多郞)는 이러한 상황에서 유럽의 사상과 동북아 사상을 대등한 것으로 놓고 그 종합된 철학 위에 새로운 사유를 수립하고자 했다. 이러한 방향성 하에 당시 네 명의 일본 근대 철학자인 '교토 사철(四哲)' 이 등장하며 활발히 활동했다.14)

그중에 니시다 기타로는 개인적인 고통과 삶의 부조리와 비참함을 경험하며 "고뇌를 초월할 수 있는 철학"을 추구했다. 그의 철학은 실존적인 요소를 분석하며 경험을 중시한다. 따라서 그의 철학을 불교의 인식론 혹은 현상학의 범주로 분류하기도 한다. 삶의 고뇌를 넘어 참 자아를 찾아가고자 하는 그의 태도에서 불교의 마음의 치료학이나 변증법적 진보의 방향성을 중시하는 헤겔 철학의 영향을 찾아볼 수 있다. 자각을 가능하게 해주는 근원으로서 '장소' 는 니시다 기타로의 사상에서 매우 중요한 키워

11 니시다 기타로 초상

14) '교토 사철(四哲)' 은 네명의 대표적인 일본 근대 철학자들로 니시다 기타로, 와츠지 테츠로, 미키 키요시, 구키 슈조는 이른바 '교토 사철(四哲)' 로 불리는 거장들이다.

드이다. 초창기 기타로의 사유에서 주체와 객체가 분리되지 않는 '순수경험'은 '장소'와 관련된다. 피히테의 자아와 비아를 대상화하여 구분할 수 있는 '장소'를 중시하는 것이다. 이 지점은 불교의 영향을 받은 것임을 알 수 있다. 불교의 불성(佛性)이 발산하는 아트만의 공간인 '공적영지(空寂靈知)'의 경지에 들게 되는 것은 공적영지의 '장소'에 도달하는 것이다. 피히테의 인식의 근원은 자아인데, 그것은 인식의 행위자이다. 스스로를 한정해야 한다. 공(空)의 공간은 영원한 순간에 스스로를 한정한 영원한 순간이자 현재이다. 그것이 바로 불교의 공(空)의 사유와 유사하다.

12
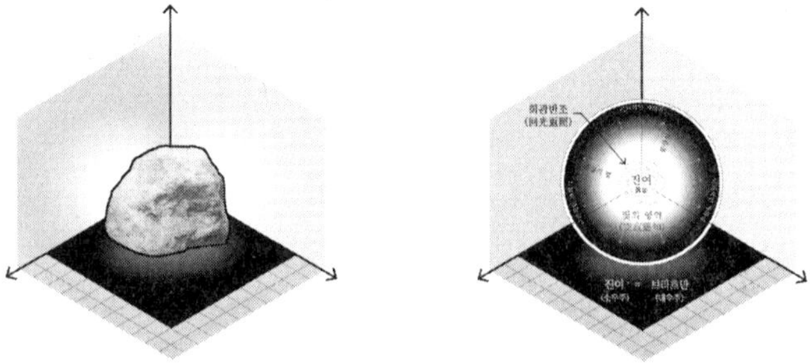

의식의 주체인 '자아(自我)'와 대립적인 '비아(非我)'가 관계를 맺으며 인식하는 장소가 바로 '절대 무(無)의 장소'인, '공(空)의 장소'이다. 그것은 절대 무의 장소에서 고유성이 부여되고 다른 객체에 개방되어 자신뿐만 아니라 다른 개체도 긍정한다. 그것은 절대 무의 장소에 있기에 가능한 것이다. 그 장소에는 외적 변수가 없이 자아와 비아가 명백하게 자신의 특성을 유지하며 통일된 상태로 존재한다. 니시다의 사상에서는 자기의 특성인 아성(我性)이 없는 가운데, 혹은 자기 동일성을 획득하는 가운데 통일된다고 하는데, 이 지점이 바로 위험한 지점이다. 그것은 바로 공적영지의 순간과 화엄사상의 장엄한 통일적인 운동이 제국주의적인 방식으로 변질될 수 있는 부분이 될 수 있기 때문이다.

12 '절대 무(無)'의 장소와 공적영지의 유사성

13

기타로는 지각이야말로 '절대 무의 자각' 이며, 자각이란 "자기 안에서 자기를 비추는 것" 으로 보았다. 그것은 개체적이고 직관적인 경험이 보편적이고 논리적인 경험으로 확장됨을 뜻한다. 이를 가능하게 만들기 위해 기타로는 '장소' 의 개념을 도입한다. 서양 근대철학이 주체를 중심으로 객체를 대상화하여 분리하여 사유하려고 하는데, 기타로는 여기서 더 나아가 그것이 '관계 맺는 터(장소)' 에 대해서 사유한다. '고뇌를 털어내고 환한 빛의 차원으로 나아가기 위해' 우리는 그것을 감싸 안는 '장소' 의 측면으로 바라볼 수 있음을 환기시키는 것이다. 니시다는 물리적 공간을 '유(有)의 장소' 로 생각했고 이와 반대로, 형이상학적으로 의식(자아)과 대상(비아)이 관계 맺는 장소는 '무의 장소' 라 부른다. "의식의 뜰" 에서 니시다는 무(無)의 장소를 '대립적 무의 장소' 와 '절대 무(無)의 장소' 로 구분하여 절대 무의 장소에서는 의식 자체도 무(無)로 화하며 그곳에서 절대 무를 자각한 '참 자신' 을 발견하게 된다는 것이다. 여러 부분에서 선불교적인 뉘앙스를 감지할 수 있는 장면이다. 니시다 기타로의 사유는 근대 사유에서 동북아 사유와 동등한 차원에서 조금 다른 측면으로 나아가는 방향성을 감지할 수 있다. 그러나 그의 사유는 여전히 주체와 객체의 대상화된 형이상학적 관계에 머물러 있다. 그것은 제국주의와 파시즘이 등장하고 강하게 영향을 끼쳤던 시대에 등장했던 철학의 시대적 한계라고 말할 수 있을 것이다. 절대적인 무의 공간에 고요하게 있는 자신에게 다가가는 철학의 자세는 자신의 내면에 집중하는 선불교적인 측면을 중심으로 하여 서양의 관념론의 철학을 재해석한 사유라고 볼 수 있다.

13 기타로 사상에 영향을 받은 이우환의 작품

거기에는 타자(객체, 공공)가 존재하지 않는다. 타자의 철학이 부재한 이유이다. 여기에서는 공간 자체도 다양한 외적 변수가 난무하는 현실 세계의 공간과는 다른 고요한 공간일 뿐이다. 이러한 조건 자체의 한계는 물질세계에서 뚜렷한 한계를 노출할 수 밖에 없을 것이다.

결국, 니시다의 사상은 한계가 뚜렷하다. '대동아 공영권' 이라는 이데올로기와 태평양전쟁이라는 처참한 불행을 만들어 낸 현실에 지식인이 적극적으로 저항하거나 시정의 목소리를 내지 못한 한계가 있는 것이다. 그것은 마치 나치에 협력한 철학자 하이데거를 떠올리게 만든다. 그는 불의에 적극적으로 저항하지 않고, 나치에 일정 정도 부역함으로써 시대가 지운 지식인의 의무에 충실하지 못했던 철학자의 모습을 보였다. 이것은 지식인들이 옳은 것조차도 외면했던 당시의 시대정신과도 연결된다.

니시다의 철학은 동북아 사유에서 독특하게 발전했던 선불교 사상으로부터 영향을 받은 상황에서 근대 서양철학(독일 관념론)과 접목되었고 향후, 동북아 철학이 나아가야 할 방향성을 보여주고 있다는 점에서 철학적 의의가 있다. 일정 부분 한계가 있음에도 불구하고 서양철학과의 접목을 통해 재해석하며 절충하는 사유의 방식은 새로움을 수용하는 단계로 작용하여, 동북아 철학의 향후 잠재적인 발전의 원동력이 되기도 했다. 와쓰지의 철학 역시 서양철학과 불교사상을 접목하여 윤리성과 공동체성을 강조했지만, 공동체성을 강조하는 윤리는 결국 전체주의 사상으로 쉽게 변질될 수 있다는 점이 문제이다. 여기에서 우리는 동북아 사유가 중심이 되고 서구의 근대성을 재해석하여 자체적이고 점진적인 발전이 가능한 사유의 투쟁 지점의 사례를 보았다. 우리는 이를 새롭게 해석하며 확대, 발전시키는 노력이 필요하다.

—와쓰지의 풍토론과 이데올로기적 윤리학

교토학파 철학자의 한 명으로, 와쓰지 테쓰로(和什哲郎)는 근대 일본의 주요 철학자이며, 일본적인 시각으로 서양철학을 재해석했고, 화혼양재, 존황양이(尊皇洋夷)의 방식으로 서양을 극복하고자 했다. 그러나 그의 철학은 윤리학을 강조하여 이데올로기적 측면을 반영하고 있으며 이러한 그의 철학은 니시다 기타로의 철학과 함께 대동아공영 사상으로 이어져 아시아 침탈을 정당화하는 이데올로기로 변질되어 전체주의의 도구로 오용되었다.

와쓰지의 주요 저작은 『윤리학』(1934)과 『풍토』(1935)이다. 『풍토』의 주요 내용은 자기를 발견하는 것인데, 자기 객체화는 특정 풍토와 역사적 배경하에서 해석을 통해서만이 가능하다고 주장한다. 인간존재의 특수성을 강조하며, 자각을 통해 인간의 존재를 파악한다는 것이다. 다시 말해, 그는 서양을 타자화하고 일본을 '주체'로 해석하면서 일본적인 윤리학을 정립하고자 했다. 와쓰지는 동양의 '윤리학(倫理學)'에는 타자의 시선 및 타자와의 관계가 전제되어 있다고 간주하면서 이를 역사적이고 해석학적인 접근을 시도했다. 동북아 윤리에 있어서 인간은 인간관계 즉, 공동체 안에서의 자신의 의무나 태도가 애초부터 전제되고 있으며, 각 관계에 따라 자신의 도리를 따라야 한다는 것이다. 처음부터 개별적인 개인보다는 타인과의 관계가 중요하게 전제되어 있는 것이다. 부분과 전체, 전체와 부분이 함께 있을 때 의미가 생긴다. 그것은 관계로서 사람 사이(人間)가 이미 전제되어 있다는 것이다.

와쓰지가 생각하는 인간은 인간들과의 관계에서의 삶이며, 나와 타자가 둘이 아니라 하나라는 관점이며, 인간관계에서 나를 뚜렷하게 주장하지 않는 삶을 추구하는 존재이다. 그는 공적영지의 방식과 같이 수행(修行)

을 통해 깨달음을 얻고자 하는 불교로부터 많은 영향을 받았다. 끊임없이 변화하는 무상한 세계에서 나라는 주체를 굳이 드러내지 않고 나와 타인, 가족, 집단, 국가 등으로 확장되는 '공동체'를 중시하는 입장이 바로 '윤리'임을 강조하는 것이다. 그것은 집착을 버려야 하는 공 사상과 불교의 무상(無常) 및 공적영지의 세계에서 자타불이(自他不二)의 개념으로 공동체를 중시하는 일즉다 다즉일(一卽多 多卽一)의 화엄 사상으로 확대되었다. 수많은 인간 관계속에서 무아(無我)를 실천하는 것이다. 그것이 바로 동북아 전통의 윤리라고 보는 것이다. 와쓰지는 관계적 존재로서 인간을 국가 윤리학으로 확장시켜 최종적으로 국가(천황)의 결정을 따르는 것이 윤리라는 논리가 성립되는 윤리학의 개념을 발전시켰다. 그는 서양 윤리를 동북아적인 방식으로 해석하며 이데올로기의 사상을 정립한 것이라고 비판받을 소지가 매우 높다.

현상학이 비록 기존 서양철학에서 벗어나며 근대 이성의 폐해에 대한 보완의 특성이 있는 것이 사실이다. 그러나 하이데거는 현존재가 결단하여 진리가 드러나는데 그것이 특정 지도자의 결단과 함께 드러난다고 주장하여, 히틀러의 오판의 가능성을 열어두는 결과를 가져왔다. 마찬가지로 와쓰지 역시 개인의 결단이 가족, 공동체 더 나아가 천황의 결단을 통해 질서와 조화가 이루어져야 하는 공동체의 '윤리'를 강조함으로써 천황의 결단과 지도하에 일사분란하게 움직여야 하는 것이 윤리적이라는 결론에 이를 수 있는 폐해가 발생할 수 있는 가능성이 열리게 되었다.

와쓰지에게 서구에서의 주체의 개별성이란 결국 전체를 중시하는 방향성을 거부하는 이기적인 것인 것으로 생각되었다. 하이데거와 와쓰지 두 철학자 모두 세계와의 관계를 강조하면서도 전체주의 국가의 이데올로기에 참여했다는 점에서 사상과 행동에서 오류가 있었음을 비판받고 있는 것이다. 와쓰지는 '관계로서의 윤리학'을 발전시키는데 기타로의 사유가 출발점이 되었을 정도로 많은 영향을 받았고, 무(無)의 장소로서의 자타불이(自他不二)의 관계를 중시했다.

주저 『풍토』와 『윤리학』에서 와쓰지는 서구를 타자화하면서 주체적인 해석으로 윤리학을 구체화하려고 시도했다. 그의 윤리학에서 기본 원리는 절대적 부정성이 부정을 통해서 자기에게로 돌아오는 운동으로 규정했다는 점이다. 부정을 통한 과정에서 공(空)을 지향하는 방식에서 그가 헤겔의 변증법의 영향을 받았음을 알 수 있다. 자신으로 존재하면서 지속적으로 자기를 부정함으로써 자신으로 되돌아가는 변증법적인 운동의 과정을 그는 '선(善)'으로 본 것이다. 서양인의 사고로 대변되는 하이데거의 철학과 비교했을 때 '현존재'는 서양의 개념의 '개인'을 의미하며 '세계-내-존재'로서 도구적 존재일 뿐이다. 그러나 와쓰지의 존재는 타인과의 관계에서 살아가는 존재인데, 개인의 결단을 통해 전체성으로 회귀하는 관계적 존재이며 문화적이고 풍토적인 장소성으로부터 영향을 받으며 역사성을 만들어 나가는 존재이다. 이것은 변증법적 발전을 통해 역사의 발전을 추구했던 독일 관념론의 영향을 받았음을 확인할 수 있는 대목이다.

와쓰지는 인간을 문화적 풍토와 밀접하게 연관시켜 사물이 특정한 곳에 공간적, 시간적으로 존재한다고 생각했다. 와쓰지의 철학과 하이데거의 철학에는 유사성과 차이점이 있는데, 그는 하이데거의 사상이 서구사상의 폐해를 어느정도 극복하려고 했지만, 한계가 존재하고 있다고 본다. '하이데거 역시 이러한 범주에서 고찰될 수 있는 철학자이기는 하나, 철저하게 타자와의 관계 속에 있는 윤리적 존재론에는 이르지 못했다고 말하고 있다. 각자성(Jemeinigkeit)을 강조하는 아톰(atom)적인 현존재(現有, 여기에-있음, Dasein)가 그의 관심사였지, 나와 타자, 나와 세계와의 공동관계에서 비롯되는 윤리적 존재론은 아니었다고 말하고 있다.' [15]라는 평가처럼, 와쓰지는 서양철학의 근본적인 한계를 비판했다. '와쓰지는 딜타이의 "표현" 개념에서 이른바 자신의 인간(人間)의 학문 방법론을 발견한다. 그에 따르면 딜타이의 표현 개념 안에는 이미 사회 가운데 타자와 더불어 살아가는 삶이 담겨 있다.' [16] 타자와의 관계를 중시하는 그의 해석에 있어서 딜타이는 주요한 철학적 영감을 주었다.

일본에서는 선불교나 정토교 모두 천태종에서 파생되었는데, 천태종의 사상에서는 악의 존재가 공존하는 것으로 보면서 "지옥에 입각한 성불"을 강조하는데, 교토학파는 천태종의 영향 하에 있는 것으로 주장하는 의견도 있다.[17] 교토학파가 해석하는 서양철학은 이렇게 불교, 그중에서도 천태종의 배경에서 서양철학을 독자적으로 해석하고자 했다. 동북아에서 유, 불, 도가 각자 그 중심이 바뀌면서 자신의 입장과 방식으로 타종교사상을 재해석하고자 했던 전통이 있었던 것과 같이, 이들은 모두 서양철학을 불교적 관점에서 해석하고자 했던 것이다. 이들은 문화상대주의적 입장과 동북아 불교적 관점에서 철학을 해석하고 그것의 윤리성을 강조하는 방향을 취했던 것이다. 사상적 전통의 자율성에 따라 니시다 기타로로 인해 교토학파의 철학은 윤리적 입장의 한계를 강조했고, 이후 전체주의를 정당화하는 사상으로 오용되었다.

근대화의 과정에서 일본은 비교적 적극적으로 외래문물을 받아들이면서 자체적인 근대화의 과정에 들어갔지만, 신도사상과 입헌 군주제 등 독특한 방식으로 근대성을 결합시켜 발전하면서 오늘날에 이르고 있다. 일본은 신도사상과 불교사상 및 현대사상에 이르기까지 내재성과 기일원론의 세계관을 근대화의 연속선상에서 일본 자체적으로 소화하고 재해석하며 새로운 것을 만들어 온 역사를 보여왔다. 이러한 점에서 일본은 문

15) 서동은(경희대), 와쓰지 테쓰로(和什哲郞)의 윤리학과 그의 하이데거 비판, p196
16) 서동은(경희대), 앞의 논문, p197
17) 아사쿠라 토모미(朝創友海), 근대 일본에서 철학 비판의 윤리적 배경, 동아시아 윤리 학술대회, 2016년 6월, 서울대학교 국제심포지엄 강연집, p21

화 및 사상에 있어서 일본성의 아이덴티티를 확보하고 있다. 한국적 상황과 다른 측면이 있지만, 동북아의 역사적 사상적 연장선상에서 일본성을 추구하는 방식은 우리에게도 고려해 볼 부분이 있다.

한국 기철학의 계보와 근대로의 이행

0410 한국 고증학과 실학의 근대성 도입

—정약용의 민본 사상과 근대성

정약용의 호는 다산(茶山), 여유당(與猶堂)으로, 18세기 실학사상의 대표적인 학자이며, 실학을 집대성하고 부조리했던 현실을 개혁하고자 했다. 그는 당시 사회의 문제점을 제기하고 개혁의 방향을 학문적으로 제시했다. 방대한 학문의 업적을 성취한 이유에는 그가 정치적 탄압으로 오랜 시간 귀양 생활 가운데에도 좌절하지 않고 학문적인 노력을 꾸준하게 기울였기 때문이었다.

정약용은 22세에 진사가 되어 성균관에서 관직을 수행했고, 정조의 중용에 관한 질문에서 소신을 지켜 총애를 받았다. 20대 중반에 천주교를 접하고 당시 서양의 최신 근대 문물과 과학 및 수학을 경험했다. 31세 때 정조의 명을 받고 화성 축조를 위한 기중기를 만들고 근대적인 기술을 동원하여 화성의 실질적인 설계자로서 건축 임무를 수행했다. 33세 때에는 정조의 암행어사 직분을 수행하면서 피폐한 민중의 삶과 지배층의 부패를 목도하고 난 이후, 개혁의 의지를 세우게 되었다. 이 시기에 암행어사로 활동하며 처벌했던 사대부들이 이후 앙심을 품고 모함을 계속했는데, 정약용을 아끼던 정조가 승하하자, 모함을 했던 사대부들의 공격으로 인해 강진으로 유배당했다. 이후 그는 유교 경전을 고증학의 방식으로 고증하여 경집 232권, 분집 260여권을 저술했다. 그는 18년 동안 유배 생활을 하면서 좌절하지 않고 학문에 힘써 『목민심서』, 『경세유표』와 같은 저술을 하며 백성들을 위한 학문에 매진했다.

14

당시 시대 상황은 임진왜란과 병자호란을 거치면서 백성들의 심리상태는 불안정했고, 집권층들은 자신의 안위와 이익만을 생각하며 당쟁에 몰두하고 있었던 시기였다. 조정의 권위는 떨어지고 수구적인 성리학 위주의 학문적, 정치적 체계를 통해 신분 질서 유지와 사회 전반의 부조리한 제도, 그리고 조세부담 등이 혼란을 가중시켰다. 당시는 동족 사대부의 결속과 부조리한 정권을 유지하려는 행태에 민중의 저항과 갈등이 지속되고 있었다. 당시 조선 시대의 성리학은 종교 수준의 불가침의 도그마를 장악하고 있었고, 학문의 다양성은 억압되고 있었다. 그러나 근대성이 반영되어 사회적으로 발아하고 있었고, 관념적인 성리학과는 다른 실질적인 농, 공, 상업의 생산력과 교역이 증대되고 있었다. 이러한 시기에 정약용은 근대적인 관점의 실학을 중심으로 하여 사회비판적으로 백성을 위한 각종 학문을 집대성하게 된 것이다.

그는 유배기간 동안 방대한 양의 자료들을 비교, 분석하고 제자들과 토론하면서 많은 책을 저술했다. 그는 삼정(三政)의 문란으로 백성들이 고통을 받고 있는 상황을 한탄했기에, 제자들의 자료 분류와 기초자료의 선별을 통해, 『목민심서(48권)』, 『탕론』, 『흠흠신서』를 집필했다. 또 의학 분야에도 관심을 두어 천연두와 관련하여 『마과회통』을 저술하기도 했다.

정약용의 사상은 성리학의 체계에서 벗어나 백성을 중심으로 하는

14 정약용 초상

'민본 사상' 을 통해 학문적으로 도움이 되는 내용들을 정리했고, 백성들의 주체성을 강조했다. 이를 통해 그는 사회비판적인 입장을 유지했고, 사회개혁을 위해 다양한 방향을 모색했다. 그러나 그의 사상은 학문적으로는 의미가 있으나, 현실정치 경험의 부족으로 인해 세부적인 항목으로 내려가면 실질적인 개혁의 실행에 있어서는 부족한 면모를 보인다는 한계가 있었다. 정약용은 사회, 경제적으로 혼란한 시기를 살면서 개혁 의지를 불태웠기 때문에 그의 사상은 봉건적 통치를 부정하고 민주정치를 추구했다. 그는 백성과 상공업자들의 평등권에 대한 생각을 정리하여 반봉건적, 민주주의적 계몽의 역할을 수행했다. 정치적으로는 당시의 사회적 모순을 극복하기 위해 정치, 경제, 사회, 문화 전반에 걸친 많은 혁명적인 이론들을 제기했다. 특히, 그가 제기한 '여전론' 은 토지제도의 개혁안으로, 사회주의적인 평등의 제도적 면모가 드러나 보인다. 그것은 백성을 위한 위민의식과 근대적 민권 의식이 기반이 된 것이다. 토지는 균등하게 배분하되, 공동경작을 통해 효율화를 이루고 동시에 개개인의 노력에 따라 다른 수확을 얻을 수 있도록 하여 경쟁체제를 도입했다. 그러나 당시의 엄혹한 성리학적 통치 체계에서 드러내놓고 봉건 체제를 거부할 수는 없었기에, 백성들을 위한 왕도정치의 구현을 주장하면서 깨어있는 각료들의 도움이 필요하다고 역설했다.

정약용은 근대 과학기술, 정치, 경제, 사회, 문화에 있어서 새로운 사상과 천주교 등을 접할 기회를 얻었고, 이를 통해 당시 부조리한 봉건적, 성리학적 세계관을 개혁하는데 많은 노력을 기울였다. 그것은 전제 봉건 왕조의 부조리한 현실에 의해 고통받는 백성들을 위한 것이었다. 비록, 그가 실제 통치 세력이 되어 실질적인 변화를 도출하지는 못했지만, 그의 사상은 이후 한국 사회에 계속해서 영향을 끼치며 근대화로 가는 길의 거대하고 도도한 변화에 있어서 중요한 밑거름이 되었다.

-조선에서의 고증학

임진왜란과 병자호란을 겪고 조선 후기에 이르러, 조선은 근대적 특성을 접목하고 발아하면서 기존 봉건사회의 질서가 조금씩 와해되는 과정으로 진입하게 되었다. 중국에서는 고증학이 발전하고 있었고, 실학자들은 현실 세계의 개혁과 변화를 추구하여 과학기술 및 제도개선과 관련된 내용을 저술하고 있었다. 유형원, 이익, 정약용 등 당시의 학자들은 백성들을 위한 '경세론'의 저술을 제시했다. 또 선진 기술을 익히고 전파하고자 하는 적극적인 이용후생파들의 저작들이 있었다. 다른 한편으로 소극적이나마 유교 경전을 과학적인 방식으로 탐구하고자 하는 '고증학'의 흐름도 있었다. 추사 김정희는 20대에 중국을 방문하여 금석학 및 서학의 대가인 옹방강을 만나 많은 영향을 받았다. 정약용은 이익의 경세론에 영향을 받고 천주교 및 이용후생파들의 과학기술 및 농, 공업 기술에 영향을 받아 실학을 꾸준하게 연구하여 많은 저작을 냈다. 그러나 성리학 중심의 한국에서 김정희는 논증 위주의 금석문 학문에 집중했고, 정약용은 경전고증학(經典考證學)으로서 경전의 고증 위주의 경향에 집중하여 성리학을 넘어서거나 본격적으로 비판할 수는 없었던 시대적 한계가 있었다. 다만, 정약용의 경우 실학을 통해 실질적인 물리적 발전과 변화에 있어서 도움이 될 수 있는 방안을 연구하고 이를 저술하여 전파했다는 점에서 근대적 특성을 감지할 수 있다.

0411 한국 근대 철학의 태동과 1세대 철학자들의 엇갈린 운명

20세기 한국 현대사는 인류의 모든 사상적, 역사적 이데올로기의 문제가 응축되어 한 시공간 내에서 각각의 문제들이 폭발적으로 충돌했던 역사이며, 갈등을 빚고 투쟁하면서 분쟁을 만들어 온 사상의 최전선이었다. 그 결과 여전히 그 사상의 문제가 풀리지 않고 우리의 삶에 큰 문제로 남아있는 역사를 보이고 있다. 제국주의 열강에 의해 침탈과 수탈의 역사를 보이다가 20세기 초, 일본 제국주의의 36년간의 치욕적인 강제 병합(을사늑약)과 통치가 있었으며, 외세에 의한 해방과 이데올로기 대립으로 인한 사상적, 공간적 분단이 발생했고, 동족상잔의 한국전쟁이 이어졌다. 휴전 후 남, 북은 분단국가로서 대립하며 오늘날에 이르고 있다. 20세기의 인류의 다양한 사상적 문제가 한반도에서 발생하고 극심하게 대리 투쟁하였던 역사를 겪으며 오늘날에 이르고 있는 것이다. 따라서 사상적으로 일제 강점기와 해방 전후에 사상계에 몸담고 있었던 인물들은 외적 변수의 다양함과 복잡함만큼이나 사상의 입장에 따라 극렬한 대립과 투쟁을 전개했다. 일본의 강제 병합과 해방, 그리고 한국전쟁의 소용돌이 속에서 이들은 전혀 다른 행보와 운명의 드라마를 보이게 된다. 이제 살펴보게 될 한국 근대 철학계 1세대의 대표적인 인물들인 신남철, 박치우, 박종홍은 그들의 사상의 입장에 따라 매우 다른 행보와 결말을 보이게 되었고, 그들의 인생행로는 한국의 근대사의 비극만큼이나 상징적이다.

–신남철의 변증법적 근대 사상

한국 철학 분야에서 일본의 영향은 지대했다. '일본 철학계의 연구 풍토가 경험적 지식이 아닌 사변적 지식을 중시하고 개인의 자유로운 철학 연구가 아닌 국가 이념을 제공하는 관학 철학의 성격을 지녔기 때문에, 영미 철학적 경향은 일본 철학계에서 뿌리를 내리기 어려웠다.'[18] 한국 1세대 철학자들이 주로 마르크스주의 철학, 생철학, 독일관념론, 현상학, 실존철학 등 독일계통의 철학에 근거하였는데, 이것은 국가관을 중시하는 '관학' 중심으로 연구가 이루어진 까닭이었다. 신남철은 일제 식민지 시기 사회주의를 신봉한 한국 1세대 철학자이다. 그는 이후 북한에서 김일성대학의 교수와 북괴 법제위원회 위원 등을 역임했던 인물이다. 그는 서울에서 출생하여 1931년 경성제국대학 철학과를 졸업하고 법문학부 미야케 교수의 조수로 헤겔과 마르크스 철학에 심취하여 이들의 철학을

18) 이병수, 1930년대 서양철학 수용에 나타난 철학 1세대의 철학함의 특징과 이론적 영향, 시대와 철학, 2006 제 17권 2호, p95

연구했다. 1934년에 「실존철학의 의의」와 「조선연구의 방법론」이라는 제목의 논문을 발표하고 '현상학적 세계관'을 주제로 강연했다. 이후 기자 생활을 하다가 일제 말, 경성제국대학 조교수, 중앙고등보통학교에서 교사로 근무하기도 했다. 1945년 해방 이후, 조선학술원 서기국에서 근무하면서 조선독립동맹 환영 준비위원회에 참여했고, 이후 중앙위원이 되었다. 1948년 총 3권으로 이루어진 『역사철학』을 출간했고, 같은 해 4월에 있던 남북회담을 지지하는 '남북회담 지지 108인 성명'에 참여했다. 그는 공산주의를 신봉하여 월북 후 김일성대학 철학 교수로 재직했다. 이른바 해방 이후, 북한의 공산주의를 열렬히 신봉하여 사상적인 분야에서 상징적인 인물이 되었다. 그러나 50년대 말 종파 투쟁 끝에 연안파가 숙청되면서 신남철도 숙청되어 역사의 무대에서 사라졌다.

신남철은 사회해방과 인간해방을 내용으로 하는 신문화운동이 필요하다고 생각했고, 사상을 연구하고 실천적으로 변화시키고자 했다. 그는 생의 필연성의 부정적 체험 가운데 변증법적으로 극복하고자 하는 인간의 가능성을 신뢰하면서 민주적, 인문적 가치를 최대한 구현하고자 했다. 그는 두 가지 모순되는 상반된 가치가 과학적이고 변증법적으로 승화되는 방법론을 취했다. 신남철은 현실이 갖는 사회적 가능성을 인식하고, 이를 실현시키려는 노력을 통해 극복하는 '생의 충실성' 개념을 주장하고 실천했다. '신남철은 부루노와 스피노자를 대비하고 브루노를 주체적인 능산적 인간으로 본다. 이에 비해 스피노자는 자기 침잠의 고독에서 자유로이 사색에 몰두하는 수동적이고 은둔적인 객체적 인간, 혹은 소산적 인간이다. 신남철에 의하면 헤겔의 보수성은 그가 정체로서 입헌 왕정을 취하고 혁명에 반대하여 점차적 개량을 선택한 것과 낭만주의의 조화의 이념, 실러의 아름다운 혼의 이상속에 매여 있었던 것에 그 원인이 있었다.'[19] 라는 의견처럼, 실천을 통해 모순된 필연성의 세계를 합리적으

19) 이규성, 한국현대철학사론, 세계상실과 자유의 이념, 이화여대 출판부,2012, p632

로 변화시키는데 관심을 가지고 있던 신남철에게, 그의 철학의 지향점은 형이상학적인 우주론과는 거리가 있는 것이었다. 마르크시즘의 특성상 형이상학적이고 관념적인 철학보다는 물질과 실천에 관심을 두었기 때문에 그는 인간성을 과학적 실천의 차원으로 변환시키는데 관심이 있었다.

리가 중심이 되는 사상은 근본적인 체(理, 體)가 되며, 변혁과 조직의 활동은 그 용(用)의 차원으로 수용된다는 입장이다. 그러나 기 중심의 내재적 사상의 혁명적 특성이 자신의 구체적 실현 기반인 체제(제도, 조직, 리)가 갖추어지지 않으면 객관적 존립 근거조차 확보하지 못한다. 이런 측면에서 현실의 필연성과 기의 상호작용은 필연적으로 결합을 요구한다.

'신남철은 자본주의가 갖는 개인주의와 공리적 실용주의를 비난하고 그것을 넘어서는 상상력을 고취하고자 했다. 그의 진보적 상상력은 박종홍과 함석헌이 경고했던 기술 공학에 신음하는 현실에 대하여, 그리고 권력 국가의 초월적 지배에 대하여, 개방적 도덕과 진보적 민주주의의 결합을 창조해 내는 상상력으로 발전할 수 있다. 이러한 창조적 상상력이 우리를 제약하고 있는 속박을 넘어 이성을 자유의 이념에 따라 움직이는 것으로 전환할 수 있을 것이다.'[20] 다시 말해, 그는 좌파적인 마르크스주의에 입각하여 이상적인 도덕적 사회주의로 나아가기를 희망했던 것이다. 그의 삶과 철학이 특별한 것은, 해방 전후의 모순되고 부조리한 근대적 현실 상황에서 인문적인 소양을 바탕으로 비판과 투쟁을 통해 실천적으로 변화시키려고 했다는 점에 있다. 신남철은 구조적 필연성과 자유의 충동이 상충되는 가운데 투쟁을 통해 극복하고자 했지만, 현실의 필연성의 법칙에 의해 희생된 '비극적 변증법' 의 증인이 되었다.

20) 이규성, 앞의책, 이화여대 출판부, 2012, p673

— 박치우의 마르크스주의 행보와 한국 역사의 비극

15

박치우는 박종홍, 신남철과 함께 한국 1세대 철학자이자 실천적 지식인으로, 경성제대 철학과 재학 시절부터 두각을 나타냈다. 일본인 교수 미야모토의 조수를 하면서 인정을 받은 것이다. 그들은 공통적으로 경성제대 시절, 칸트와 헤겔 등 독일 관념론의 영향을 받는다. 박치우, 박종홍, 신남철은 서양 철학을 수용한 한국 1세대 철학자를 대표한다. 그들의 삶은 근대 한국의 굴곡진 역사만큼이나 상징적인 행보를 보여준다. 그들은 경성제대에서 신칸트학파의 독일관념론을 주로 공부했다. 서양 철학 중 특히 독일철학을 주로 공부하면서 그것을 한국적으로 수용했던 것이다. 박치우와 박종홍, 그리고 신남철은 경성제대 철학과를 졸업한 이후 역사의 소용돌이에 휘말려 다른 인생 행보를 보였다. 그들은 굴곡진 한국의 근대사에서 근대 철학을 받아들인 자신의 성향에 맞게 사상의 각 방향에서 상징성을 지닌 인물들이었다. 이후 박치우는 마르크스주의자로서의 행보를 걷는다. 신남철 역시 마르크스주의자로 유명했고, 박치우가 1940년 7월에 쓴 평론, 「동아협동체론의 일성찰」(『인문평론』)은 친일비평으로 평하는 의견도 있다. 그러나 사상적으로 그는 파시즘을 강하게 비판했고 마르크스주의자였다.

일제의 지배를 받고 해방된 상태에서 한국은 자본주의와 공산주의의 이데올로기 대결의 한복판에 있었다. 미국과 소련은 이러한 이데올로기를 상징하는 강대국이었고 한국은 이들의 이데올로기 대리전을 치르는 최전선이었다. 분단 혹은 통일이냐, 자본주의냐 혹은 공산주의냐의 선택을 강요받는 상황에서 지식인들은 어쩔 수 없이 한쪽을 선택하고 거친 삶과 투쟁의 소용돌이 속으로 휩쓸려 들어가면서 비극적인 삶의 결말에 이

15 박치우와 그의 아내

르기도 했다. 그 가운데 각 진영을 대표하는 주요 인사들은 피살, 테러 및 전쟁의 참화 가운데 각각 운명을 달리 했다. 박치우는 해방 이후 자신의 신념에 따라 남로당에 가입하여 핵심 이론가로 활동했다. 박치우는 마르크스주의의 실천적 사상의 특성과 발맞추어 현실에 참여하여 모순을 극복하고 적극적으로 변화시키고자 실천했다. 그에게 그것은 모순의 변증법적 종합이라는 실천의 과정이기도 했다.

1933년 박치우는 박종홍, 신남철과 함께 '철학연구회'를 설립하고 공동으로 연구했다. 철학연구회는 한국인 최초의 철학 전문잡지 『철학』을 3회 발간했다. 근대성의 중심이 되었던 칸트와 헤겔에 깊이 영향을 받은 박치우는 이후, 자연스럽게 마르크스 사상에 심취했다. 당시 경성제대는 복잡한 현실과 유리된 상아탑의 아카데미즘이 지배하고 있었다. 미야모토 교수의 조수로 있던 박치우는 곧 평양 숭실전문학교 교수로 부임하게 되었는데, 이 사립 학교는 일제에 저항하는 지식인들이 모여 실천적 운동을 전개하는 곳이었고, 민족주의적인 성향으로 신사참배 거부 운동 등을 벌이는 등, 당시 저항의 구심점이 되었다.

이후, 박치우는 현대일보 편집국장인 이원조와 함께 활발하게 활동했는데, 그는 부르주아 문학작품을 극심하게 비판한 사회주의자였고 조선공산당 기관지 『해방일보』의 주필이기도 했다. 박치우는 남로당원으로서, 현대일보의 발행인이었다. 1940년대 들어 박치우는 일시적으로 경성제대 대학원에 진학하여 아리스토텔레스에 대해 연구를 했는데, 현실에서 도피한 것으로 볼 수도 있으나, 곧 중국으로 넘어가 중국에서 사회주의 활동을 한 것으로 여겨지고 있다. 해방 후, 그는 공산주의 통일전선체 '민주주의 민족전선'의 결성대회 준비위원으로 활동했다. 그는 박헌영의 비서로 활동하면서 강동정치학원을 조직했고 그 안에서 사상교육을 주로 담당했다. 그는 박헌영의 지시에 따라 1949년 9월 직접 강동정치학원 출신 360명을 제1군단으로 편성하고 오대산, 태백산 등 남쪽에서 빨치산 활동을 적극 지휘했다. 국군 8연대와 대치하며 전투를 하던 당시 마흔살의 박치우는 김달삼 부대와 함께 편제되어 국군에 맞서 전투를 수행하던 중, 11월 말, 군경토벌대에 의해 사살된다. 사상의 편향에 따른 평가는 별도로, 한 인간이 외부로부터 유입된 복잡다단한 사상들과 현대사의 소용돌이 속에서 한 사상을 선택하고 그것을 기반으로 하여 현실에 적극적으로 참여하여 실천적으로 변화시키고자 부단히 노력했던 것은 매우 인상적인 행보이다. 박치우가 온몸을 던져 투쟁과 전투에 임하는 장면은 한국 현대사의 비극의 정점으로 보여지기에 충분하다. 그의 실천적이고 투쟁적인 모습은 유약한 사상가인 일반적인 철학자들의 모습과는 달리 보인다. 마치 정신과 실천이 온전하게 일치하는 드문 인간형인 체 게바라와 같이 이론과 실천이 일치하는 치열한 삶을 살았던 인물이었던 것이다.

이처럼 한국 현대 철학사는 서양철학의 학문체계로 교육받은 인물들인 박치우, 신남철, 박종홍 등, 1세대 철학자들에 의해서 태동되었다. 20세기 초반에 태어나 활동했던 이들 근대 철학자들은 20세기 전반부에 제국주의 열강의 침탈과 일제의 강제 병합 및 식민지의 현실, 강제적인 개화, 해방, 그리고 동족상잔의 한국전쟁으로 이어지는 비극을 경험했다. 제국주의에 맞서는 민족주의 및 자유 민주주의 진영과 공산주의 진영의 이데올로기의 최전선에서 인류의 각종 사상적 문제의 한가운데로 던져져서 이들은 온몸으로 맞서 싸워야 했다. 한국 근대 철학 1세대의 운명은 한국의 복잡한 상황만큼이나 상징적이다. 그중에 박치우 및 신남철의 운명은 오늘날까지 남북이 서로 싸우고 분단되어 있는 것 만큼이나 비극적이다.

—박종홍의 사상: 주희와 헤겔의 종합과 박정희 민족주의 사상의 체계화

16

철학 1세대 중 한 명인 박치우와는 달리, 박종홍은 대학 강단에 남아 학문 후속 세대를 양성했다. 그는 파시즘을 적극적으로 비판한 적이 없었다. 다시 말해, 그는 일제 강점기의 제국주의나 파시즘, 혹은 박정희 정권의 독재정권을 적극적으로 비판한 적이 없었다. 오히려 순응하거나 적극적으로 박정희 정권에 동조하여 정신계에서 적극적인 주체로서 활동했다.

박종홍은 3 · 1 독립운동에 참여했다가 3주간 경찰서 유치장에 감금되고 친구들이 고문받는 것을 목격하며 분노했다고 한다. 이후 그는 한문으로 우리 역사책을 읽으면서 민족정신에 눈을 뜨게 된다. 그는 일본인 다카야마가 쓴 『근세 미학사』를 접하면서 미학을 공부하고 논리학과 심리학에 심취했다. 이후, 박종홍은 일본 문부성의 중등교원 예비시험을 통과하여 대구고보 교사로 근무하다가 경성제대 철학과 편입생으로 공부했다. 이후 바로 다카하시의 지도를 받고 대학원을 졸업하며 이 대학 조수(조교)가 됐다. 당시 경성제대 강사는 비정규직인데, 조교는 정규직인 6급 공무원이었다. 그는 다카하시가 근무했던 이화여전 교수를 거쳐 조선총독부 학무과에 촉탁직으로 근무하기도 했다. 해방 후 박치우와 신남철은 미군정의 '국립 서울대학교 설치안(국대안)' 을 반대했지만, 박종홍은 오히려 군정과 친하게 지내며 그 안을 지지했고, 이후 평안하게 교수직을 유지할 수 있었다.

그는 일제 말기 이화여전 교수직을 수행하다가 전시 상황에서 갑자기 실직한 후 조선총독부 학무국에 근무했는데, 당시 친일 행적은 발견되지 않았지만, 일정 정도 친일 행보의 방향성에 거리를 두면서도 또 적극적인 반일 행위도 없었다는 점에서 소극적인 지식인이었다고 평가받기도 한다. 이화여전에서 발생했던 '백지동맹사건' 에서도 침묵을 유지했던 것과 같이, 제국주의 식민 통치에 저항도 없었기에 현실과 적절하게 타협한 것으로 보는 견해도 있다. 박종홍은 '유신(維新)' 이라는 단어를 처음 만든 인물로, 박정희의 유신 독재체제를 미화하고 철학적으로 봉사했다는 비판을 받기도 한다. 다른 한편으로 그는 사상적으로는 유불도 등 한국 전통사상과 근현대철학을 접목시켜 연구한 최초의 철학자로 인정받고 있다. 복잡했던 한국 현대사만큼이나 그의 행보와 사상 역시 간단치 않다.

"*철학하는 사람은 그 누구나 절실한 자기의 문제로부터 출발한다고 볼 수 있다. 전체적으로 보아 비록 사소한 문제일는지는 모르나 진실로 적극적 정신을 가진 힘 있는 '철학하는 것' 의 출발점이 되어 있는지도 모른다.(중략) 즉, 철학이 무엇이라는 개념을 가지기 전에 벌써 우리는 사실에 있어서 철학을 하고 있다. '철학하는 것' 은 사람의 본성(本性)에 속한 것이요, 단지 학과의 일부분도 아니며 학자의 이지(理智)로써 짜낸 어떤 특이한 영역(領域)도 아닐 것이다.*"[21]라고 언급한 것과 같이, 박종홍의 다층적이고 복잡다단한 그의 내면세계를 느낄 수 있는 대목이다.

해방 후, 서울대학교 철학과에서 후학을 양성한 바와 같이 그의 제자들은 '열암기념사업회' 를 통해 그를 부각시키고자 노력했다. 그들은 박종홍을 원효, 의천, 지눌, 퇴계, 최한기의 사상을 보편적인 서양철학과 접목하고 현대화하여 독특한 민족 주체적인 사상으로, 또 한국적으로 해석한 철학자로 추앙했다. 또한 60, 70년대 민족이 맞닥뜨린 현실을 창조적으로 재해석하고 적용했다고 강조한다. 긍정적인 측면에서 박종홍은 한국철학사의 기틀을 잡고 서양철학과 한국철학을 비교, 분석하며 주체적으로 사유할 수 있는 토대를 만든 공이 있다고 볼 수 있다. 그러나, 동시에 일제에 대한 저항에 소극적이었고 박정희 군부 독재정권의 민족주의

21) 『철학』 제1호에 실린 박종홍의 글

이데올로기에 철학적으로 도구화된 측면이 있다고 비판받는 점에서 평가가 극명하게 엇갈린다. 이들 모두가 복잡다단한 한국 현대사를 살아간 근대 철학자의 양면적 모습이었다. 그것은 근대성의 속성이 내재하면서 만들어 냈던 장점과 단점이 한국 사상계에 모두 드러나는 장면이다.

0412 박종홍의 천명사상과 근대사상의 한계

—박종홍의 국민교육헌장의 주도

70세 즈음에 박종홍은 박정희 교육문화 담당 특별보좌관을 역임하면서 국민교육헌장을 기초한 3인의 기초위원으로 참여하여 작업을 지휘했고, 최초로 '유신(維新)'이라는 단어를 만들었다. 『국민교육헌장』은 메이지 유신 『교육칙어』와 유사했는데, 그는 '민족'을 앞세운 자신의 철학 이론을 실천적으로 현실에 접목하고자 했고 국가주의 요소를 강화했다. 민족이라는 개념은 명확한 실체가 부재한, 20세기 이후에 생겨난 개념이다. 엄밀히 이야기하자면, 단일 민족이라는 것은 실체 없는 관념에 불과하다. 한 지역의 인간은 다양한 지역에서 유입된 사람들과 피가 섞이고 문화가 섞이면서 자연스럽게 혼성화된다. 민족은 생물학적 관점에서 큰 의미가 없다. 흔히 민족을 강조할 때에는 무언가 불순한 이데올로기 의도가 개입되게 마련이다. 박종홍은 대학 입학 전에 한국 전통사상에 영향을 받아 주체성과 창조성, 그리고 민족의 우수성에 심취했으며 민족의 우월성을 바탕으로 박정희의 민족정신 고취에 열을 올렸다. 그는 우리 민족 고유의 타고난 기질과 창조적인 재능을 다른 민족에게서 발견할 수 없는 장점으로 보았다. 그는 '천성적 민족우월주의자'였던 것이다. 이를 바탕으로 그는 박정희 정권에서 민족주의를 중심으로 하는 유신체제의 국가철학에 적극적으로 개입하여 실천하고자 했고, 그것은 당시의 시대적 니즈와 맞았다. 그가 만든 국민교육헌장에는 통합과 단결의 이데올로기로 작용하는 국민정신을 강조할 뿐, 오늘날의 기준에서 정의와 평등, 인권 등의 내용은 들어있지 않다. 그의 민족주의 정신은 '국민교육헌장' 과 '반공 민주주의' , '화랑정신' 을 강조하면서 이데올로기적으로 국민들을 통합하고자 하는 목적이 강렬하다.

그는 5 · 16 군사 쿠데타 직후 설립한 국가재건최고회의의 재건 자문위원과 국민운동 중앙위원으로 활동한 것을 시작으로, 정권이 지속되는 내내 권력과 가깝게 지냈다. 그 기간동안 그는 독재정치 상황을 비판한 적이 없었으며 반공 민주 정신에 투철한 애국애족의 이데올로기를 강조했다. 그래서 그는 생전에는 독재정권과 친숙했던 삶을 살았고 사후에 비판을 받으며 평가는 엇갈리고 있다.

—박종홍의 천명사상

박종홍은 개인의 자유나 개체의 중요성보다는 민족의 단결과 통합을 강조하며 개체의 중요성을 애써 외면하는 제스처를 취했다. 그는 전체를 위해 개체를 희생시키는 불순한 화엄사상의 특성을 고스란히 가져왔다. 그는 개체보다 민족이라는 그룹의 민족 관념인, '공동성' 이 더 중요하다고 생각했고 이를 체계화했다. 그의 민족주의는 동도서기(東道西器)적인 관점에서 주체적으로 민족의 관념을 생각해야 한다고 강조했다. 그렇지만 여기서 중요한 점은 그가 변하지 않는 동양의 정신인 '동도(東道)' 를 민족 관념으로 이데올로기화하여 개인을 희생시키면서 통합을 강조했다는 점이다. 그가 독재정권의 근대화를 독려하는 도구로 철학을 사용될 수 있도록 했다는 점에서 부정적 평가는 불가피하게 되었다.

세계와 개체가 하나이고 그에 맞게 움직여야 한다는 도교의 천인합일 정신은 군주제에서 군주의 뜻과 하나가 되고자 하는 것과는 거리가 있다.

정치의 제도와 정신은 그런 의미에서 하나가 될 수 없는 것이지만, 그는 박정희 정권의 사상적 도구로서 충실히 역할을 했고 그 과정에서 천인합일, 화엄 사상의 특성을 민족이라는 관념에 덮어 근대화를 위해 이데올로기적인 도구로 사용했다.

'민족의 얼'을 강조하는 것은 '단군신화', '화랑도' 등 실체가 없는 '민족의식'이라는 관념을 '천명(天命)'으로 강조하여 공동체의 목적을 강요한 것으로, 강력한 권력의지가 투사된 것으로 볼 수 있다. 천명사상은 세계와 민족의 얼이 하나가 되어 일사불란하게 움직여야 한다는 의도가 녹아 들어가 있는데, 여기에서 '천명(天命)'은 박정희 정권에 동조하고 근대화로 이르는 길에 있어서 개인의 개성과 자유는 포기하라는 노골적인 의도가 감지된다. 그가 생각하는 천명사상은 동서양을 종합할 수 있는 '회통(回通)의 사상'으로 생각했으며, 동, 서양의 사상에 있어서 보편성을 지니면서, 민족의 고유 정신에 녹아 있는 유, 불, 도(성리학)의 특성을 재해석하여 민족주의 국가를 만들어야 한다는 의지가 강력하게 녹아 있는 것이었다. 그는 실존철학 및 과학철학, 헤겔 철학 및 하이데거 철학 등의 서양철학을 민족의 주체적 사상을 중심으로 다시 해석하고 한민족의 독자적인 정신으로 새롭게 태어나야 한다고 주장했다. 그의 민족주의 국가관은 이러한 특성에 기인하는 것이었다.

정말로 주체적으로 사유하고 행동하기 위해서는 철학 분야에서 단순히 선진국의 지식이나 사상을 수입하여 소개하는 역할에서 벗어나 자신의 지식이나 사상을 비교 분석하여 독자적으로 소화할 수 있어야 한다. 그러나 독일 관념주의를 주로 공부했던 박종홍에게 헤겔의 절대정신의 사상이 주입되면서, 절대정신의 전개와 완성을 위해서 개체의 자유는 일정 정도까지는 무시되어도 좋다는 암묵적인 믿음을 가져다 주었을 것이다. 그것은 제국주의와 양차 세계대전에서 보았던 바와 같이, 전 국민을 단결시켜 근대화시키고 전쟁의 소용돌이로 몰아갔던 근대 이성의 폐해와 직접적으로 연계된다. 즉, 국가주의와 전체주의로 쉽게 오염되고 변질될 수 있는 특성이 존재한다. 박종홍은 일제 강점기에 이러한 사상을 저항없이 수용했고, 해방 이후, 근대화를 위해 민족 관념을 이용하여 개체의 자유를 억압하는 것에 암묵적으로 동의했던 철학자로 비판받는 것이다.

박종홍은 민족주의가 중심이 되는 천명사상을 통해 자기주장이나 자유를 배제하고 진정한 절대정신의 실현과 국력을 향상시키기 위해 전 국민이 일사불란하게 작동하는 '기계'가 되는 세계를 꿈꾸었다. 그의 철학은 조선시대에 주류를 이루고 있었던 성리학(주희)의 철학을 철저하게 헤겔식으로 재해석한 것으로 볼 수 있다. 그러나 사실, 그 성리학은 유, 불, 도의 정신을 통합한 학문체계였으므로 동북아 도교의 우주적 세계관과 불교의 화엄사상에 근거한 것이었다. 끊임없이 변화하는 세계에서 리를 현 상태를 부단히 극복하는 부정성으로 인식하는 천명지성(天命之性) 즉, 천리를 자각하고 그에 따라 절대정신의 방향으로 나아가야 한다는 것이다. 그러나, 리는 변하지 않는 세계의 본성이자 이치이기 때문에 헤겔의 부정성이나 운동으로 변화하는 것으로 생각할 수 있는지에 대해서는 논란의 여지가 많다. '리'는 변하지 않는 세계의 본성의 이치이기 때문이다. 헤겔과 성리학에 영향을 받아 이를 화엄 사상의 측면에서 통합하고자 한 측면은 유사한 지점을 간파하고 통합하고자 했던 것으로 받아들일 수 있으나 앞서 언급한 대로 고정불변의 이치이자 본성인 리를 부정성의 운동성으로 간주한 점과 함께 우리 고유의 사유가 아닌, 중국 주자의 성리학과 서양의 관념론과 함께 통합하는 것이 어떠한 본유의 사유가 될 것인지에 대한 논란이 있을 수 있다.

박종홍은 3.1 독립운동에 가담하여 3주간 유치장에 감금된 경험하고 난 이후, '노예 상태의 민족적 현실' 이라는 운명이 자신의 것임을 자각하고, 동일성의 민족적 정체성을 형성한 것으로 보인다. 이를 통해 그는 나의 현실이 민족의 현실이고, 나와 민족 모두는 하나가 되어 그것을 극복하고자 결심했던 것으로 보인다. 다음과 같이 박종홍을 긍정적으로 평가하는 의견도 있다. '박종홍의 현실 변증법은 안으로는 내면적 주체성을 창조적 주체성으로 변형하고, 밖으로는 허약한 국가를 자주적 민족국가로 변화시키는 방법이었다. 그는 전통문화에 대한 비판적 계승을 통해 새로운 문화를 창조하여 다시는 타국의 노예가 되지 않는 부강한 민족국가 건설을 지향했다. 이를 위해 그는 창조를 위한 논리적 방법론을 철학의 일차적 과제로 설정했다. 이러한 설정은 창조의 논리를 통해 현실을 개조하는 실천적 주체성을 형성하고 이것을 한국적 문화를 건설하는 기초로 삼기 위한 것이었다.'[22] 이규성은 박종홍이 천도와 인도의 종합적 완성이 의지와 합리적 이성을 결부시키는 조선 리학을 개체의 자발성을 강조하는 방향으로 발전시켰다고 보았다. 이러한 보수적 사고의 연장선상에서 그의 사유체계는 체제가 중심이 되어 일사불란하게 하나로서 움직이며 현실을 극복하는데 사상적 도구로써 훌륭하게 작동한 측면이 있는 것도 사실이다. 마치 박정희 대통령의 통치가 극명하게 공과 과가 함께 존재하는 것처럼 말이다.

'박종홍의 철학적 실천은 박정희가 추진한 산업적 근대화와 반공적 독재체제에 국민적 차원의 정신개조 가능성을 보여주었다는데 그 핵심이 있다. 따라서 민족중흥과 반공 민주주의라는 요지로 압축되는 국민교육 헌장은 박정희에게 민족적, 대중적, 총체적 동원이 가능하다는 것을 확신시킴으로써 박정희의 단순한 군산복합 개발독재체제를 현대성 파시즘으로 발전시키는 단초를 제공한 것으로 평가된다.'[23] 라는 의견과 같이, 그

22) 이규성, 한국현대철학사론, 세계상실과 자유의 이념, 이화여대 출판부, 2012, p485
23) 홍윤기, 박종홍 철학 연구-철학과 권력의 퇴행적 결합, 역사비평, 2001, p164

의 사상은 근대성이 보이는 '동일성'의 강제라는 부정적 특성 역시 포함된 사상으로 비판받고 있는 것이다. 신의 자리에 주체를 위치시키고 헤겔의 절대정신이나 도(태극) 혹은 박정희의 절대 유신의 권력으로 치환하여 하나로 통합시키고자 하는 것은 일본의 대동아 공영사상이 화엄사상으로부터 발아되었다는 것과 함께 시사적인 유사성을 찾아볼 수 있다. 부정적으로 박종홍을 바라보는 입장에서는 그의 사상이 개체를 무시하거나 억압하여 희생시키고, 전체를 하나로 보아 일사불란하게 움직이도록 만들고자 하는 사특한 권력의지가 투사되어 작동하고 있다고 보는 것이다. 결론적으로, 박종홍은 산업혁명 이후 자본의 폐해를 비판한 마르크스주의, 헤겔 철학의 전체주의 성향을 비판했던 역사의 교훈을 모두 외면하고 서양 사유의 보수적인 특성, 이데올로기적 특성을 채택하여 권력의 도구가 되기를 자처했던 것으로 비판받고 있는 것이다.

소결

서구 근대성의 성립과 발전은 서양 특유의 정신적, 사상적 특성의 발전과 연계된 것이었다. 그 사상적 특성은 서양의 근대성의 결과와 공명했고 또 근대성은 근대 사상에 상호 영향을 주며 함께 발전했다. 인류가 두 패로 나뉘어 극렬하게 대항했던 세계대전, 이후 동서냉전과 대립은 근대성이 가지고 있던 자아(自我)와 비아(非我)가 근본적으로 가지고 있었던 대립적인 특성속에 애초에 자리 잡고 있었던 것이 현시된 것이었다. 이와 관련하여 근대적 시공간의 성립과 통제 담론이 정교화되는 것은 근대성의 특성과 자본의 발전과 직접적으로 연관관계가 있다. 동북아 사상의 종합인 성리학은 근대적 특성과 결합하면서 기일원론의 계보가 더욱 발전하였고 근대 사상과 과학기술이 접목되며 사상과 학문의 발전을 이루었다.

동양에서 리기이원론은 리를 중시하며 보수, 수구 집권 세력에게 계속해서 중시되었지만, 기일원론은 주로 진보적 인사들로부터 받아들여졌고, 이러한 특성은 진보 혹은 혁명 세력들에게 새로운 세계를 꿈꾸는 유토피아 사상과 연계되었다. 또 이러한 흐름은 기의 흐름이 물질화를 이루는 측면에서 보았을 때 물질을 중시하는 마르크스주의와 친화성을 가지며 연계되어 발전하게 되었다. 중국은 고증학의 소극적 변화와 캉유웨이의 혁명적 움직임과 함께 마르크스주의를 받아들였다. 중국은 근대화의 실천적 변화의 흐름을 만들어 내며 근대화로 접어들게 되었다. 한편, 일본은 신도사상을 중심으로 천황의 입헌군주제가 유지되면서 메이지 유신을 통해 근대화에 성공한, 기묘한 근대화의 역사를 보였다. 특히 니시다 기타로의 불교 중심의 서양 근대 철학의 재해석과 와쓰지의 '풍토론' 및 '윤리학'은 동북아 사상을 중심으로 서양사상을 접목하고자 하는 시도로서 의의가 있다. 그러나 불교의 화엄 사상의 관념론은 쉽게 전체주의로 오염될 수 있는, 치명적인 단점이 존재한다.

한국에서 양명학과 이후, 서경덕, 최한기의 사상들이 기일원론의 계보를 이루었고 정약용의 실학사상은 근대화와 직접적으로 연계된다. 서학과 기학의 만남은 서양사상과 근대과학이 동북아 사상과 만난 것이었으며 동학사상은 기일원론과 한국 고대 신앙(샤머니즘, 토테미즘)으로부터 성리학과 천주교의 교리까지 포용하여 우리식으로 종합한 새로운 종교 사상이었다.

인도의 불교가 동북아의 사상과 접목되고 경쟁했던 시기에는 동북아 사상과 문화가 적절한 문화적 대항력을 갖춘 가운데 받아들여지면서 재해석될 수 있었지만, 청나라 시기에 받아들여진 외세의 근대 과학기술(근대성)은 그 격차가 너무나 커서 근대성의 강제 도입과 외세의 침탈에 즉각적으로 대응하면서 고통스럽게 적응해야만 했다. 어느 시기에나 새로운 기술이나 문화를 받아들임에 있어서 적극적인 수용 세력, 절충수용 세력, 그리고 배제의 세력이 있고 그에 따른 문화적, 정치적 수용 방안이 다르게 나타나기 마련이다. 그러나, 이 시기의 동북아 동남아 등 동양 국가들은 공통으로 제국주의의 폭력적 침탈과 근대화의 강제 이식의 상황에서 자구책을 마련해야 했다. 그들은 점진적인 변화보다는 외세의 근대적 사상과 문화의 강제적인 이식과 변용을 통해 고통스럽게 적응해야만 하는 입장이었다. 이들은 중체서용을 대표로 하는 동북아 사상을 중심으로 서양의 기술과 과학을 적용하며 주체적으로 사용하는 방식을 채택하곤 했다.

이제, 근대성과 관련된 철학의 담론을 정리해야 할 시간이다.

근대사상의 도입과 동북아 사상의 대응 및 다원적 전개에 있어서, 기일원론 철학의 계보와 근대성의 접목이 있었는데, 근대사상이 도입되면서 유토피아 사상은 근대기술과 근대성을 적극적으로 받아들이거나 현실을 회피하거나 혹은 현실을 혁명적으로 변화시키고자 하는 세력에게 받아들여졌다. 동북아 사상에서 기일원론 철학의 계보는 양과 음이 교대로 번갈아가며 변화하는 세계의 운행만큼이나 현실을 정반대로 극복하고자 하는 세력에게 매력적으로 다가오는 것이었다. 왕부지의 철학은 기일원론의 특성을 보이면서도 동시에 근대적 특성이 보여지는 사상이다. 기일원론은 이러한 특성으로 인해 유물론의 특성들과 접목되어 발전하게 되고 사회적 변혁을 이루게 된다.

중국의 고증학과 변법유신과 캉유웨이의 사상은 모두가 근대 사상, 기술 및 문화 등의 도입과 급격한 변화에 대응하는 절충적 사상이었고 자체적인 한계가 존재했다. 앞서 언급한 기일원론의 계보와 마르크스주의의 유물론은 사회변혁과 변화와의 사상적 궁합이 잘 맞는 부분이 접목되면서 점차 근대 사회로 이행하게 되었다. 일본의 경우, 신도사상이라는 기일원론적 세계관과 입헌 군주제가 유지된 상태에서 메이지 유신을 통해 근대성이 도입되었고, 신도사상이 결합한 입헌군주제와 근대화가 공존하는 독특한 사상적, 정치적, 문화적 특성을 만들게 되었다.

한국 근대 철학은 일제 강점기에 경성 제국대학에서 서구의 학문적 시스템으로 철학이 도입되는 가운데, 주로 독일 관념론이 중심이 되어 태동하게 되었다. 박치우, 신남철, 박종홍은 이 시기 두각을 나타내며 한국 근대 철학 1세대로서 활발하게 활동을 이어 나갔다. 그러나 제국주의 강점기와 해방의 시기, 그리고 20세기 인류의 이데올로기적인 사상적 소용돌이의 한가운데에서 각자의 삶과 철학은 자신의 선택에 따라 전혀 다른 방향성을 갖게 되었고, 일부는 비극적인 결말을 맞기도 했다. 박종홍은 학계에 남아 독일 관념론 및 헤겔의 사상을 중심으로 공부하고 현상학과 실존주의를 연구했다. 이후, 서양의 학문적 틀로 한국 철학사의 토대를 만들었고 이와 연계하여 연구를 진행하기도 했다. 그러나 서양에서 근대화의 폐해가 있었던 것처럼, 군사 독재정권 유지의 사상적 도구로써 사용되었다는 비판도 존재하는 것이 사실이다. 그것은 근대성의 장점과 폐해가 공존하는 양면적인 특성이다.

한국 기철학의 계보와 근대로의 이행에 있어서, 양명학과 실학은 기일원론의 철학의 계보에서 당시의 리기이원론의 도그마에 나름의 저항적 사상의 실천을 만들었던 흐름이었다. 이후, 근대성이 접목되고 서양의 사상 문화와 접목된 서학과 기학이 발전하게 되었고, 근대적 특성과 기일원론의 한국적 사상과 기독교 사상이 종합된 동학사상이 태동했다. 이후, 이러한 사상은 유영모, 함석헌, 장일순, 녹색사상 등의 계보로 이어지게 된다.

한국 근대철학의 태동과 발전 부문에서는, 서구의 근대성이 도입되면서 중국 및 일본과 마찬가지로 근대성을 발 빠르게 받아들이고자 했던 지식인들의 노력이 있었다. 박지원, 박제가 등의 견문록과 사상의 접목은 고착된 정치 세계를 변화시키고자 했던 지식인들의 노력이다. 결국 기독교 또는 유물론과 접목되면서 새로운 방향성을 만들어 나갔으며, 두 가지 사상이나 흐름에 있어서 독자적인 특성을 가미한 해석을 보이기도 했다.

건축은 시대적 상황과 정치, 경제, 사상적 변화라는 외적 변수와 무관하지 않고 함께 공명하며 물질화, 공간화되기 때문에 외세의 근대성의 강압적 도입은 건축 부문에 있어서 기존역사와의 단절과 근대화의 발전이라는 두 가지 딜레마를 직접적으로 경험하게 하는 분야였다. 그 근대성이라는 현실은 너무나 거대하고 깊은 구조적 변동을 가져오는 것이어서, 근대적 기술과 문화에 적극적으로 도입하고자 하는 세력과 자기화를 통한 절충적, 점진적 적용의 세력, 그리고 철저하게 배척하려는 세력들이 존재하게 마련이다. 이에 따라 건축 역시 근대화의 큰 흐름을 거부할 수는 없지만, 각자의 입장에 따른 건축적 특성을 보이게 되었다. 이제, 한국의 근대인들이 이러한 갈등과 현실속에서 어떻게 대응하고 투쟁하며 거친 근대화의 시기를 통과했는지, 또 당시의 외적 변수에 대응하며 최선의 결과를 도출하기 위해 어떻게 노력했는지를 살펴보기 위해 인물 탐구와 건축적 사례를 탐구할 차례이다.

동북아 근대철학과 연계된
PART II
건축담론과 양태

근대성의 태동과 서양의 공간 특성의 변화

앞서 Part 1에서 언급한 대로 서양, 동양의 구분에 상관없이 공통적으로 근대 사회가 보이는 네 가지 특성이 있다. 첫째는 국민국가이고, 둘째로 자본주의의 발전이며 셋째, 과학기술의 비약적인 발전, 넷째 민주주의의 발전을 들 수 있다.

이 네 가지 요소들은 서로 긴밀하게 엮이고 상호작용을 하면서 발전을 계속하여 서구사회를 진보하도록 만들었다. 근대적인 특성은 동북아 세계에도 지속적으로 영향을 끼치게 되었고, 결국 서양의 제국주의 침탈로 이어져, 근대성(모더니티)이 강제 이식되었고, 어쩔 수 없이 변화와 혼란의 시기를 거치게 되었다. 이러한 급변의 시기에는 각 세력마다 기술과 외국 문물에 대한 뚜렷한 대응 태도가 나타나기 마련이다.

그렇다면 근대성의 특성이 만들어 낸 공간과 건축에 대한 영향은 어떻게 진행되었을까? 시민사회가 성장한 것은 다른 말로, 시민사회의 자본이 성장하여 자본을 중심으로 하는 경제적 생산양식이 사회 전반에 권력을 재구성하는 단계로 진입했음을 의미한다. 이러한 측면에서 근대적 주체와 관련하여 생산양식이 발전했다는 것은 자본의 순환과 집적을 원활하게 할 수 있는 통제와 관리의 공간의 특성이 점차 강화되고 정교화됨을 의미한다. 이에 대한 이해를 위해 근대적 시공간의 성립과 그 특성을 먼저 고찰해 볼 필요가 있다.

0413 근대적 세계관과 시공간의 재편

근대 서양사상은 주체와 객체(대상)이라는 이분법, 합리적, 객관적 사유로 대표된다. 이러한 특성은 과학적 분석에 유리하다. 과학은 무언가를 계속해서 분류하고 세분화시킨다. 이러한 특성으로 인해, 계속해서 나누고 또 자르는 것(분리하는 것)에 익숙해지게 된다. 통합적이고 직관적으로 사유하기보다는 대상을 자르고 나누어 세부적으로 연구하는 습관이 남게 된다. 그래서 서양식 사고에 의해 만들어진 공간체계는 동양의 그것보다는 좀 더 폐쇄적이고 나누어진 공간이 등장하게 된다.

근대적 시공간은 자본의 공고한 통제와 경제적 특성에 의해 작동되며, 자본주의와 근대적 노동체계는 경제적인 면에 집중되어 발전했다. 마르크스주의자들은 사회주의자 혹은 공산주의자들로서, 정치를 노동으로 연계하여 생각하고 정치적 공동체를 중심으로 노동의 정치화를 구성하고자 했다. 앞서 살펴본 바와 같이 데카르트로부터 시작된 근대철학에서 독일 관념주의는 동일성을 획득하기 위해 개별적인 개인의 희생을 강요하며 하나의 목적으로 나아가게 한다는 측면에서 이데올로기적으로 오용될 수 있다. 이러한 시대적 정신과 공명하며 시공간에서도 그러한 전체주의적인 특성과 같은 강요와 억압, 통제의 특성이 스며들 수 있도록 재편되었다. 과학기술과 효율성이라는 이름으로 시공간을 구축하면서 우리의 삶과 일상은 그러한 동일성의 정신세계와 함께 공명하며 구축되는 근대적 시공간과 함께 변모하게 된 것이다.

사회주의와 공산주의는 노동을 중심으로 사유되었다. 무언가를 생산하는 가운데 노동은 일차적으로 생산적 힘과 의지를 표현하며, 창조 활동을 하는 고유한 특성을 갖는다. 그것은 사회의 수면 아래에서 잠재성이 펼쳐지면서 현실화되는 과정이기도 하다. 들뢰즈식으로 이야기하면 내재적 잠재성이 움직이며 활발하게 무언가를 생산하는 생성의 '장(場)' 이기도 하다. 노동은 특정한 시기의 외적 변수와 힘들의 배치에 따른 접합이라는 움직임의 결과물이자 집합이다. 자본사회에서는 자본의 순환과 집적에 도움이 되는 것만 가치있는 접합으로 인정받을 수 있다. 그것은 곧 자본의 가치로 환산되게 된다. 즉, 상품화로 귀결된다. 모든 것은 자본의 가치, 돈의 가치 단위로 냉정하고 정확하게 환산된다.

시간과 돈이라는 관계와 규율은 공장에서 더욱 철저하게 발휘된다. 출근 시간을 어기는 노동자는 철저하게 사측의 규율에 의해 벌금을 물어야 한다. 시계를 통해 작업의 시작과 종료, 생산의 효율성을 체크하고 관리하는 것은 결국 생산과 시간과의 상관성을 의미한다. 즉, 노동의 통제이다. 주체와 대상을 철저하게 이원론으로 나누어 사유하고자 했던 서양의 이원론적 세계관에는 쉽게 주체가 중심이 되어 객체를 통제하여 입맛대로 상황을 통제하고자 하는 권력의지가 투사되어 작동하게 마련이다. 이와는 달리 동북아의 내재적 기 일원론적 세계관은 주체를 포함한 대상들이 자연과 일체화되는 방식이 무엇일까에 대해서 탐구하고 실천한다. 자연의 일부이자 소우주인 '참 나(眞如)' 자체가 세계(자연)가 된다는 논리적 구조이기 때문이다.

마르크스는 근대적 생산양식에 있어서 시간적 통제를 핵심 중 하나로 보았다. 자본의 일차적인 목적과 관심은 합의된 노동시간의 철저한 장악과 통제에 있다. 한정된 시간 안에 최대한의 생산력을 발휘할 수 있도록 신체를 규율하고 통제하는 것이다. 신체의 내재적 질서와 자기통제를 가능하게 하는 전반적인 사회구조 자체가 바로 자본의 공고한 구조화이다. 시간-기계에서 공장-기계로의 통제 공간의 진화 양상은 자본주의 생산양식의 진화 과정과 일치한다. 근대식 공장 시스템은 대규모로 노동 인력을 모아 놓은 '공간-기계'의 탄생이라고 달리 이야기할 수 있다. 다시 말해, 공장은 노동력이 대량으로 모여 작동하는 '공간-기계'이다. 성실함, 정확한 시간관념, 유능함은 노동의 도덕이자 개인의 능력이라는 욕망이 된다.

근대적 시간과 공간은 자본과 관련하여 사회적으로 형성되었고, 근본적으로 달력과 시계라는 시간의 매트릭스와 사회의 특성과 외적 변수에 따라 촘촘한 노동의 시간의 그물로 작동하게 된다. 그러나 르페브르는 공간과 시간은 사회-역사적으로 차이가 발생하는 상대적인 것이며, 당시 그 시대가 갖는 외적 변수에 따라 개인과 신체는 다른 일상의 시간관념과 리듬을 갖게 된다고 주장한다. 르페브르는 공간은 생산양식과 연관된 사회적 산물로서, 나름의 공간적 코드가 공간적 실천을 규정하며 다른 일상의 리듬을 만들어 낸다고 본다. 신체는 사회적 공간에 길들여지면서 근대적 인간으로 태어나기 때문에 '체험에 근거하는 사회적 신체'가 된다.

르페브르는 '사회적 공간은 사회적 생산물이다.'라는 주장을 통해 공간이 사고의 통제, 행동의 통제, 지배의 도구로 사용된다고 보고 권력의 지배를 실행하는 장(場)으로 간주한다. 한 도시의 공간들은 불연속과 단절, 이질성을 공간 사이마다 구성한다. 분업은 시간적으로 진행되던 것을 공간적으로 배열하는 것이다. 달리 말해, 시간적 배치를 통해 신체를 공간적으로 배치하는 것이다. 생산 기능에 있어서 공간의 구획화를 통해 생산성의 차이가 성립하게 된다. 공장이나 학교처럼 공장의 분할과 그 안에서의 특정한 업무의 종류와 위치 지정, 행위 지정을 통해 시스템의 집합으로 구성된다. 이 시설들 내의 프로그램의 배치는 효율적인 통제와 관리가 가능하면서 시간과 노동력 투입 대비 최대한의 생산이 가능하도록 배치된다.

근대에는 통제와 관리가 효율적으로 사회를 재생산시키기 위해 사회적 '이데올로기 기구'들이 발전되었다. '학교'가 중요한 사례로서 그러한 역할을 수행해왔는데, 학교라는 시설은 그 시대가 바람직하다고 규정(시대가 규정하는 과학)하는 이데올로기와 근대적 주체를 교육하고 재생산하는 '이데올로기 기구'가 되어 왔다. 공간의 사례를 들어 살펴보기로 하자. 학교는 대표적인 사회화(통제화)의 시설(이데올로기 기구)이다. 자유분방하게 행동하던 유아는 학교 시스템을 통해 사회화의 과정에 진입하게 되고 점차 통제에 익숙한 사회인으로 길러지게 된다. 동시에 주거 공간은 그 가운데 개인이라는 주체의 사적 공간을 확보하게 함으로써 근대적 주체로서 재생산의 기본적인 공간적 조건이 된다. '가족주의'는 중간계급에서 주거 공간의 사적 분화와 함께 근대적 주체의 발전과 그 맥을 같이 해왔다. 사생활의 권리는 달리 말해 개인의 사생활이 철저하게 지켜지고 욕망이 적절하게 숨겨져야 함을 의미한다. 달리 말해, 구분되고 배제되는 공간이 필요하고, 보호됨을 전제로 안정적으로 즐기고, 적절하게 휴식을 취함으로써 다음날 생산을 위한 노동력을 안정적으로 확보한다는 의미가 있다. 또, 이를 통해 통제와 관리 주체의 권위를 강화시킨다는 것이다. 그것은 내적 감시체계의 공고한 발달로 귀결되었다.

그러나, 자본주의의 자본화된 통제와 관리의 사회적 관계를 초월하여 통제의 그물망을 탈주하는 사회적 관계와 공간도 유사한 시기에 생성되었는데, 그것은 바로 '코뮨주의'이다. 공고한 통제와 관리의 사회와 공간 구조에서는 '코뮨'을 통해 탈주하고 공고한 통제를 벗어나 탈주선을 타고자 하는 욕망의 흐름이 나타나는데, 이는 새로운 주체성의 탐구를 가능하게 했다.

근대철학과 함께 공명하며 근대적 시공간이 만들어지게 된 계기는 인간의 대상화와 함께 시간 사용의 효율화를 통한 생산성의 극대화를 이루기 위한 것이 가장 큰 원인이다. 군대와 같이 시간의 매트릭스를 합리적으로 계획하는 방식에는 계획 주체가 인간을 대상화된 사물 혹은 자본의 재생산을 위한 도구와 같이 다루는 측면이 강하다. 이른바 '도구적 이성'이다. 근대적 시간 관리는 인간을 24시간 계획표 속에 가두어 시간별, 분별, 초별 단위로 미리 세워진 프로그램에 따라 인간을 시간과 공간에 포획하여 행동을 통제하고 감시 관리할 수 있는 효과적인 도구로 발전되었다. 일단 매트릭스라는 프로그램이 기입되면, 그 프로그램 사이에는 어떠한 인간적인 대우의 여지도 사라지게 마련이다. 사람을 '다루는 것'과 '대하는 것'은 큰 차이가 있다. 시간의 매트릭스 속의 프로그램은 인간을 대상화하여 '시간' 안에 인간의 행동을 관리하고 제약하고 통제하는 성향이 강하게 투사되어 특정 공간 속에 사람을 투입하고, 사람의 행위를 강력하게 통제하는 상황으로 내몬다.

근대의 시간 개념은 동일한 동질성의 개념으로 치환할 수 있는데, 이렇게 하면 매트릭스와 같이 시간별로 동일하게 배분하여 투입되는 노동력을 통해 시간 단위로 최대한의 생산력을 발휘할 수 있는 시간적인 계산을 산술적으로 '예측 가능(predictable)'하게 만들 수 있다. 근대성에 있어서 자연을 수치화하고 예측가능하게 만드는 것은 매우 중요한 요건이 된다. '자연의 수학화는 모든 자연현상을 계산가능한 것으로 변화시키려는 것이었는데, 이런 점에서 근대과학의 특징을 '계산가능성'이란 말로 요약해도 좋을 것이다. 자연현상을 계산가능한 것으로 변환시키기 위해서 가장 중요한 것은 그것을 계산할 수 있는 어떤 척도로 환원하는 것이었다.'[24] 이처럼 예측 가능성은 근대에 있어서 매우 중요한 특성이었다.

그것은 시간을 미분학과 같이 미세하게 분할하는 것이 가능해지고 통

24) 이진경, 근대적 시공간의 탄생, 그린비, 2010, p272

17

제와 조정이 가능해지는 것이다. 부정적으로 바라보면 노동력의 억압과 착취의 방법론으로 진화한 것이라고 볼 수도 있다. '재단사(tailor)'를 의미하는 테일러리즘의 상징적 공간인 포드의 생산 공장은 한정된 시간에 투입된 노동력 대비 최대의 생산력을 끌어올리는데 최적화된 공간으로 구성된 공장이었다. 이론적인 측면에서 효율성이 최대가 되는 방법론이 정교화된 공간이 탄생한 것이었다. 시간은 각 사람들마다 느끼는 정도가 다를 수 있지만, 테일러리즘은 각 사람의 시간을 동일하게 만들고, 그것을 균질한 노동의 시간 개념과 신체적 리듬으로 일상을 변화시키도록 재단(tailor)하는 시스템이다. 그것은 과거의 일상적인 리듬이 아니라 근대 생산력의 시스템이 만들어 내는 새로운 기계적 리듬이었다. 사회적 변화가 만들어 내는 시간의 경험과 리듬은 일상의 극명한 변화를 만들게 되었다. 근대적 시간의 개념이 일상의 리듬을 변화시키고 그것에 맞추어 근대인의 신체(습관)도 바뀌게 만드는 것이다.

공간과 건축과 관련하여 근대적 특성이 드러나기 시작한 것은 언제부터였을까? 근대적 시선에는 이처럼 새로운 주체의 시각이 담겨 있었고 거기에는 주체가 대상을 지배하고 통제하려고 하는 욕망이 투사되어 있다. 팔라디오의 빌라 로톤다와 브라만테의 템피에토는 이러한 근대 주체 중심의 시각이 만들어 내는 물질이자 공간으로서 명징한 사례가 되고 있다. 빌라 로툰다는 비첸차 언덕의 최상부에 자리 잡으면서, 동서남북 네 방위에 정확하게 일치되게 동일한 4면의 입면이 존재하고 중앙은 돔으로 구성되어 있다. 돔 중심의 하부에 서서 바라보게 되면 동서남북의 모든 방

17 포드자동차 공장의 콘베이어 벨트 시스템

향의 경치, 즉 세계를 장악하듯 바라볼 수 있게 된다. '경치가 좋다' 라는 영어 숙어인 'commands a fine view' 의 의미와 같이 근대적 주체의 시각으로 동, 서, 남, 북 등 주변 사방의 좋은 경관을 '장악' 하는 것이다. 각 입면은 황금비례의 안정적인 비율로 구성되어 있다. 또 다른 사례로 '템피에토 예배당' 의 경우, 빌라 로톤다와 같이 어느 방향에서 보더라도 동일한 입면으로 구성되어 있다. 각 영역은 정삼각형, 황금비례의 직사각형, 원형 등이 교차하면서 완벽한 비율을 자랑한다. 12개의 기둥은 하루의 균등하게 분할된 시간의 흐름을 상징한다. 전체의 중심축은 시각의 중심축에 완벽하게 대응된다. 이성적으로 바라보았을 때 이 예배당은 누가 바라보더라도 '객관적' 으로 완벽한 논리적이고 이성적인 계획이 된다. 이러한 템피에토 형상은 오늘날에도 의사당 등 주요 건축물의 상부에 적용되는 건축적 원형이 되고 있다.

서양의 주거 공간이 내밀화 되고 사적(private) 특성이 강화되는 것은 각 시설의 특성을 구분하고 강화하면서 감시와 처벌의 주체에게 그 판단과 행동의 권위를 부여하고 강화하는 특성을 보인다. 학교, 군대, 병원, 정신병원 등이 그러한데, 정신병원 의사라는 '주체' 가 환자라는 '객체' 를 판단하고 처벌할 수 있는 위계적 권위가 세워지고 순종의 길들임이 벌어지는 시설과 공간이 근대에 들어서 설립되고 정교화 된 것이다. 페리의 근린주구 이론에 따르면 대략 2500여명이 거주하는 주거단지의 중심부에 초등학교가 위치하고 이 핵심을 중심으로 하여 각종 주거가 배치된다. 이것은 페리가 최초로 아이들과 함께 통학하고 함께 공원에서 즐기고 돌아오는 길에 쇼핑과 행정업무를 하게 되는 도시 주거 단지 시스템을 개발한 것이다. 초등학교의 용지는 대략 12000㎡ 정도로 계획된다. 그러나 중학교, 고등학교는 대략 5000여명의 주민이 사용하는 규모로 계획되며, 보통 두 개의 초등학교가 배치된 각 구역의 중앙부에 1개소가 계획된다. 초등학교 2개소가 필요한 2개 구역의 대략적인 중앙의 영역에 중학교, 고등학교가 1개소씩 배치되어 2개 영역에서 거주하는 학생들을 담당하여 교육하게 되는 것이다. 인원이 2배로 늘어남에도 불구하고 면적은 그다지 크게 늘지 않는다. 일반적으로 중, 고등학교는 15,000㎡에서 16,000㎡정도의 면적이 할당된다. 사회화(통제의 길들임)가 덜 진행된 초등생의 경우, 상대적으로 자유분방한 활동을 수용할 수 있도록 비교적 더 많은 공간이 필요하다. 조금 더 규율에 익숙해지고 상대적으로 더 많은 인원들이 더 좁은 공간에 더 오랜 시간을 보내며 학습을 해도 큰 무리가 없게 되는 '사회화' 의 기간을 6년으로 보는 것이다. 이후 어느정도 길들임의 사회화가 진행되었을 때, 우리는 중학교, 고등학교로 진학하게 되고 큰 무리 없이 다음 단계의 사회화의 교육과정이 이루어지게 된다. 거의 2배의 인원이 큰 차이 없는 공간에 놓여 있어도 질서를 유지하며 사회화가 진행되는 것이다. 교육을 통한 사회화는 신체가 통제와 사회적 리듬에 일상이 길들여지는 과정이다. 이처럼 근대적 세계관과 시공간의 재편은 자본화의 과정과 연계되어 있고, 시간을 재단하여 효율성과 생산성을 높이기 위한 감시와 통제의 구조가 진화되는 과정에 핵심적인 역할을 한다.

'공간을 구성한다는 것은, 건축가가 구상한 어떤 효과를 잠재적으로 갖지만, 현행적인 실천에 의해, 그때마다의 현행적인 용법에 의해 다른 '의미' 를 갖는 공간으로 '생산' 되는 과정을 통해 사유되어야 한다.' 25)는 언급처럼, 공간-기계는 공간의 사회학, 혹은 공간의 정치학이며 근대적 자본의 기계화와 통제에 저항하기 위해, 우리는 공간과 관려하여 새로운 생산의 변증법적 과정을 거쳐야 한다.

0414 근대적 주거공간의 내밀성과 통제

근대적 주체를 길들이는 생산 공간의 대표적인 시설은 공장과 학교이다.

25) 이진경, 建築, 대한건축학회 第54巻 第3號, p22

시간의 순서대로 매트릭스화 되어 촘촘하게 짜여 있는 시간표를 중심으로 하여 공장과 학교 내의 피고용인(피교육인)은 시간표에 길들여지면서 훈육되고, 통제되고, 관리되어 자본 공간 시스템에 순응하게 되는 근대적 인간으로 양육된다.

주거 공간은 이러한 근대인을 성공적으로 양육시키거나 내일의 생산을 위한 충분한 휴식 시간을 확보하기 위해 안정적인 사적 공간을 담보할 수 있는 방향으로 진화했다. 또한 미래의 중요한 생산 인력인 아이들을 근대인으로 훈육시키고 생산을 위한 시간과 일상의 리듬에 길들이는 중요한 공간으로 취급되었다. 중세의 주거 공간은 대가족이 함께 사용하며 공간들이 혼용되며 사용되었다. 당시에는 대가족의 생활과 생산이 같은 공간에서 동시에 이루어지며 함께 공동체 생활을 하는 공간구조였다. 그러한 공간이 근대에 들어 내밀한 사적 공간으로 변환된 것이다.

이진경은 『근대적 주거공간의 탄생』에서 유럽의 사회변화에 따른 사적 공간의 발전에 대해서 논한다. 대표적인 사례로, 자본과 개인의 사적 공간이 태동된 프랑스에서는 귀족의 저택인 오텔(대저택)이 살롱을 중심으로 하여 사적인 방들이 일렬로 배치되었다. 오텔에서는 살롱에서의 공적 만남과 사적 만남이 철저하게 구분되면서 각 개인의 욕망이 은밀하게 충족되는 구조였다. 공적 영역은 손님들에게 주인의 과시를 위한 공간으로서 상징적으로 작용했다. 그는 이러한 특성들이 근대 사회에 들면서 일반 주거에까지 영향을 미치며 유사하게 발전하는 과정을 분석했다. 17세기 귀족들이 거주했던 '오텔'에서는 극도로 섬세하고 치밀하게 분화된 주거 공간들이 등장한다. 궁전에서는 절대 권력의 왕권을 중심으로 모든 공간이 집중되고 통제되고 권력이 다시 방사되면서 투사되는 형식인데, 18세기 후반 나타나는 중간계급의 주거 공간에서는 가족이 중심이 되면서 가족의 프라이버시를 중시하여 내밀한 사적 공간의 두터운 장막이 출현하게 되었다. 주거 공간은 소규모 가족의 공간이 되며 가족 중심의 프라이버시 생활이 강조되었다. 그것은 내밀하고 사적인 비밀이 보장되는 공간으로서, 민주주의와 개인화가 진행되는 과정이라고 할 수 있다. 또한 그것은 중산층 이하 노동력이 중심이 되는 산업사회의 주거의 변화과정이라고 할 수 있다. 중산층의 이러한 주거 특성은 점차 노동자 계층으로 확산되었다.

사생활이 보호받는 노동자의 주거 공간은 19세기에 이르러 그 유형이 정착되게 되었다. 그것은 다른 말로 하면, 노동자의 주거공간까지도 자본화가 성숙되면서 사회의 공간화와 일상의 리듬의 공간으로, 욕망이 투사된 공간으로 변모한 것이었다. 자기통제와 자기 감시의 내적 통제를 공간화하는 것은 근대 주체의 탄생과 함께 선후를 알기 힘들 정도로 동시에 이루어지는 것으로, 자본의 통제적 공간화와 관련되어 있다. 내밀한 사적 공간의 발전은 결국, 자본화의 사적 공간화의 발전 과정과 일치하는 것이다. 곧 개인의 탄생과 내밀한 근대적 주거 공간이 발전된 것으로, '근대적 주체'가 탄생한 것과 동일시된다.

상류 귀족의 저택인 오텔에서는 욕망의 시선이 다양하게 교차된다. 파티가 열리는 대공간과 화려한 계단, 계단을 통해 연결되는 상층의 중복도, 그리고 내밀한 공간의 사적 공간으로 이어지는 공간 집합은 욕망이 극대화되며 공간적으로 현실화 된 것이다. 오텔의 공간구성은 사적 욕망이 채워질 수 있는 근대적인 사적 공간의 배치와 복합화에 있어서 중요한 특징이 되고 있다. 통제되고 억압되고 배제된 욕망은 합리적이고 이성적인 공간에서는 드러나거나 분출되지 못하고, 다른 방식으로 혹은 사회적인 부작용으로 드러나게 마련이다.

근대화된 사회에서는 여성 역시 생산과 소비의 자본의 순환 체계에 있어서 필요한 중요한 노동력으로 인식되기 시작했고, 미래 자본의 순환 체계에 주요 동력원이 될 아동들 역시 중요한 존재로 부각되었다. 따라서 함께 일하기 위해 여성의 노동력을 경감시킬 수 있게 하기 위해서, 주거 공간에서 여성의 공간이나 가사노동의 동선 및 효율화를 꾀할 수 있는 방향으로 주거가 개선되었다. 또 아동을 중시하여 이들을 보호할 수 있는 소가족 중심의 가족구조(핵가족)와 공간구조로 재편되었다. 이러한 변화 자체는 대규모 노동력을 필요로 하여 대가족이 중심이 되는 농업사회구조가 전반적으로 드라마틱하게 변화된 것으로, 제조업으로 대표되는 대규모 공장제 생산의 사회구조로 점차 이동하는 가운데 벌어진 변화였다.

오늘날 여성은 자신의 자아실현이라는 측면에서 사회에서 스스로 커리어를 쌓으며 일하고 있지만, 근본적으로 변하지 않는 사실은 이들 역시 생산과 소비의 순환구조에 속하며 통제를 받으며 일하고 있는 '노동력' 이라는 것이다. 노동자들은 일터에 얽매여 있지만, 일상의 탈출을 꿈꾼다. 빡빡한 위계 구조 속에서 일하기 시작하는 월요일이 되면, 노동자는 축 처진 어깨로 회사(공장)로 향하는 만원 지하철과 버스에 오른다. 시간에 맞추어 출근 전쟁을 하며 지내다가 금요일 오후가 되면 다가오는 주말을 생각하면서 반짝 힘이 난다. 불금과 토요일을 즐긴다. 다시 일요일 저녁이 되면 수많은 업무가 기다리는 월요일을 떠올리며 몸과 마음이 한없이 무거워짐을 느끼게 된다. 이 모든 것이 바로 '일상' 이라는 오랜 시간 동안의 습관을 통해 생겨나는 '시간의 리듬' 이며 우리는 그 감각을 느끼게 된다. 사실 이것은 다른 말로 하면 오랜 시간 유연하게 통제와 감시와 관리에 길들여져 있는 현대인의 일상에서 감지되는 '통제 감각' 의 다른 이름이다. 휴가를 받아 일상의 리듬에서 탈출하여 누리는 잠시의 행복과 자유는 '일상탈출' 이라는 일상의 리듬의 파괴를 가져온다. 그러나 그러한 리듬의 파괴는 순간적이다. 다음의 일상이 기다리고 있다. 우리는 일상의 탈출을 꿈꾸며 동시에 일상이 파괴되는 것을 두려워하는 이중적인 생활을 하게 된다. 그것이 바로 길들여진 신체를 가진 현대인의 자화상이다.

0415 근대적 공간의 통제담론과 소비공간의 재구조화

미셸 푸코는 정신병원, 교정시설 등 권력의 통제 의지가 투사된 국가 시설들이 도입되고 발전하게 된 역사를 계보적으로 탐구했다. 그는 이성이 중심이 되는 계몽시대인 근대 이후, 당시까지는 사회적으로 용인되고 함께 공존했던 광인들과 소수자들을 억압하고 배제하고 소외시키는 권력의 탄생을 계보적으로 탐구했다. 그는 특정 권력 주체에게 억압하고 배제하는 권력을 부여하고 사회적으로 공간적으로 강제 격리시키는 통제 시스템의 변화 과정을 계보적으로 연구했다. 이것은 근대적 감시, 통제의 시스템이 직접적으로 건축 분야에 적용된 부분이다. 그것은 주체와 객체를 분리하여 외적 변수가 없는 진공과 같은 상태에서 주체 중심으로 객체를 판단하고자 하는 근대 이성의 특성이 직접적으로 공간에 투사된 것이라고 할 수 있다.

그렇다면, 일상에서는 이러한 감시와 통제의 근대 이성의 특성이 어

18

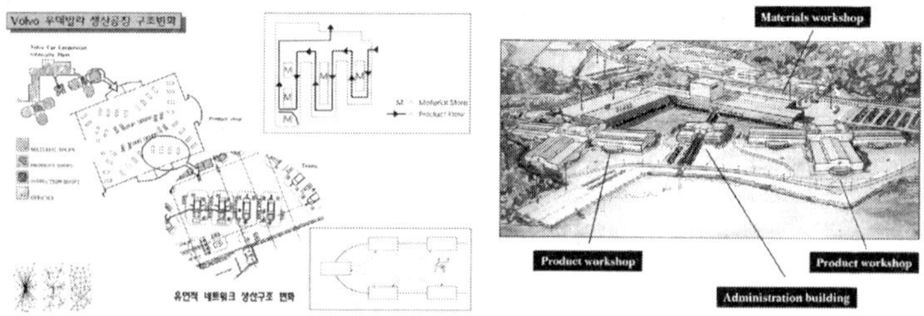

18 포드자동차 공장에서 볼보 우데발라 공장의 변화

떻게 전개되었을까? 우선 앞서 언급한 바와 같이 자본의 발달에 따른 공장의 노동 공간이 최우선으로 변화하고 발전했다. 한마디로 공장은 생산양식이다. 엄격한 직접적 통제 시스템 그 자체인 포드 자동차 공장을 상징하는 포디즘(Fordism)으로부터 70년대 들어 포스트포디즘(Post-Fordism)의 유연한 생산 체계의 변화가 있었다. 우선, 이성적으로 고안해 낼 수 있는 최고의 생산력을 발휘할 수 있는 시스템과 공장 내 규율이 정교화되었다. 같은 시간 동안 일정 노동력을 투입하여 최대의 생산력을 확보할 수 있는 이론적인 방법론이 정교하게 발전한 것이다. 그러나 노동력은 곧 '인간'이기 때문에 합리적인 이론과는 달리 반응했다. 과도한 관리 및 비인간적인 통제로 인해 파업 및 폭동이 일어나게 되면서 이성적으로 예상했던 것과 달리, 생산성이 떨어지고 오히려 자본가에게 엄청난 손해를 끼치게 되었다. 이후, 이러한 교훈을 바탕으로 하여, 자본은 유연하게 진화했다. 볼보사의 자동차 공장과 같이 다품종 소량 생산을 수행하면서 공간구조는 자연스럽게 유닛(unit)화 되었다. 포스트모던 시대의 생산공간은 유닛의 소조직에 인센티브를 부여하는 방식으로 자발적으로 높은 생산력을 발휘할 수 있도록 변화되었다. 니즈에 맞추어 필연적으로 생산조직과 공간이 변화되었다. 자체적인 관리 및 통제가 이루어질 수 있도록 하는 유연한 통제방법론으로 진화했던 것이다. 이것은 소비의 니즈가 변한 상황에서 이러한 변화는 다양한 품종을 원하는 소비력이 있는 구매자의 니즈를 발빠르게 반영할 수 있는 방법론이기도 했다. 공간이 자본의 문제로 귀결되기 시작하면서 근대에 생성된 대도시(메트로폴리스)는 자본의 중심으로서 모든 가치와 현상이 자본의 수량과 가치의 문제로 평준화되는 경향이 지배적으로 나타났다. 인간 사이의 정과 관계에 기반한 공간구조가 아닌, 도구적 이성에 의한 계산이 사회와 공간을 지배하기 시작했다. 그리고 계산에 의해 인간관계는 극도로 몰인정한 형식적인 관계로 변모한다. 순박했던 인간관계가 수적이고 양적인 매몰찬 관계로 변질되는 것이다.

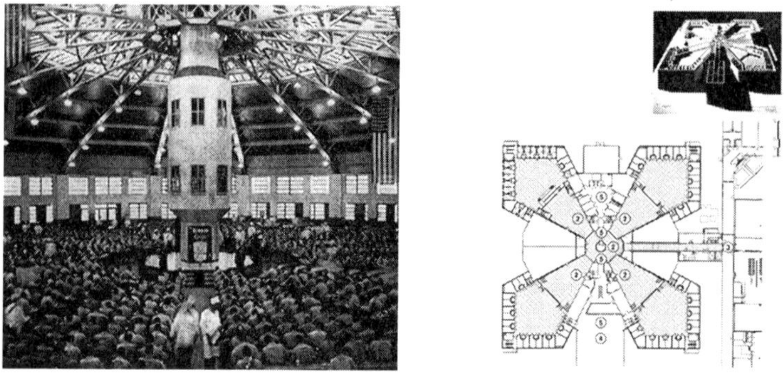

19

직접적인 통제 시설인 교정시설의 변화도 함께 살펴보도록 하자. 교정시설 역시 대규모의 공간 안에 집체교육을 시키는 듯한 공간 형태를 보이는 전주형에서 각 영역이 소규모 단위(80여명 정도의 중대 단위)를 이루며 세부적으로 관리, 통제되는 클러스터 유닛의 형태로 변화되었다. 생산을 지원하는 주거의 영역은 앞서 언급한 바대로 근대에 이르러 소규모 핵가족화를 위한 내밀한 공간의 위계를 가지게 되었고 개별공간은 확실하게 사적 영역으로 구분되었다. 오늘날 한국 사회의 아파트 문화 역시 전통사회의 한옥의 주거방식이 일부 남아 있고 적용되어 있다고는 하나, 근본적으로는 사회구조의 변화에 따른 서구적인 사적 공간의 특성이 주로 반영된 결과물로 변모하며 등장하게 되었다.

생산 공간과 생산을 서브(service)하는 공간(주거)의 변화의 흐름 외에 중요한 한 축인 소비의 공간은 어떻게 진화했을까? 근대 이성의 시대 이후, 폭발적으로 발달한 생산 시스템과 대규모 건축공간과 도시구조는 '자본의 집적과 효율화를 위한 관리 및 통제 시스템의 정교화' 라고 달리 이야기할 수 있다. 산업혁명 이후 생산 분야의 공간 및 주변 생산 공간과 결합된 주거영역에서 주로 연구되었던 통제 시스템은 유연하게 소비공간

19 기존의 파놉티콘 및 클러스터화된 교도소

에도 작용하여 점차 일상의 영역까지 통제의 식민화가 이루어지게 되었다. 여기에서 문제가 되는 점은 일상의 식민화를 통해 자유로운 공공영역에서 의사소통 행위가 근본적으로 위협받고 있다는 점에 있다.

전통적인 공간과는 단절되어 새로운 차원의 공간을 선보인 근대 대도시의 일면을 살펴보기로 하자. 근대인은 '일체의 관습이나 성향, 전통을 무시하고 오직 중성적이고 무감각한 이차원의 도면 위에서 도로 선을 그었다. 도시공간이 객관적이고 명료한 기하학적인 체계로 재구성되면서, 자본주의 시스템이 요구하는 효율성을 충족시키는 하나의 도구로 전락한 것이다. 커다랗게 뚫린 도로는 이제 더 이상 마을 차원의 만남의 장소가 아니라 물품과 사람들이 드나드는 곳이 되고, 스피드와 유혹으로 충만해진 소비의 장소가 된다.'[26] 라고 표현하는 바와 같이, 근대공간의 도구화는 결국 자본의 효율성과 통제를 위한 수단으로 정교화되었다.

오늘날 자본의 영역에 속해 있는 대규모 쇼핑몰의 커뮤니티 공간(사회적 공간) 영역은 자유롭고 활력이 넘치는 공간으로 인식되지만, 다른 한편의 시각으로 보면, 이러한 공공영역의 의사소통 행위가 일어날 수 있는 부분은 원천적으로 배제되어 있다. 예를 들어, 쇼핑몰의 푸트코트에서의 소비행위는 자유롭게 느껴지지만, 그 쇼핑몰 회사를 대상으로 하는 평화적인 시위조차도 내부에서는 허용되지 않을 것이다. 그 결과 공공영역의 축소 현상이 가속화되는 것으로 비판받을 소지가 있다. 그러한 '사회적 공간' 인 쇼핑 공간들은 지역의 여가생활의 중심, 소비생활의 중심이 되는 활력 넘치는 공간이지만, 그것은 결국 공적 담론의 장은 축소시키고 자본사회에서 한정된 소비 행위의 자유만이 허용되는 공간임을 인식할 필요가 있다. 부르디외, 르페브르, 카스텔이 논의하는 통제 담론에서는 통제된 삶이 패턴화되고 신체가 길들여져서 만들어지는 일상의 리듬을

26) 정인하, 한국의 근현대건축, 열화당, 2023, p161

통해 통제당하는 현실을 비판한다. 또 노동자들이 자연스럽게 일상에 순응할 수 있는 개체로 만들어지는 부분을 비판적으로 사유한다. 데이비드 하비의 '지리적 불평등' 의 개념 역시, 도시 내 생산 및 소비 양식의 변화에 따라 만들어지는 주거영역(지역), 생산, 소비영역(지역), 그리고 그것을 연결해 주는 각종 요소들이 실제로는 권력을 가진 자와 그렇지 않은 자들 사이의 불평등의 요소들이 공간적으로 귀착된 것으로 판단한다.[27]

생산 공간에서 소비공간으로의 변화 과정을 살펴보자. 아케이드에서 쇼핑 Mall로의 변화 과정과 포스트모던 시대의 거대한 엔터테인먼트 쇼핑몰화 현상은 결국, 공공-민간의 가버넌스(governance) 협력 구조의 강화를 통해 유연한 소비공간구조를 만들면서 공공영역의 사회 재구조화 변화를 이끌었고, 생산 및 소비의 공간과 주거공간에서 일상을 통제하는 시스템이 정교화되는 과정이라고 할 수 있다.[28]

근대사상의 발전은 과학기술, 시민혁명, 자본주의의 발전이 추동하는 근대적 '주체' 의 발견이 이루어짐에 따라 이를 가능하게 하는 주거영역, 생산 영역, 소비 영역의 변화와 발전을 만들어 냈다. 그러나 주체가 강화되면서 나타나는 눈부신 발전의 긍정적인 측면이 있었던 반면, 특정 주체에 부여되는 권위와 권력의 불평등한 배분으로 인해 억압, 배제, 소외되는 요소들이 발생함에 따라 다양한 문제점들이 노출되었다. 이후, 인류는 이러한 요소들의 유연한 통제와 관리의 방식이 보완되면서 유연한 통제 방법론이 정교화되는 과정을 거치게 되었다. 그것은 긍정적으로 보면 인간화된 상황이고, 부정적으로 보면 교묘한 통제방법론이 정교화되고 강화되는 것이다. 이 과정은 여전히 현재 진행형이다. 서양의 이러한 변화 양상은 동양과 동북아 국가에 강제로 이식되었고, 그와 동시에 전통적 공간과 경쟁하거나, 절충되거나, 압도하는 방식으로 사회적인 변화를 강제

27) 임기택, 통제담론과 건축이론, 시공문화사, 2015, p116
28) 임기택, 앞의 책, 2015, p127

했다. 그에 따른 근대성의 여러 가지 문제점과 함께 근대의 공간이 가지고 있는 억압, 배제, 소외의 폭력적인 양상 역시 함께 들어오게 되었다.

중세 봉건사회에 속해 있던 동북아인들에게 서구식 근대성은 과거와 철저하게 단절되면서 새롭게 외적 변수들에 적응해야 하는 큰 문제였고, 전통과 관습과 갈등 문제를 해결해야 하는 상황이 강제되는 것이었다. 이제, 근대적 시공간과 통제성, 그리고 공간적 특성이 가져온 정신계의 대응 방안과 함께 동북아에 근대건축과 공간의 특성이 어떻게 영향을 끼쳤는지에 대해서 살펴보기로 하자.

한국 근대건축의 태동과 식민지 건축

동북아의 한국, 중국, 일본뿐만 아니라, 동남아시아 국가들 대부분은 제국주의 열강들에 의해 강압적으로 문호를 개방하게 되었고, 강점되고 식민지화되면서 근대화를 강제당했다. 이들 대부분 국가는 근대성의 도입으로 편의성, 효율성, 그리고 새로움을 경험하고 동시에 전통의 급격한 단절을 겪었으며, 정체성의 혼란을 감내해야 했다. 근대성의 도입과 전통과의 단절을 경험하면서 적응의 고통만으로도 쉽지 않은 딜레마의 상황에서 한국은 일제의 침탈과 식민 지배의 상황이 부가되었다. 세 가지 특수 상황으로 발생하는 각종 양태는 트릴레마의 삼중의 단절과 불협화음, 갈등의 축들이 복합적으로 작용하며 고통을 증가시켰다. 서구에서 근대성이 도입되면서 한국은 전통과의 단절을 혹독하게 경험하게 되었는데, 여기에 일본의 강제 점령과 함께 일본이 근대를 해석하여 적용한 일본식의 근대화 방식으로 한국에 근대성이 강제되었다는 세 가지 축의 문제점들이 뒤섞여 있었다. 당시의 근대성을 경험하게 된 조선인들은 '본래의 건축 전통이 강하게 남아 있고, 여기에 비서구인 식민 세력이 통치 시설로서 서양 건축형식을 도입한 건물을 지었던 나라에서 트릴레마를 혹독하게 겪어야 했다.'[29] 라는 의견처럼, 근대성을 맞이하며 근대적 특성과 외적 변수를 어떤 태도로 받아들이느냐에 따라 정치, 경제, 사회, 문화 등에서는 다양한 갈등과 적용의 혼란스러운 상황들이 나타나게 되었다. 이제 근대성에 대응했던 당시 도시, 건축적 흐름이 어떠했는지 살펴보기로 하자.

29) 전봉희, 권용찬, 한옥과 한국 주택의 역사, 동녘, 2012, p147

0416 근대성의 대응 태도와 근대건축의 흐름

앞서 살펴본 바와 같이, 서양, 동양의 구분에 상관없이 공통으로 근대사회가 보이는 네 가지 특성이 있다. 첫째는 국민국가이고, 둘째로 자본주의의 발전이며, 셋째, 과학기술의 비약적인 발전, 넷째 민주주의의 발전을 들 수 있다. 세부적으로 살펴보면 첫 번째, 근대사회는 '시민' 이 중심이 되는 국민국가가 수립되었다는 점을 들 수 있다. 두 번째, 자본주의는 산업혁명으로 인해 폭발적인 발전과 변화가 이루어졌다. 세 번째, 눈부신 과학기술의 발전으로 자본의 발전과 산업기술의 발전이 이루어졌다. 넷째, 왕정이 폐지되고, 시민의 대표로 이루어진 공화정이 통치하는 민주주의 체제를 성립했다. 이 네 가지 요소들은 서로 긴밀하게 엮이고 상호작용을 하면서 발전을 계속하여 서구사회를 진보하도록 만들었다. 근대적인 특성은 동북아 세계에도 지속해서 영향을 끼치게 되었고, 결국 외부로부터의 제국주의 침탈을 통해 근대성(모더니티)을 받아들이고 변화와 혼란의 시기를 거치게 되었다. 이러한 급변의 시기에는 기술과 외국 문물에 대한 뚜렷한 대응 태도가 나타나기 마련이다. 근대성(모더니티)과 과학기술이 만들어 내는 사회 전반의 변화 요소들은 자연스럽게 공간구조와 건축 및 경관에 지대한 영향을 끼치면서 근본구조의 변화를 가져오게 되었다.

—근대성의 도입과 건축적 태도

근대성과 관련된 새로운 기술과 외적 변수들이 들어왔을 때 인간은 일반적으로 세 가지의 반응을 보이게 마련이다. 우선, 새로운 근대성의 기술을 적극적으로 받아들이고자 하는 세력, 기존의 질서와 조화를 이루는 정도로 타협하거나, 긍정적인 변화를 위해 주체적으로 선진 기술을 절충해서 받아들이고자 하는 세력, 그리고 기득권을 지키기 위해 외부의 것에 냉담하게 반응하거나, 적극적으로 배척하는 세력과 자세를 들 수 있을 것이다.

인간은 예로부터 생산과 재생산을 위한 인공 건조 환경을 건축하면서 신기술을 긴밀하게 적용해 왔다. 기술과 관련하여 비약적으로 발전을 이룬 것은 18세기 이후 산업혁명과 함께 기계 및 통신, 교통수단의 기술혁신이 이루어지면서부터이다. 기술의 태도와 관련하여 일반적으로 세 가지의 태도가 나타나게 된다. 첫째, 기술중심주의(techno-centrism), 둘째, 제한적 기술도입 및 절충주의, 그리고 셋째, 전통 고수 및 배타주의 등의 세 가지 흐름으로 분류할 수 있을 것이다.

기술중심주의는 서구의 기술을 하루빨리 받아들여 자국의 근대화를 성취하고 국방력을 강화시켜 국력을 향상시켜야 한다는 점을 강조한다. 이를 위해 급진적 사회개혁을 이루어야 한다는 입장을 견지한다. 이러한 세력들은 근대적 특성과 기술을 적극적으로 받아들여 군주제를 전복시키고자 하였으며, 기술 발전과 사회개혁을 적극적으로 수용하는 집단이었다. 기술 중심주의는 '객관적'인 접근방법에 대한 신념을 가지고 있으며, 사회 및 세대 간 형평성도 같이 고려한다. 그들은 자본의 성장과 함께 성장한 세력이면서 동시에 엘리트 집단의 경우가 대부분이다. 또한 인류의 여러 가지 문제를 기술적 차원에서 해결할 수 있다는 기본관점과 신념을 가지고 있다. 외세의 기술과 문화를 거부하고 배척을 중심으로 하는 세력은 급진적인 사회개혁론자들이 중심을 이루는 기술 중심주의와는 대척점에 있는 세력들이다.

제한적 기술도입 및 절충주의 세력은 지배 세력의 주도하에 사회발전과 기술도입을 추구하되 기존 세력의 기득권 자체는 세대의 발전과 생존을 위하여 유지해야 한다는 관점을 가지고 있다. 제한적 기술도입 및 절

표 3

구분	기술중심주의	제한적 기술도입 및 절충주의	전통 고수 및 배타주의
이론 배경	자유시장 경제론	기존 질서 및 기술 접목 중시	기존세계의 고수 및 배타주의
정치적 근원	자유주의(Liberalism)	중도 진보주의, 절충주의	수구 보수주의
한중일, 정치사건	태평천국운동, (太平天國,중국) 메이지유신(明治維新, 일본) 갑신정변(甲申政變, 한국)	중체서용(中體西用, 중국) 태평천국운동(중국)	쇄국정책(鎖國政策, 한국)
사회목표	기술발달로 극복 및 지속적인 부 창출	기존 질서 한계 가운데 신기술 접목, 타협	외세의 거부 배척
비전	경제, 기술성장과 근대화 적극적 추구	기존 질서 및 체제 유지 가운데 과학기술과 근대성 접목의 단계성 중시	무기체계 발전 외에 자체 내의 기술발전 추구, 혹은 거부
적용분야 도시	근대도시 기반시설 확충과 관련된 전신, 철도, 도로의 확충과 항구 등 근대성의 등장과 도시의 적극적 확장주장	기존 도시체계 한계 내 서양기술 접목, 기반시설의 편리함은 대체로 수용 도시의 확장 대체로 수용	기존 도시체계 유지
적용분야 단지	국가 시설별 대규모 단지화 세분화 전문화 단지 등장 군대와 병원, 공장 등의 시설별 분화 및 대형단지화 추진 (대규모 구조기술 확보)	근대적 기간시설의 발전방향성 대체로 수용, 근대성과 전근대적 주거 및 시설의 공존	근대적 기간시설의 발전 방향성 대체로 수용 전근대적 주거 및 시설 유지
적용분야 건축	근대성과 관련된 건축부문을 기술로 해결하고자 하는 움직임 새로운 건축구조, 구법, 재료, 설비 기술 도입, 대규모화 고층화 추구	의양풍, 절충형 도시 한옥 및 상가 등의 등장 근대 서양식 시설의 등장	전근대적 전통주거 중시
생활 패턴	대량생산과 대량소비 추구 대규모 도시화 적극 추구 신문물, 신문화 적극 수용	대량생산과 대량소비 제한적 수용 대규모 도시화 제한적 수용 신문물, 신문화 제한적 수용	공공에서 기본 환경의 질서 보존

표3 기술중심주의, 절충주의, 배타주의 특성

충주의는 중도 진보적 혹은 절충주의적 입장이다. 중국에서는 중체서용, 태평천국운동 등의 세력을 들 수 있는데, 이들은 기존 질서의 한계 가운데 신기술을 접목하고 타협하여 기존 체제 및 사회구조의 점진적인 변화를 추구한다는 입장이었다. 도시 부문에 있어서 이들은 기존도시체계를 중심으로 비교적 적극적으로 새로운 도시기반시설 및 체계를 받아들여 신속한 발전을 추구했으며, 근대적 기간시설 및 국가교육, 제도, 및 기관에 있어서 단지화를 이루는데에도 긍정적이었다. 특히, 군대 체계 및 군사 관련 시설에 있어서 더욱 적극적이었다. 무엇보다 서구 제국주의 열강의 앞선 부분이 군사적인 분야였는데, 이것은 침략의 수단으로 이용되어 직접적인 불이익과 굴욕적인 패배를 경험하게 했기 때문이다. 이를 극복하고자 이들은 군사 분야의 기술 도입과 발전에는 매우 적극적이었다. 그러나 그러한 인식과 의지가 전달되어 기존 관료 체제의 행정적인 분야로 넘어가게 되면, 이러한 상부의 개혁적 의식과는 달리, 전근대적인 체계로 인해 속도가 매우 둔감해질 수밖에 없었다. 이들의 중심은 기존 왕권 세력들이므로 일반 평민들의 권력 배분을 중심으로 하는 자본주의 및 사회체제를 거부하는 습성을 보였다. 또한 기술의 도입은 외세의 앞선 무기체계와 군대 방식만을 개혁하고 나머지 사회 정치체제는 그대로 유지하고자 했다.

이처럼 근대화에 있어서 적극적으로 근대 문물을 받아들이고자 했던 세력은 서구 근대화의 기술을 받아들이고 문화를 받아들여 기술 중심의 근대적 건축과 경관을 적극적으로 만들어 나갔다. 주체적 해석을 중심으로 절충적인 적용을 꾀했던 세력들은 한국적 건축을 중심으로 하여 적절히 근대적 기술을 접목했다. 그들은 근대적 가족구성이나 사회적 니즈를 반영하여 점진적인 발전을 꾀했다. 마지막으로, 서구의 근대성을 받아들이는 것을 거부한 세력들은 수구적이고 보수적인 전통적 특성을 고수하면서 시대적 흐름에서 벗어나게 되었다.

0417 조선 말 실학파의 근대 지향의 건축 경향

실학은 17세기 성호학파(이익)와 북학파(박지원)에서 시작되어 19세기에 정약용에 의해 종합되었는데, 이후 개화사상으로 계승되었다. 이들은 중국 사신으로 활동하면서 당시 선진 문물을 접하고 돌아와 근대 과학기술을 한국적 현실에 적용하고 정책을 바꾸기 위해 노력했다. 이들은 관심의 각자의 초점에 따라 경세치용(經世致用) 학파, 이용후생(利用厚生) 학파, 실사구시(實事求是) 학파로 구분되기도 하지만, 근대성을 도입하여 당시 정치, 경제, 사회, 문화 전반에 실질적인 변화를 추구했다는 것은 공통점이다. 또 이들은 수구적인 유교 국가에서 벗어나 과학기술을 혁신시키고 상공업을 진흥시켜 부강한 국가를 만들고자 했다.

조선의 실학파는 앞서 살펴본 한국적 기술중심주의 세력이었다고 말할 수 있다. 외세를 거부하고 수구적으로 권력 유지에 집중했던 당시 기득권 세력과는 달리, 이들은 외부의 선진 기술과 문화를 받아들이는데 적극적이었다. 서유구의 임원경제지와 정약용의 화성건축은 기술중심주의적인 입장에서 우리식의 근대화 기술을 적용했던 실험적 사례였다.

—서유구(徐有矩 1764년~1845) 의 『임원경제지』와 근대적 특성

건축과 관련된 실학파의 한 명인 서유구는 대제학을 지낸 조선 후기의 문신이며, 할아버지와 아버지의 가학(家學)을 이어 특히 농학(農學) 분야에 있어서 많은 저서를 저술했다.[30] 서유구는 1790년(정조 14) 문과에 급제하여 벼슬에 오른 이후 농업에 대한 개혁 정책을 꾸준히 진행했다. 정조의 사망 후 가문이 몰락하자 부제학에서 물러나 은거하며 아들의 도움을 받으며 18년간 임원경제지 등, 다수의 실용서들을 저술했다.

30) 조부 서명응(徐命膺)은 홍문관과 예문관의 대제학을 지낸 대학자이며 정조 때 규장각의 창설에 기여한 인물이다. 서유구의 아버지는 서호수(徐浩修)는 이조판서를 지낸 인물로 『해동농서 海東農書』의 저자로 규장각 직제학에 재임시 여러 국가적 편찬 작업에 관여했다.

20

『임원경제지(林園經濟志)』는 서유구가 만년에 저술한 것으로, 『임원십육지(林園十六志)』라고도 불렸는데 조선 후기 농업정책과 자급자족의 경제론을 주장하며 이를 실행하기 위해 실학적 관점에서 저술된 농촌경제 정책서이다. 서유구는 한국과 중국의 저서 900여 종을 참고하고 인용하면서 조선의 실정에 맞는 농촌기술 전반, 그리고 전원생활을 하는 선비에게 필요한 지식과 기술, 그리고 기예와 취미를 기르는 백과전서를 저술하여 조선시대 후기의 생활과학서 성격의 대과업을 완성했다. 그의 업적은 단순히 외국의 문물이나 기술을 소개하고 인용한 것이 아니라 많은 문헌들을 자신의 학문적 체계 속에 소화시켜 자기의 이론으로 쌓아 올린 데 있다. 책은 총 113권이며, 16개 부문에 걸쳐서 구분하여 소개되어 있다.[31] 특히 그의 저서에는 건축기술이 저술되어 있는 '섬용지(贍用志, 권 48~51)' 와 지리가 기술되어 있는 '상택지(相宅志, 권107,108)' 가 있는데 섬용지는 가옥의 영조(營造)와 건축 기술, 도량형 기구와 각종 공작기구, 기재, 복식, 실내장식, 생활기구 및 교통수단 등에 관해서 중국식과 조선식을 비교해 우리나라 가정의 생활과학 일반을 다루고 있다. 또 상택지는 우리나라 지리 전반을 다루고 있어서 조선 후기의 건축 및 지리 전반의 상황을 파악할 수 있다.

'섬용지는 가장 직접적이고 실천적으로 건축을 설명하고 있는 부분으로 중요한 위치를 차지한다. 자연지세를 살펴 집터를 고르고 아름다운 경관에 은일하는 모습을 서술하는 서적은 이전부터 상당수가 존재해 왔지만, 건축물의 재료와 규격, 제작 방식을 구체적으로 설명한 글은 찾아

20 서유구, 임원경제지

31) 임원경제지는 본리지(本利志) 13권, 관휴지(灌畦志) 4권, 예원지(藝 志) 5권, 만학지(晩學志) 5권, 전공지(展功志) 5권, 위선지(魏鮮志) 4권, 전어지(佃漁志) 4권, 정조지(鼎俎志) 7권, 섬용지(贍用志) 4권, 보양지(褓養志) 8권, 인제지(仁濟志) 28권, 향례지(鄕禮志) 5권, 유예지(游藝志) 6권, 이운지 8권, 상택지 2권, 예규지 5권 등 모두 113권 16지로 구성되어 「임원십육지」라고도 불려지고 있다.

보기 힘들기 때문이다.' 32) 이러한 언급과 같이 섬용지의 건축 기술에는 표준, 품질, 생산성을 중시하는 생산기술의 측면을 중시하고 있다. 그것은 전문성과 실용성을 중시하는 근대성이 도입된 영향으로 볼 수 있다. 그는 시대별 지역별, 장인별로 파편화되어 있던 법식을 통일하는 표준의 중요성을 강조했다. 그는 동일한 품질과 함께 불확실성에 대한 불신과 문제를 제기했고, 이로 인한 내구성의 문제를 또한 제기하고 있다. 그는 정확성의 부족과 기능 저하의 문제를 극복하는 해결 방법을 제시했다.

'건축적 입장에서 보자면 비로소 민간 차원의 건축에 대한 관심이 증대되기 시작한 것으로 평가되며, 이는 유교 예제의 정당성과 연관된 직전 시기의 전각건축에 대한 논쟁으로부터 합리적인 주거 건축의 모색이라는 측면으로 중대한 변화가 시작되고 있는 상황을 가리키고 있다.' 33) 이러한 평가처럼, 당시의 관심사는 근세에 들어 왕권, 유교 중심의 전각 건축이 주가 되어왔던 권위적인 건축에 대한 관심에서 실용적이고 합리적인 관점의 주거 건축으로 관심이 옮겨가고 있음을 확인할 수 있는 대목이다.

서유구는 근대의 중요한 지표인 생산성에 있어서, 생산비용은 중요한 것이기 때문에, 합리적이면서 좋은 품질의 건축을 구축하는 방식과 생산단가를 낮출 수 있는 방안에 대해서 고민했다. 또한 생산효율이 높아질 수 있는 방안에 대해서 의견을 제시하면서, 화성의 거중기 등의 사례를 들고 있다. 섬용지에서는 비록 인력 기술에 있어서는 사농공상과 분업론에 기초하고 있지만, 적절한 전문교육이 필요함을 역설하고 있다. 섬용지에서는 감독체계와 기술교육의 목적을 정확하게 하여, 교육 내용을 혁신하고 전반적인 건축 기술이 향상될 수 있도록 체계를 개편해야 한다는 방법론을 제시하고 있다. 또 건축 기술을 제시할 때 용어와 도면, 부재, 그리고 재료에 있어서 분류체계와 함께 도구에 따른 분류체계도 제시하고

32) 이강민, 임원경제지 섬용지 건축기사의 구성과 특징, 한국주거학회 학술대회논문집. 2010년, p265
33) 이강민, 서지학적 분석을 통한 임원경제지 섬용지 영조기사의 구성과 특징 연구, 한국주거학회논문집 제21권 제4호, 2010.8, p61

있다. 그는 근대적 기술관과 지식을 갖추고 백성들의 후생(厚生)을 위해 효율적이고 경제적인 집짓기 방식을 제시했으며, 당시의 문제점을 개선하고 기술 발전을 위해, 체계적이고 이상적인 방법론들을 제안하고 있다. 생산기술은 표준이 되는 등급과 기준, 품질을 만족시켜야 하며 내구성과 정확성, 미려함, 생산성을 향상시키면서 비용과 효용의 경제성을 중시했는데, 이러한 특징들은 근대적인 합리성의 정신이 가미된 것이라고 할 수 있다.

–정약용의 수원 화성 건축

앞서 언급한 정약용의 근대적 정신과 학문적 노력과 함께, 정약용은 수원 화성을 건축함에 있어서 다음의 몇 가지 원칙의 방법론을 사용했다.[34] 첫째, 정약용은 경제적인 건축을 통해 노동력과 비용을 줄이고 최대한의 기능을 성취할 수 있는 방법론에 집중했다. 이것은 최소의 노력으로 최대의 효용을 얻고자 하는 근대적 특성과 연계된다. 한편 또 시공 작업을 추진함에 있어서 근대자본주의 도급제도와 유사한 개념의 분할 도급제를 주장하는 점 역시 주목할 부분이다. 둘째, 오늘날 도르래 및 크레인 등의 건설기계와 유사한 거중기 등의 도구를 적극적으로 개발하여 사용할 것을 주장했다. 또한 규격화를 통해 예측가능한 방식으로 사전계획을 통해 물량을 산출하고 규모를 적절하게 계산하여 사용할 수 있는 방법론을 제시하고 있다. 네 번째로, 계획성을 중시했는데, 그는 '먼저 현지를 답사하고 측량을 한다. 다음에 계획가는 설계지침을 결정한다. 건축가(都大木)는 설계를 하고 이것을 넘기면 화공(드래프트맨)은 계화법(界畵法)이라는 수법으로 양판(설계도)에 그린다. 이것이 도감(圖監)에게 넘어가서 검토되고 시공에 착수하게 된다'라는 프로세스를 주장하는 것이다. 설계도서의 작성과 피드백을 통해 정확하고 사전 계산가능한 방식(예측가능성)을 추구했다는 점에서 정약용의 수원 화성은 근대적인 합리성에 근거한 방법론

34) 김홍식, 민족건축론, 한길사, 1987, p119

을 추구했다고 볼 수 있다.

그는 수원 화성을 건축함에 있어서 합리주의적인 예측가능성에 근거하여 계획을 수립했고, 벽돌의 합리성과 모르타르, 기와 등의 재료를 사용하여 단기간에 구축이 가능하도록 계획했다. 또한, 구조에 있어서 합리적이고 내구성이 있는 축성기법을 도입하여 오랜 시간동안 안정적인 구조가 될 수 있도록 했다. 기능에 있어서는 옹성 등 실질적인 군사적 기능이 만족될 수 있도록 새로운 방안을 세밀하게 강구했다. 그는 또한 의장적인 측면에 있어서 기능과 목적에 충실하면서 미적(美的) 방안을 함께 고려했는데, 이 과정에서 기능에 충실하게 건축물을 앉히면서 동시에 전통적인 축성 건축에서 발견할 수 없는 아름다움도 함께 드러날 수 있도록 했다.

실학파는 선도적으로 근대 과학기술을 받아들여 합리적 관점에서 당시의 문제점을 개선하려고 시도했고, 건축 부문과 화성 건설에서 일정 부분 성과를 낼 수 있었다. 그러나 조선 성리학의 엄격한 도그마만큼이나 강력한 쇄국정책이 이어지면서 근대화의 발전은 그만큼 뒤 쳐질 수밖에 없었고, 이는 결국 서양 제국주의 열강의 침탈로 이어지게 되었다.

이제 일제 강점기로 들어서서, 근대사상과 문물의 도입 및 새로운 건축 기술 및 양식과 문화가 밀려 들어오면서 나타난 양상에 대해 살펴보도

21

21 수원 화성

록 하자.

0418 식민지 건축과 근대성의 접목 노력

근대 시기 일본 제국의 식민지 확대의 역사를 살펴보면, 앞서 살펴본 근대 사상의 폐해적 특성, 즉 주체의 권력과 욕망을 대상(객체)에 투사시키면서 만들어지는 동일성의 폐해 및 제국주의의 침략과 폭력성의 폐해를 직접적으로 발견할 수 있다는 점에서 주목할 가치가 있다. 러일전쟁 후에 설립된 '만철'은 '남만주철도 주식회사'의 약자로서, 식민지의 각종 인프라와 식민지에 필요한 대규모 건축물 및 건축단지(사택 등)와 통제관련 시설(경찰서, 교도소 등)의 건설을 주도했다. 기차와 철도 인프라는 당시 첨단의 기술이 집약된 산업 부문이었다. 당시 만주는 철도역을 중심으로 신도시가 개발되면서 서양의 공공건축물의 구축 기술과 신문물이 활발하게 전파되고 있었다. 철도국은 엘리트들이 모여들어 활발하게 활동하던 무대였다. '만철은 철도 회사로서, 철도 경영뿐만 아니라 철도노선을 따라 확장되었던 철도 역사 주변의 부속지에 대한 행정 및 항구의 건설과 경영, 탄광이나 안산제철소 등 광공업, 특히 이공, 농학의 연구개발을 하는 반민, 반관의 국책회사였다. 따라서 만철이 건설한 건물은 역사, 사무소, 공장, 학교, 병원, 도서관, 공회당, 구락부, 호텔, 사택 그리고 부두 시설이나 전기, 가스, 수도 관련 시설 등 다종다양했다.'[35] 물론, 거기에는 행정과 통치의 상징인 총독부 건축물도 있었지만, 그것보다 시급하게 건축된 시설과 프로그램은 식민지 주민의 생활과 직접적으로 관련되는 병원과 침략자가 주민을 지배하고 치안을 유지하기 위한 경찰서, 감옥, 관사 시설 등이었다.

22

35) 니시자와 야스히코, 식민지건축: 조선, 대만, 만주에 세워진 건축이 말해주는 것, 최석영 역, 2023, p57

22 만주 만철 본사

서구 제국주의 열강이 남미 아프리카 등의 국가에는 무력에 의한 강제 병합 등 완전 무력의 방법으로 지배한 것과는 달리, 동양권 국가에서는 쇄국정책으로 저항하자 침략을 위해 항구 주변에 교두보를 마련하고 유연하게 경제 침탈을 하는 방식을 선택했다. 개항장의 '조계지'는 그러한 역할을 수행하는 지역이었다. '조계지는 서구인들이 동아시아에서 안전하게 거주하고, 편리하게 물건을 거래하기 위해 설정된 공간이었다. 그곳을 통해 서구 제국들은 직접적인 지배보다는 일부 지역을 할양받는 방식을 통한 경제적인 침투에 집중했고, 그를 바탕으로 점차 정치적이고 군사적인 영향력을 확대해 나갔다.'[36] 조계지는 철도, 전기, 전신 등의 선진 근대기술과 서구의 신식 건축물 및 문화가 현실화 되는 영역이었고, 각종 기회가 넘쳐나는 공간이었다. 당시 동북아의 '조계지'는 서구의 근대성이 현시되는 별세계였던 것이다.

–남만주철도 주식회사(만철)의 식민지 인프라 건설

만철이 만주군 정부에 사원을 파견한 계기는 만주국 정부의 요청이 아니라 관동군 사령부의 요청으로 이루어진 것이었다. 일본 정부는 통치를 목적으로 하는 새로운 대도시의 출현을 예상하고 일본 정부를 대신하여 만철이 전적으로 도시계획의 실행을 준비하도록 지시했던 것이다. 만철은 식민지 개척을 주도적으로 실행하는 주체가 되었지만, 그 근본적인 요청자는 최전선에서 침탈 의지를 관철시킬 수 있는 무력 중심의 관동군 사령

23

36) 정인하, 한국의 근현대건축, 열화당, 2023, p24

23 만철 전용부두 및 특급열차 아시아

부였던 것이다. 근대의 주체와 객체의 대상화와 통제의 속성은 이렇게 폭력이 그 근본적인 동력이 되었다.

당시 만철은 섬나라 일본에서 벗어나 드넓은 허허벌판이었던 만주 대륙에서 새로운 식민지를 개척하는 것이 주요 업무였다. 당시에는 일본의 침략과 지배를 통해 각종 이권 사업에 개입하여 일확천금을 노려볼 수 있는 기회들이 널려 있었고, 이로 인해 많은 사람들이 유입되었다. 이러한 과정은 마치 미국 서부 영화에서 볼 수 있듯이, 일확천금을 찾아(gold rush) 서부로 향하는 총잡이들과 인간 군상들의 드라마를 연상케 한다. 많은 사람들이 이주하는데에는 역시 항만, 철도 및 도로 등의 인프라가 주요한 역할을 했다. 또 원주민과의 충돌을 완화시키고 통제와 수탈을 위해 각종 인프라들이 시급하게 필요했다. 일본이 만주의 지배력을 확장시키는데 이러한 인프라를 구축할 수 있는 만철의 존재는 필수적인 것이었다. 특히 만철의 대륙 특급열차 '아시아'는 유선형의 최고급 급행열차로, 당시 100키로 이상의 속도로 달리는 쾌속열차였다. '기관차에 유선형 덮개를 씌우고 에어컨을 장착한 차량을 끌고 고속으로 질주하는 '아시아'는 만철의 정수였다.'[37]라는 언급처럼, 특급열차 '아시아'는 당시 동북아의 최신의, 최고급의, 최고 속도의 교통수단으로, 근대화의 상징, 그 자체였다고 할 수 있다.

식민 통치의 주체는 통치의 정당성을 보여주기 위해 피지배 국민에게 선진 기술의 인프라와 상징적인 대규모 행정 건축물과 통제 시설들을 눈에 띠게 구축함으로써 일본의 기술력과 근대화의 비전을 보여주어야 할 필요가 있었다. 만철이 수행했던 건축물 중 눈여겨보아야 할 시설들이 있다. 첫 번째는 근대식 병원으로, 서구식의 앞선 근대 의료지식과 시스템으로 식민지 국민에게 '의료를 베푸는' 상징성을 지닌 대표적인 시설이

37) 고바야시 히데오, 만철, 일본제국의 싱크탱크, 임성모 역, 산처럼, 2004, p24

었다. 그 사례로서, 중국 본토의 각 지역의 병원들과 대만 종합병원의 건축 사례가 있었다. '대만총독부가 설치 초반에 힘을 기울여 지은 최초의 공공시설은 타이베이 의원이었다. 1897년 착공해 지어진 이 병원은 단층 목조 병동 아홉 동으로 이루어졌으며 수용 인원은 200명이었다. 조선총독부는 통감부 지배하에서 한국 정부가 건설한 구 대한의원(1908년 준공)을 조선 총독부 의원으로 이어받아 병동을 증축하며 규모를 확대했다. 병원 건설 및 확장의 목적은 의료수준 향상을 구체적으로 보여줌으로써 민생의 안정을 꾀하고 그 성과를 지배에 이용한다는 것이다.'[38] 한편, 우리나라의 경우, 개항 이후 각국의 선교사들이 유입되었고, 그중 미국 선교사들이 가장 많았는데, 이들은 교육사업과 의료사업을 병행했고, 사업에 필요한 근대 시설들을 많이 설립했다. 그러한 선진적인 교육과 의료로 인해 근대기술과 문화, 과학기술이 자연스럽게 한국에 유입되었다. 건축 분야에는 선교사 주택, 교회, 소학교, 중학교, 전문학교, 유치원 등의 교육기관, 양로원, 병원, 고아원 등의 선교사업을 위한 건축물이 구축되었다. 이 과정에서 자연스럽게 근대적 특성이 적용된 건축물과 근대식 문화가 유입되고 정착되었다. 일부는 그대로, 일부는 절충적 형태로 한국에 스며들게 되었던 것이다.

또, 만철은 철도 역사건축과 함께 주변의 고급 호텔건축사업에도 뛰어들었는데, 이 때 호텔은 숙박과 함께 당시 일본 정치인들과 사업가, 서구 열강의 주요 인사들과 현지 관리들의 만남과 협의가 이루어지는 사교장으로서 중요한 역할을 수행했다. 일본의 침략과 이권 사업을 통한 수탈을 위해 연회장과 사교장은 당시 꼭 필요한 시설이자 공간이었던 것이다. 그 시설은 당시 기준으로 서구의 최신식 기술과 문화시설 그리고 최첨단 위생 및 냉난방 시스템이 구비되어 있어야 했으며, 최고급 시설이어야만 했다. 이처럼 '만철 건축은 다른 열강들에게 자신의 지배 능력을 과시하

38) 니시자와 야스히코, 앞의 책, p50

는 한편, 피지배자들에게는 생활환경의 향상을 표방해 만철에 의한 지배를 정당화하는 역할을 했다. 그렇기에 세계적인 수준의 건축물이 요구되었고, 만철 소속 건축가들은 그 요청에 응해야 했다.' 39) 따라서 그러한 직무를 수행하기 위해 일본 본토에서 가장 우수한 엘리트 인재들이 대거 영입되었다. 이를 위해 만철은 특단의 조치를 취하게 되었는데, '일본 정부는 만철 사원을 모집하기 위해 공무원이 자기 직위를 유지한 채 만철에 입사할 수 있는 제도를 신설했다. 또 만철은 각종 수당을 마련해 실질적으로 일본 국내 관공서보다 높은 급여를 지급했고, 복리후생에 신경 쓰고 질 높은 사택을 준비했다.' 40)라는 부분이다. 우수한 인재들을 한시적으로라도 영입하기 위해 좋은 조건의 연봉과 사택을 준비했던 것이다. 물론, 그러한 사업들을 지속시킬 수 있는 재정을 유지하기 위해 '만철'은 막대한 이익이 될 수 있는 각종 사업들을 수탈에 가까울 정도로 독점하여 운영했다.

식민지 사업과 관련하여 살펴보면, 식민지 지역의 경제를 통제하기 위해 일제는 군사적 지배(점령)와 정치적 지배뿐만이 아니라, 각 지역을 일본 경제의 영향 아래 두는 경제적 차원으로도 진행되었다. '경제적 지배를 위해서는 지폐(은행권)를 발행하는 은행의 역할이 컸다. 그 대표 격이 당시 일본 내 유일한 외국환 교환 관리 은행이었던 요코하마 정금은행과 이른바 식민지 은행으로 일컬어지는 대만 은행과 조선은행, 만주국의 중앙은행인 만주 중앙은행이었다.' 41)

이 시기 중국 다롄은 서구 제국주의 열강의 대다수가 모여 있었고, 만철도 각종 이권 사업에 몰두하던 지역이었다. 따라서 다롄 조계지에는 각국에서 정치인, 사업가들이 집중되어 있었고, 그들이 생활할 수 있는 각종 시설들이 빠르게 건축되고 있었다. 만철의 엘리트들은 서양 및 일본

39) 니시자와 야스히코, 앞의 책, p71
40) 니시자와 야스히코, 앞의 책, p68
41) 니시자와 야스히코, 앞의 책, p86

최고 학부에서 교육을 받은 인재들이었지만, 다롄에서 지어지는 각종 건축물에서도 큰 영향을 받고 지식을 습득할 수 있었으며 최신 트렌드를 빠르게 흡수할 수 있었다. 만주 및 중국 전역은 일본 엘리트들에게 기회와 모험의 장소이자, 자신의 실력을 발휘하고 빠르게 발전시킬 수 있는 기회의 땅이었던 것이다. 특히 1937년에 준공한 다롄역사 건축물은 오늘날에도 사용되는 역사로서, 입체적인 승강장 및 동선계획과 입면에 있어서 선진적인 계획을 선보였고 여전히 그 기능이 원활하게 사용되고 있다. 해방 전후로, 활발한 활동을 벌였던 한국 근대 건축가인 이천승은 다롄 철도역사의 설계와 공사 및 만주국 도시계획 수립에 관여했으며, 배기형은 다롄 제철소 설립에 설계 및 현장 출장 감리를 하는 등 당시 엘리트들이 만주국 인프라 건축에 참여하며 근대성을 경험했고 근대건축 계획기법과 기술을 습득했다.

—조선 침략기의 식민지 건축 활동

'고토 신페이'는 식민지 경영관료이자 도시계획가로서, 당시 필요한 문화적 필요 사항들을 구체적으로 제시하면서, 무력뿐만 아니라 교육, 의료, 예술, 학문 등이 필요하다고 주장했다.[42] 이에 일제 총독부는 당시 문화정치를 통해 점진적이고 유화적인 식민지 일체화 정책의 일환으로, 현지화 된 통치 체계와 일본 문화에 자연스럽게 스며들 수 있는 문화 정책을 추진했다. 당시 일제 통치의 상징인 조선총독부 청사의 평면을 살펴보면, 옥좌와 베란다가 배치된 것이 특이한 점인데, 옥좌는 청사 3층 대회의실에 마련되었다. 옥좌가 설치된 이유는 다음과 같다. '일왕이 자신의 대리자인 조선 총독의 통치 모습을 시찰하고, 일본 내에서 국정의 주요 사안을 결정할 때 종종 열리는 어전회의처럼 조선총독부에서도 일왕이 임석해 회의를 여는 상황을 가정해 설치되

24

42) 고바야시 히데오, 앞의 책, p46

24 고토 신페이 초상

었다.' 43)라고 언급하고 있듯이, 통치의 상징성을 극대화한 계획임을 확인할 수 있는 대목이다.

한편, 『사라지려는 조선 건축을 위해』에서 일본인 야나기 무네요시는 다음과 같이 경복궁 내에 구축되고 있던 조선총독부에 대해 비판하며 다음과 같이 쓰고 있다.

'그러나 여전히 이 글의 제목만으로 선명한 모습을 떠올릴 수 없는 독자는 다음과 같이 상상해보길 권한다. 만약 지금 조선이 발흥하고 일본이 쇠퇴해 결국 조선에 병합되어 궁성이 폐허가 되고, 대신 그 자리에 거대한 서양풍의 일본 총독부 건물이 세워지고 그 벽담을 넘어 멀리 우러러보았던 흰 벽의 에도성이 파괴되는 광경을 말이다. 아니, 뚫는 소리를 듣는 날이 다가왔다고 강하게 상상해보라. 나는 에도(江戶)를 기념하는 일본 고유의 건축의 죽음을 슬퍼하지 않을 수 없을 것이다....' 44)

조선총독부 청사를 구축하는데 있어서 정치인과 건축가는 청사 건축의 제일의 가치를 '위용' 으로 잡았다. 일제는 주변을 둘러싸고 있는 전근대적인 경복궁이라는 봉건적 궁궐터에 근대화의 위용을 자랑하고 상징적으로 드러내고 싶었던 것이다. 한편, 일제 강점기에 조선의 건축조직으로 '탁지부' 가 있었는데, '1906년 9월에 설립된 탁지부 건축소는 한국 정부의 건축 공사를 맡았다. 조직 개편으로 필요하게 된 새로운 정부 청사나 근대화 정책의 일환으로 추진된 병원, 학교, 경찰서 등의 건설을 담당했다.' 45) 당시 상징적인 주요 통제 관련 건축물과 기간시설(이데올로기 기구)을 설계하고 구축하는데 최신 건축문화, 기술과 트렌드를 구현하고 감독할 수 있는 최고의 인재들이 필요했을 것이다. 그 시기에는 또 다양한 프로젝트들이 생성되는 과정이었기 때문에, 니즈에 따른 인재들의 뒷받침이 절대적으로 필요했을 것이다. 그러나 어느 정도 통치의 기반이 완성

43) 니시자와 야스히코, 앞의 책, p41
44) 니시자와 야스히코, 앞의 책, p44
45) 니시자와 야스히코, 앞의 책, p49

되고 난 이후에는 그 시설들을 적절하게 보수하고 운영할 수 있는 상대적으로 소수의 인력들만 있으면 그 시설들을 운영할 수 있었기 때문에, 생성기와 발전기 이후에는 그러한 인력들이 본국으로 귀국하게 되면서 대부분 현지 인력으로 교체되었다.46)

25

만주국에는 만주라는 광활한 대지에 새로운 이상 국가를 건립할 수 있는 꿈을 가지고 본국에서 인재들이 파견되었다. 만철 건축 영선과에는 동경 제국대학 건축과 졸업생들이 대거 기용되었다. 일본 국내 관공서보다 높은 급여를 지급했고, 복지에도 신경을 쓰며 당시 기준으로 높은 수준의 관사(사택)를 제공했기 때문이다. 행정 청사, 기숙사, 호텔, 등은 제국주의 일본의 기술자와 통치자들이 본국에서 파견되어 향수가 생기지 않을 정도로 본국 이상의 편의시설과 우수한 품질의 숙소가 필요했다. 그러한 기반 시설이 갖추어져 있어야 타국에서 생활할 수 있는 최소한의 조건이 될 수 있었기 때문이다. 아울러 일본인 중심의 현지 건축단체 역시 식민지 지배 지역에도 구성되었으며, 특히 통치가 불안했던 지역을 중심으로 더욱 모임이 강화되었다는 특성이 있다. 당시 만주는 학교에서 배웠던 최고의 서구 건축계획 수법의 지식과 기술을 적용하여 새로운 도시, 새로운 건축을 실현시키기에 가장 적합한 백지(tabula rasa)와 같은 신대륙이었고, 상아탑에서 배운 근대적 지식이 곧바로 현장에 적용되어 실질적으로 구축되는 시기이기도 했다. 그 시기는 마치 미국의 서부 진출의 시기와 같이, 꿈과 모험을 좇아 개척하며 꿈꾸는, 새로운 기회와 욕망이 꿈틀대는 시기였다.

25 그림 조선 총독부, 중앙청
46) 임기택, 근대 구조기술 전파과정 중 건축가 배기형의 연계성 연구, 22권2호(통권96호) 2020, p15

일본 식민지 시기에 해당 지역의 건축 영선과에는 식민지 지역에서 다양한 경력을 가진 책임자들이 존재했다는 점이 특이한 사항이다. 예를 들어 오노기 다카하루는 본국으로 귀국하지 않고 대만을 시작으로 만주 등 여러 지역의 건축과와 영선과를 관리했다. 그는 식민지 지배 상황에서 건축에 주도적으로 참여한 경험을 살려 조직이 살아 움직이게끔 하는데 많은 공을 세웠다. 식민지 통치하의 건축 경험이 당시 최첨단의 전문 지식의 커리어가 된 것이다. 한국에서 주요 은행 건축계획을 수행했던 나카무라 요시헤이와 극장 건축을 주도한 다마타 기쓰지, 그리고 한국에 거주하는 일본인들을 위한 고급 주택사업을 수행했던 오시미 야지로 등, 다양한 일본 건축인들이 활동했다. 야지로는 일본 목조와 스키야 건축에 실력이 있었고 모던풍의 일본식 주택건축을 수행했다.

근대적 재료와 구법에 있어서 벽돌, 시멘트, 철은 모더니즘 시대를 상징하는 하나의 근대적 재료와 구법을 상징한다. 포틀랜드 시멘트와 철은 대형의 특수 제작 시설에서 제작되어야 했고, 일본 및 일부 식민지 공장에서 운송되어 건축에 사용되었다. '포틀랜드 시멘트는 벽돌과 달리 대규모 생산 시설이 필요했기에 생산지가 한정되었고, 그 때문에 수출입 되면서 전 세계를 광범위하게 이동한 건축재료다. 특히 20세기 전반 일본에서 대량으로 동아시아, 동남아시아로 수출되었다. 조선, 대만, 관동주에서도 생산되어 일본이나 일본의 지배지, 그 외 다른 곳으로 수출되었다.' 47) 라는 언급과 같이 일본은 필요에 의해 근대적 구법으로 새로운 건축을 이식시키기 위한 제반 작업과 사업을 활발하게 벌였다. 유럽 열강은 자국의 건축양식을 가져왔지만, 일본의 경우, 꼭 그런 것은 아니었고 대만에 진출했을 때, 대만 건축으로 볼 수 있는 기존 건물을 사용한다거나 신축한 학교, 병원, 역사 등 일본 전통양식을 사용하지 않는 경우도 있었다. 현지화하는데 있어서 민족의 특성과 현지의 특수한 사정을 적절하게 취

47) 니시자와 야스히코, 앞의 책, p163

사선택하여 유연하게 통치 기반을 획득하기 위함이었다.

야스히코는 일본의 식민지 건축의 특징에 대해서 정리하면서 다음과 같이 그 특성들을 언급하고 있다. '첫째, 조직 창설 초창기에는 경험이 풍부한 건축가, 건축기술자들이 모여 있었다. 둘째, 1920~23년을 경계로 이들 중 상당수가 교체되었다. 셋째, 만철 소속 건축, 건축기술자는 만철 설립부터 만주국 성립에 이르는 25년여 동안 중국 동북 지방 내 일본인 건축가 조직의 중심이었다. 넷째, 당시 일본이 지배하던 지역들을 전전한 많은 건축가, 건축기술자가 있었다.'[48] 등이다. 특히, 제철소 및 최신 기술이 필요한 인프라 시설들과 고급 시설에는 고급 인력들을 스카웃하여 배치했고 대우도 우수했다.[49]

제국주의 열강의 일본군 수뇌부는 무력을 동원하여 통치 의지를 관철하고 그것을 체계화하는데 도시 및 건축의 인프라 건설이 필요했다. 실제로 군 수뇌부가 만철의 경영진을 움직이는 기묘한 상황이 연출되었다. 특히 만철 소속인 '경제조사회는 관동군의 요청을 받아 관동군의 정책 입안기관으로서 발족했다. 만철의 하부기관이면서 관동군의 요청에 부응한다는 기묘한 기관이 탄생한 것이다.'[50] 침략 초기에는 그것을 구현시킬 수 있는 본토의 엘리트급 인재가 필요했고 통치를 위한 최신식의 기술을 선보일 필요도 있었으며 상징적인 건축물도 필요했다. 이러한 만철의 역사는 근대 사상의 폐해적 속성이 직접적으로 발현된 것이다. 만철은 주체와 대상을 분리시키고 변증법적 과정으로 동일화시키는 가운데 폭력적으로 대상화시키는 특성들을 여지없이 드러내며 침략 통치를 위한 폐해적인 방식의 '기계'가 되었던 것이다.

앞서 살펴본 바와 같이, 제국 열강이 강제 침탈하고 식민화하여 자신

48) 니시자와 야스히코, 앞의 책, p125
49) Kazuhiro Kaida. A Study on the Introduction and Development process of the Steel structure building in Japan[Ph.D. dissertation]. Kyushu University, Japan, 2008
50) 고바야시 히데오, 앞의 책, p129

의 통치를 정당화하고 통제를 강화하기 위해서 '근대적 시공간의 특성'과 '주거공간의 특성' 그리고 '이데올로기 기구(시설)' 들을 도입했고, 효과적으로 식민지의 일상을 통제할 수 있도록 변화를 가져왔다. 식민지 인프라와 건축 활동은 그러한 특성들이 직접적으로 적용되어 드러난 공간이자 시설들이었다. 그것은 근대적 시공간의 긍정적, 부정적인 특징들이 고스란히 적용되고 장점과 폐해가 동시에 드러난 상징물이자 물질화이자, 공간화였다. 한국은 일제의 침탈에 의해 부정적인 근대적 특성이 강제로 이식되고 시행됨으로써 폐해적 특성을 고스란히 감내하며 고통받을 수 밖에 없었다. 이제, 한국의 근대도시 및 주거 단지와 주거 건축에서 근대성이 도시와 건축에 적용되며 변화하게 된 양상에 대해서 살펴보기로 하자.

근대 도시 및 도시 주거단지의 변화과정

0419 근대성의 발아와 전통 주거의 근대성 수용

서양과 비교했을 때, 한국건축은 개별건물의 완결성과 세분화 된 개별건축의 공간은 중요성이 상대적으로 떨어진다. 한국은 산지 지형이 많기 때문에, 개별건물들이 집합되어 만들어 내는 사이 공간(허와 실의 공간) 및 중층적 특성이 매우 중요하게 고려되었다. 따라서 개별공간의 특성을 분석하는 것보다는 개별 건축물들이 군집되며 만들어 내는 사이 공간과 주위의 형세가 만들어 내는 집합적 특성을 살펴보는 것이 중요한 항목이 된다. 한국의 건축은 나누기보다는 통합적인 건축관을 가지고 바라보아야 한다. 천인합일의 사유에 의해 영향을 받아 구축되기 때문에 개별 건축물들의 중첩되며 자연과 지형과 개별 건축물과 마당이 어떠한 관계를 맺고 있는지를 중심으로 바라보았을 때 이해가 좀 더 수월해지기 때문이다.

우리 선조들은 한옥에서 채는 양이고, 마당은 음으로 생각하여 유기적으로 연계되도록 배치했고, 내, 외부공간의 상호 침투로 인해 외기의 원활한 소통이 가능하도록 했다. 우선, 원활한 기의 흐름(채광과 환기)을 위해, 기(氣)의 대류현상을 방해하는 수목이나 잔디 등의 부가적인 요소를 배제하고 빛의 반사가 잘 되는 마사토가 깔린 담백한 느낌의 마당을 형성했다. 이것은 일광소독이 가능할 정도로 양기를 최대한 받아들이고 원활하게 통풍이 가능하도록 고려된 것이다. 미세기문과 들창 등의 요소들은 내외부의 경계를 모호하게 만들면서 필요에 따라 가변적으로 개폐할 수 있기 때문에, 통풍과 환기, 채광에 있어서 유연하게 대처가 가능하도록 계획되었다. 남북으로 긴 한반도의 기후 특성상, 지역별로 기후조건이 상이하므로 지역적 자연조건에 따라 주거유형 및 양식에 있어서 또 계층별로 많은 차이를 보여왔다. 마당의 미세 기후 조절과 온돌 문화는 이러한 혹한과 혹서의 기후적 조건들을 현명하게 극복할 수 있는 방안으로 발달된 것들이다. 한편, 조선 시대의 유교적 관점에 따라 우리가 만나볼 수 있는 한국 고건축 혹은 한옥의 양태는 남녀유별, 장유유서, 내외유별 등의 엄격한 유교적 구별과 질서 체계가 적용되어 계획된 것이다. 또 이 과정에서 동북아적 세계관에서 나온 풍수지리적 특성이 함께 적용되어 구축되었다. 다만, 서민들의 민가의 경우에는 마당과 채의 배치에 따라 다양한 유형들이 존재하며 지역의 기후에 따라 홑집과 겹집 등의 공간적 구분이 다양하게 나타나고 있다.

한국의 주거는 동북아 세계관에서 나온 풍수지리에 영향을 받아 그 지역에서 최적의 '좌혈'을 찾아 주거를 입지하도록 계획되었다. 전통적인 입지의 방식은 자생적인 주거지의 모습이었다. 따라서 골목길이나 입지 등의 집합적 주거지 역시 자생적으로 생성된 '인포멀 시티(informal city)'의 형태를 띠고 있다. 또한 이러한 방식은 마을의 구조와 도시의 구조까지 확장되었다. 이것은 자연조건과 지형 조건에 따라 순응하는 방식을 따르는 것이었다고 할 수 있다. 그러나 근대성이 도입되면서 자생적 주거지는 계획적 주거지로 변모하게 되었다. 도시형 한옥 및 근대 계획의 주거지들이 나타나기 시작했고, 근대건축가들과 기술자들은 도시화와 인구급증으로 인해 계획적인 필지 형태로 주거지를 계획했다. 그들은 이에 맞추어 각 필지와 전체 단지가 효율적으로 각종 인프라를 제공받을 수 있도록 하는 것을 원칙으로 작업했다. 전통 한옥에서는 대지가 정해지고 이후 안채와 문간채가 그 가족의 쓰임새에 세심하게 맞추어져 배치되고 구축되었다면, 도시형 한옥은 거의 균등하게 필지 분할 방식을 적용했고,

효율성과 경제성이 전제조건이 되었으며, 구축에 있어서는 각종 재료와 구법, 디테일에 있어서 불특정 다수가 편리하게 사용할 수 있는 방식이 도입되고 개발되었다. 이른바 근대화, 산업화, 자본화의 흐름에 맞춘 주거단지가 등장한 것이다.

전체적으로 도시형 한옥은 마당 중심으로 칸들이 배치되고 확장되는 내향적인 주거에서 점차 하나의 건축물이 전체적인 이미지와 공간기능을 대신하는 양상으로 변화하게 되었다. 그것은 서양 주택의 사적 공간구조와 및 이미지와 유사하게 단독성을 강조하는 방식으로 변화되는 것을 상징한다. 전통 한옥에서 마당은 대가족 중심의 농업 생산의 중요한 공간으로, 철저하게 가족구성원들이 마당을 중심으로 생산 작업이 이루어졌던 공간이다. 마당은 다양한 생산 행위들이 벌어지는 작업장의 기능으로 사용되었는데, 그것은 중세의 생산양식이 함께 결합된 주거의 중요한 요소였다. 근대성이 가미되어 변형된 한옥은 점차 대가족 중심에서 소규모 가족화의 시대적 상황과 함께 진화되었다. 그 근본적인 원인은 농업이 중심이 되는 '농업 생산' 중심의 사회구조에서 점차 세계적으로 2차산업이 중심이 되는 공간 구조, 즉, 가족의 철저한 휴식을 보장하는 소규모 가족 중심의 휴식과 프라이버시가 보장되는 내밀성의 공간으로 변모했다는 점들이 주요하게 영향을 끼쳤다.

—사적(私的) 공간의 분화와 근대 건축가의 한계

앞서 언급한 바와 같이, 일제 식민시기에 일본은 수탈을 위해 근대적 기반 시설을 운영할 수 있는 자국의 인력들을 배치했다. 이를 위해 근대적 의미에서의 관사와 사택 등의 집단 주거지를 계획하고 이를 실현시켰다. 이 가운데 그들은 근대 생산기술과 생산 체계에 적합하면서 효율성을 중심으로 하는 단지계획을 선보였고, 전차 등의 새로운 모빌리티 수단으로 빠르고 편리하게 출퇴근할 수 있는 입지를 선정하여 주거단지 계획을 실현시켰다. 이러한 단지들은 해방 이후, 한국의 상류 주거지로 인정받으면서 재사용되었다.

전봉희는 '근대 이후의 주택이 높은 내밀성을 갖게 된 데에는 기본적으로 사유재산권을 강조하는 자본주의 경제 체제의 영향에 따른 것이지만, 생산활동이 주택의 외부로 나가고 어린이에 대한 인식이 예비 노동력으로서 보호의 대상으로 바뀐 것도 영향을 주었다. 이제 주택은 생산활동과 분리되어 가족들이 그들만의 생활을 즐기는 장소로서, 스위트홈의 이미지를 강화시켜 나갔다. 결국 근대 이후 주택은 공권력이 함부로 넘볼 수 없는 합법적인 내밀한 공간으로 남게 되어 사적 공간 기능이 강화된다.'[51] 라고 언급하면서, 사적 공간구성의 변화가 사회, 경제적 외적 변수로부터 기인한 것임을 강조하고 있다.

근대 건축은 군집의 구성을 보이는 전통적인 동북아 건축과 비교하여 보았을 때 좀 더 독립적인 건축물, 다시 말해 독립된 개체로서 드러난다. 전통적인 동북아 건축이 '건축가'라는 독립적인 개체가 드러나지 않는 가운데 구축되었고 시대가 변하여도 건축 군집 형태와 구성의 변화는 눈에 띄게 드러나지는 않았다. 이와는 달리, 근대 건축에서는 독립적인 건축가가 하나의 '주체'가 되어 자신의 강력한 자아가 투사된 '건축 작품'을 만들어 도시에서 존재감을 드러내게 하는 상황으로 변화된 것이 근대 건축의 중요한 특징이다. 전통사회의 도시들은 근대 도시보다 훨씬 더 관계적 질서와 통합의 질서가 지배해 왔다. '나무 건축은 구조적 짜여짐의 공통성이 강하므로 모든 건물이 형태적 공통성을 많이 보여주는 반면, 돌 건축은 돌을 다듬는 대로 그 결과로서 모양이 고정되므로 형태적 다양성이 더 강하고 따라서 개인적 표상의 정도가 나무 건축보다 강할 수밖에

51) 전봉희, 권용찬, 한옥과 한국 주택의 역사, 동녘, 2012, p141

없다.' 52) 이 의견과 같이 서양의 영향을 받은 근대건축은 개별적인 건축물의 표상의 특성이 강하게 드러났고 근대 건축가로서의 자의식이 건축물이라는 대상(물질)에 더 많이 투사되어 '자신'을 드러냈다.

그러나 근대 건축가라는 '주체'는 일본이 받아들인 근대성을 실현하며 드러나는 것이었으므로 전통과 근대성, 그리고 강점기의 상황의 삼중 갈등으로부터 야기되는 왜곡된 주체일 수밖에 없었다. 김봉렬은 '전통의 계승이란 전략은 근대 건축의 무비판적 수용에서 파생된 또 다른 얼굴에 불과하다. 따라서 그 표현의 방법론이란 형태적이고 지엽적인 차원에서 추구될 수밖에 없었다. 근대 건축을 정신적 차원에서 수용하지 못하고 기술과 형태로만 받아들였듯이 한국적 조형 역시 형태와 재료로만 구현할 수밖에 없었다. 역시 시작이 중요했었다.' 53) 라고 언급한 대로 전통 계승의 전략은 민족주의적 특성의 추구와는 다르지만, 다른 한편으로는 같은 얼굴이라고 할 수 있다. 근대성의 양면적 특성이 고스란이 드러날 수밖에 없었기 때문일 것이다.

정인하는 식민 시기 건축 분야에서 의미있는 성과를 거두지 못한 이유를 다음의 두 가지 원인으로 들고 있다. '첫 번째는 이 시기에 건축적 담론을 생성시킬 자국의 건축가가 존재하지 않았고, 건축가들의 조직과 직능 역시 제대로 성립되지 않았다. 이에 따라 식민 시기 한국건축은 기형적인 모습을 띠게 되었다. 당시 지어진 몇몇 주거 건물들을 제외하고는, 한국적 특성을 제대로 반영한 건물은 거의 없다. 건축을 교육할 수 있는 기관이 없었기 때문에, 한국적 취향이나 정서에 대해 논의조차 할 수 없었다.' 54) 이와 같이, 소수의 근대교육을 받은 한국 건축가들 역시 서구의 건축 문화와 기술에 압도되고 있었고 기술적 수준을 따라잡는 것이 최우선 과제였던 것이다.

52) 김성우, 건축에서의 근대적 오류와 전통적 대안, 한국인문사회과학회, 1997, 29~51
53) 김봉렬, 20세기 한국건축의 유산과 교훈, 건축사, 99년 1월호, p47
54) 정인하, 한국의 근현대건축, 열화당, 2023, p95

'두 번째 이유는 당시 대부분의 건축물들이 서구의 절충주의 양식으로 지어졌다는데 있다. 서구의 경우, 19세기 절충주의 건축은 근대 건축가들에 의해 집중적으로 공격받았지만, 1960년대 이후 포스트모던 건축의 등장으로 역사적 재평가 작업이 이루어지고 있다. 그 결과, 많은 건축 이론가들이 절충주의 건축이 가지는 근대적 측면들을 새롭게 조명하고 있다. 이와 달리 1960년대 이후 한국 건축가들이 건축의 역사에 관심을 갖기 시작했을 때 재조명된 건축은 일제 강점기 서양식 절충주의 건축이 아니라 오히려 근대 이전의 전통 건축이었다.'[55] 이처럼 주거 건축 분야는 공공건축 분야와는 달리, 서구의 근대적 시설이 바로 삽입될 수 없는 영역이었고, 기존의 한국적 공간구조 체계에서 근대성의 특성이 반영되고 도시적인 특성이 반영되며 절충적, 점진적인 발전의 양상을 보였다. 한국 주거는 도시화와 산업구조의 변화와 가족구성의 소규모화에 따라 변화에 적응하며 도시구조와 내밀한 공간구성에 있어서 점진적인 변화를 접목하면서 진화된 것이다.

0420 일제 강점기의 근대 주택의 등장 및 근대 주거지의 변화

주거 부문은 기존의 전통적인 동북아 사상과 생활방식이 적용되어 오랜 시간에 걸쳐 형성되어 온 만큼, 일제 강점기에 관공서와 사택, 병원, 학교 등 권력의지가 투사되어 구축되었던 서구식 근대 시설들과는 달리, 동북아 사상의 내재성의 기일원론의 특성이 적용된 건축유형이 유지되면서 근대성이 접목되며 점진적인 발전이 이루어진 유형이 될 수 있었다. 이제, 일제 강점기의 근대 한옥 주택의 특성에 대해서 살펴보기로 하자.

일제 강점기에는 앞서 살펴본 근대의 특성에 발맞추어 건축에 있어서도 군집보다는 개별 건축물의 개체성이 점차 중요하게 취급되었다. 이 시기에 한국에서는 근대적 의미의 건축가들이 등장하게 되었고, 그들의 최

55) 정인하, 앞의 책, 2023, p95

우선 과제는 '어떻게 하면 발달해 있는 서구의 과학기술과 건축문화와 근대성을 수용하여 이 땅에서 발 빠르고 충실하게 구현할 수 있는가' 에 집중되어 있었다. 도시형 한옥은 도시의 상황에 맞추어 한정된 필지에 개체성이 보장되는 형태와 구성으로 압축되었으며 그 안에서 가족의 공동체 의식을 만족시킬 수 있는 방식으로 진화했다. '도시형 한옥도 그 가운데 하나로, 중앙에 위치한 외부 마당은 다양한 실들의 기능을 배분하면서 좁은 내부 공간에서는 할 수 없는 다목적 기능을 수행했다. 그것은 근대화 과정에서 한국인들이 생각했던 비움과 채움의 관계를 가장 단순하게 실현했다.'[56] '마당' 이라는 '소우주' 를 품은 개별 한옥이 모여 대도시(대우주)를 이루는 바와 같이, 한옥은 도시의 한 '개체' 로서 존재해 왔다. 한옥은 시대적 변화에 따라 근대성을 접목하여 새롭게 진화를 거듭해 왔던 것이다.

—근대적 필지의 특성

일제 강점기에 대도시 내에 일부 대형 필지가 비교적 균등하게 분할되면서 규칙성이 생기게 되고, 유사한 한옥의 주거가 삽입되면서 위계가 없는 격자 체계가 형성되었다. 1936년의 '경성 시가지계획령' 에 따라 필지 분할은 기하학적 방법이 도입되어 전통적인 입지화와는 전혀 다른 방식으로 계획되고 현실화 되었다. 격자형의 도로체계와 균일한 사각형의 필지는 근대적 계획방식의 전형을 이루고 있다. 대형 필지는 다시 소형 필지로 분할되어 도시형 한옥이 지어졌다.

56) 정인하, 한국의 근현대건축, 열화당, 2023, p17

—도시형 한옥, 연립 한옥

26

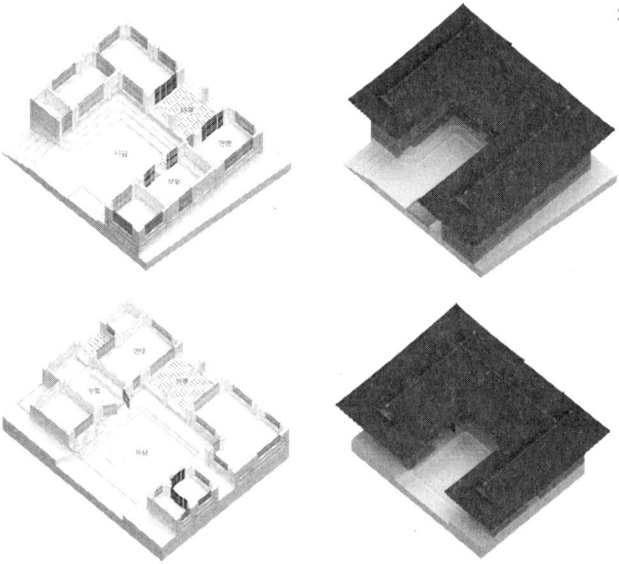

한국 건축 공간은 그 공간의 주인인 인간이 그가 믿는 세계관 속에 그의 존재를 확인하고 실천하는 곳이었다. 하나의 소우주로 생각하는 '마당'을 품은 한국의 주거유형은 '소우주'에서 서로 소통하고 작업하는 작은 생태계를 상징한다. 한옥은 농업 중심의 생산구조와 대가족 구조에 적합한 가옥구조였지만, 점차 근대화가 진행되면서 도시화가 진행되고 개인화, 핵가족화가 발전하면서 변화가 불가피해졌고 그에 따라 근대성이 접목되며 진화되었다.

도시형 한옥의 공간구조와 면적의 변화는 이러한 추세를 능동적으로 따르며 진화한 것이었다. '도시형 한옥의 공급업자들은 상품적 가치를

26 도시 한옥의 기본유형

27

높이기 위해 간(間)의 수를 조절했다. 좁은 대지면적에도 불구하고 실제 간(間) 수의 감소를 최소화하여 도시한옥의 경제적 가치를 최대화했다. 또한 공장에서 생산된 규격화된 목재를 사용하여 건축비를 절감하여 상품적인 성격을 나타냈으며, 목재 생산규격이 평면의 모듈로 사용되기도 했다.' 57) 전통 한옥이 근대화의 시기를 거치면서 근대 계획도시의 필지 상황에 맞추어 정형화되고 부재와 구축에 있어서도 규격화, 분업화, 공장제 생산 등의 방법을 적용하여 근대식 생산구조에 적합하게 진화하게 된 것이다. 그것은 핵가족화와 개인주의라는 근대 사회의 요구에 대응한 주거의 진화된 양상이었다.

28

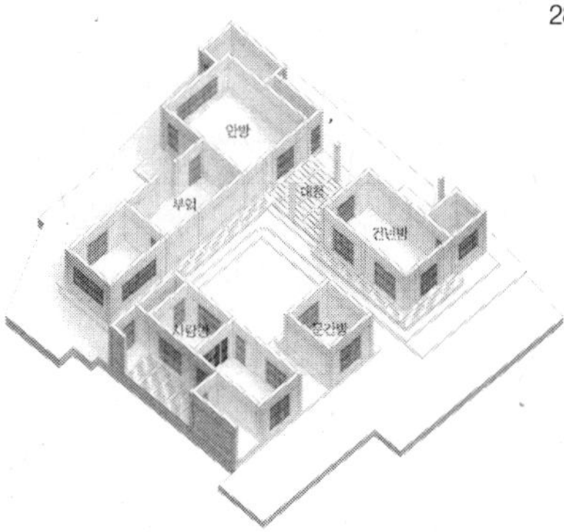

일제 강점기인 1930년대에는 서울, 전주 등 전국 주요 도시에서는 전통 한옥과 근대성이 결합되어 새로운 도시형 한옥의 유형이 생성되었다. 봉건 시대의 양반집의 한옥의 구성은 경사진 구릉 지형에 순응하지만, 동시에 상징성이 강하고 위계를 철저하게 반영

57) 한국건축역사학회, 한국 건축사연구1_분야와 시대, 발언, 2003, p226
27 북촌 한옥의 전경
28 북촌 튼 ㅁ자형 도시한옥

한 공간구조였는데, 이러한 양상이 급격하게 변화되기 시작했다. 도심이 발전하고 확장됨에 따라, 도시의 도로와 필지가 구획되고 그리드 체계에 맞추어 30여평의 필지에 대략 16평을 건축하면서 유사한 공간구조의 한옥이 집합적으로 개발되는 도시형 한옥이 등장했다. 그 평면들은 당시 시민들의 니즈에 따라 ㄱ자, ㄷ자, 튼 ㅁ자로 각 채가 계획되어 시공되었다. 마당에 면한 대청은 겨울의 추위를 극복하기 위해 유리창 미서기 문이 부착되었다. 연립 한옥 및 2층 한옥도 나타났는데, 1층에는 상가가 위치하며 가로에 연속되는 형태였고, 지붕은 경우에 따라서는 서양식과 중국식이 절충되기도 했다. 이 시기에는 전국적으로 대도시에는 한옥촌이 건설되었는데, 지역적 특색과 유형에 따라서 평면이 조금씩 다른 면모를 보이고 있었다. 당시에는 신분제가 무너지면서 신흥 지주와 자본가들에 의해 도시는 물론 농촌주택에서도 다양한 평면들과 경관이 등장하고 있었다. 그들은 과거 양반들의 체면과 위계에서 벗어나 자유롭고 실용적인 평면과 가옥구조를 원했다. 전통적인 양반 주택에는 거의 나타나지 않는 工자형 평면이 등장하기도 하고 안주인이 사용하는 부엌이 세심하게 배려되어 중요하게 계획되기 시작한 것도 이 즈음에 이르러서이다.

한편, 건양사의 대표인 정세권은 도시형 한옥 단지 개발의 대표적인 인물로, 가회동 31번지와 33번지 일대의 한옥촌을 건설했다. 그는 주택개량에 관심이 많았으며 품질 역시 솔선수범하여 철저하게 관리했다. 도시형 한옥 주택의 집합적 건축은 전통 건축의 장인들과 근대 건축가 및 기획가들의 합작품이자 시대적인 절충적 방식으로 드러난 것으로 볼 수 있다. 당시 한옥은 근대성에 어울리는 새로운 라이프스타일을 근대적 기술방식과 재료 및 디테일에 적합한 방식으로 구축하며 기능을 수용해야 했다. 인구급증과 도시화가 급속도로 진행되면서 협소해진 필지에 집중된 인구를 수용하면서 동시에 필요한 공간도 담아내야 했다. 이러한 시도는 아무래도 외세와의 접촉과 경제적 여건이 좋았던 서울의 상류층의 한옥에서 선제적으로 시행되었다. 시대적인 상황과 니즈로 인해 공간을 변형시키거나 칸을 변형시키거나 새로운 근대적 재료와 디테일을 적용하는 사례들이 발생하게 된 것이다.

29

도시형 한옥에는 함석, 동판과 같은 근대적인 성격의 철물과 유리, 벽돌 등이 주체적으로 해석하여 적용되었는데, 창호지의 대용으로 외부의 시선을 확인하면서 효과적으로 열을 차단시킬 수 있는 유리문이 설치되었고, 이로 인해 실내와 실외가 구분되고 내외부가 상호 침투되던 특성이 내부화되는 경향을 보였다. 유리문을 통해 툇마루 역시 내부화되는 동선의 공간으로 변모하게 되는 효과를 가지게 되었다. 오히려 대청마루보다 툇마루에 유리문이 설치되면서 이 공간이 내외부의 완충공간으로서 역할이 바뀌게 된 점도 이 시기에 중요하게 변화된 특성이다. 또 처마를 따라 함석 물통과 하수구 연결부를 만들거나 빗물의 취약 부분의 디테일에 있어서 근대적 재료를 이용하여 내구성과 기능을 강화시키는 부분들이 나타나기 시작했다.

전남일은 근대에 들어서 한옥의 유형 변화를 다음의 두 가지 경향으로 구분하고 있다. '우선, 전통적 칸살잡기의 형식을 유지하되 공간이 선적으로 나열되고 확장되는 유형으로, 주로 홑집을 유지하고 마당을 둘러싸면서 건물이 여러 채 배치되는 유형이다. 두 번째는 각각의 기능에 맞추어 실의 규모가 다양하게 계획됨으로써 전통적인 칸의 개념을 적용한 질서에서 탈피해 불규칙하고 자유분방한 평면구성이다. 이러한 평면은 주로 규모가 거대해진 겹집 형태를 띤다.'[58] 두 형태 모두 근대화의 특성을 통해 단란한 소규모의 가족과 프라이버시를 강조하는 근대적 주거의

29 정세권의 초상

58) 전남일, 한국 주거의 공간사, 돌베개, 2013, p69

특성이 적용된 절충적 결과로 나타나는 경향을 보이는 것이다.

한국전쟁 이후, 재건 기간에는 간이한옥이 등장하며 한옥 주거의 변화를 주도했다. 간이한옥은 1930년대 도시 한옥과 유사한 공간구조를 가지고 있었으나, 한국전쟁 이후 물자의 부족과 함께 근대화된 재료와 구조, 상대적으로 값싼 재료들을 중심으로 하여 한옥의 공간구조를 적용하여 주택을 저렴하게 구축하며 나온 것이었다. 목재가 상대적으로 부실하고 부족한 상황이었기 때문에 지붕의 목가구 측면에서 간단한 박공 구조로 지을 수 있도록 했고, 벽돌이나 블록을 사용하여 구축하는 등, 한옥의 구축방식과 시공이 용이한 서양식 구법이 절충되어 구축되었다. 1960년대 이후에는 전통적인 한옥과 한옥식의 평면이 주택시장에서 점차 사라지게 되었지만, 아직도 남아있는 문화재급의 한옥이 사용되고 있고, 신한옥의 전통 한옥 시장이 형성되면서 호텔, 상업시설 등에 이르기까지 다양하게 실험적인 작업들이 등장하고 있다.

1960년대 이후, 절대 우세종이 된 아파트 문화가 생성되었는데, 온돌과 함께 내부화된 마루(거실)의 공간화와 구성은 한국의 아파트 문화의 독특한 특징이 되고 있다. 아파트 실내 공간의 완전 평탄화 과정에서 변화도 나타났다. 전체공간의 온돌화를 구성하는 과정에서 온돌이 구성되는 방과 원래 난방이 되지 않았던 마루까지도 온돌화가 이루어졌다. 이전에 볼 수 없었던 새로운 화학적 결합의 변종이 발생한 것이다. 전봉희는 다음과 같이 전통적 구성과 근대화의 결합 양상으로 한국적 아파트의 구성을 분석하고 있다. '전통 한옥에서 우리가 보았던 공간 요소의 결합이 각각의 공간 형식을 최대한 유지한 채 부분적인 조정을 거쳐 서로 다른 공간 형식을 연접한 것이라면, 현대 아파트에서 보는 공간 요소 간의 연결은 더욱 완전한 공간 결합을 위하여 공간 형식의 주요한 구성요소인 바닥형식을 일체화하는 대폭의 변화를 동반하였다. 전자가 물리적 결합이었다면 후자는 화학적 결합이라고 평가할 수 있다.' [59] 한국 아파트의 평면은 한옥의 내부화된 평면이 물리적 단점을 극복하고 근대화의 형식에 맞추어진 형국으로 진화한 것이다.

근대성이 물밀듯이 들어오던 일제 강점기 시기에는 일제의 강압적 통치를 원활하게 수행하기 위한 시설들 위주로 근대성이 적용된 건축이 강제 이식되었다. 이들 시설에는 한국인이 '주체적'으로 근대성을 해석하여 창조적으로 적용할 여지가 없었다. 일제의 통치 의도에 적합한 시설이거나, 상징적인 시설 등, 앞선 기술력을 보여줄 필요가 있는 시설 위주로 근대 건축물을 이식하는 상황이었다. 그러나, 일반 시민들이 오랜 시간에 걸쳐서 지식을 축적하고 풍토에 적응해 왔던 건축 유형과 실생활에 영향을 주는 주거 부문은 일제 통치자들이 쉽게 통제하기 힘든 영역이었다. 따라서 일부 근대 건축가들은 기존 주거유형에 근대성을 가미하여 새로운 주거 유형들을 창조하기 위해 실험을 지속했다. 이들은 '근대성'을 기존 전통 유형과 결합시켜 절충적, 혹은 창조적인 솔루션을 만들고자 노력했고, 일정 부분 성과를 만들어 냈다. 그러한 방식과 자세는 오늘날에도 주요하게 생각해 보아야 할 점이 있다. 기일원론의 특성이 근대성에 의해 단절되어 사라진 부분들에 대해 다시 생각하여 오늘날에 적용할 수 있는 부분을 고려해 볼 여지가 남아있기 때문이다.

0421 일제 강점기 의양풍, 절충식 건축의 변용과 근대성 적용

—특이성의 사례

1920년대에 건축된 것으로 추정되는 가회동 한씨 가옥(옛 산업은행 관리가)은 서구식 근대 주택과 마찬가지로 모든 채가 일체화되면서도 동시에

59) 전봉희, 권용찬, 한옥과 한국 주택의 역사, 동녘, 2012, p199

30

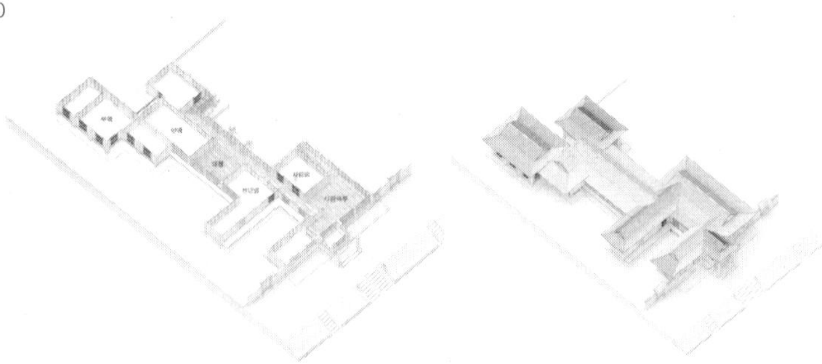

한옥의 공간구성과 기능이 녹아 들어가 있다는 점에서 특이하다. 특히 안채의 건넌방과 사랑방이 연결된 복도는 서양 및 일본 근대 주택의 특성인 속복도와 개인공간의 프라이버시 확보에 있어서 근대성이 충분히 반영되어 있는 서구식 주택의 평면을 떠올리게 만든다. 사랑채 전면에는 현관이 존재하여 내외부 공간이 분리되어 있으며 대청마루 및 툇마루 역시 유리 분합문이 설치되어 외부와 분리되는 모습을 보이고 있다.

31

대청마루에서 내외부의 통풍과 채광, 환기가 원활하게 이루어지면서 내외부의 관통과 모호한 경계가 주요한 특징이 있다. 그러나 이 집은 한옥의 각 프로그램들이 복합적으로 사용되는 특성이 매끈하게 개별 공간화되면서 분리되었다. 부엌에서 안방과 건넌방으로 손쉽게 이동할 수 있도록 연결하는 평면구성은 근대적 평면을 예감하게 한다. 가사노동의 동선을 줄일 수 있는 것과 함께 개별가족 중심으로 평면이 짜여있음을 확인할 수 있으며, 새로운 근대적 라이프스타일에 맞추어 가족구성도 좀 더 소규모화되는 평면에 맞추어 있음을 엿

30 가회동 한씨 가옥
31 가회동 한씨 가옥

볼 수 있다. 이 집은 한옥의 형식을 갖추면서도 동시에 근대적 특성인 사적 공간화, 내부화, 일체화, 소규모 가족 중심의 평면 등, 근대적 필요와 특성이 반영된 특이한 한옥의 사례이다. 한씨 가옥은 한옥의 가구식 구축 기술과 재료를 사용하면서도 근대적 건축 기술을 바탕으로 기존 한옥 평면의 불합리한 점을 극복하고자 하는 특성들이 보이고 있는 것이다. 이러한 방식으로부터 현대 주거 건축을 다시 생각해 보는 것도 의미가 있을 것이다.

안채와 사랑채가 내부에서 하나로 일체화되는 양상은 대가족 중심의 평면 구조에서 좀 더 소규모 가족을 기준으로 합리적 평면이 짜여지는 시대적 상황을 대변한다. 각 공간이 구획되는 가운데 안채가 위요되면서 안마당 및 쌈지 마당이 생성된다. 이 과정에서 이 한옥은 근대 도시의 특성에 대응하며 전통 한옥의 칸들의 접합 가운데 만들어지는 외부 공간들의 장점들을 누릴 수 있도록 계획되어 있다.

또 계동의 민형기 가옥은 안채와 사랑채가 내부에서 하나의 공간으로 거의 일체화된 평면을 보이고 있다. 안채와 사랑채가 하나의 건물 안에 포함되면서 일체화되는 경향은 근대화되면서 점차 소가족 중심의 평면이 정착해 나가는 시대적 경향을 잘 보여주고 있다. 근대에 들어서면서 지방의 부농의 주거에서도 여성의 사회적 지위가 향상되면서 여성의 목소리가 주거에 세심하게 반영되는 모습을 보여준다. 농업 자체도 하나의 사업으로 상업화되는 근대화의 과정에서, 안주인의 위상이 단순히 전통적인 부녀자의 역할이 아니라, 농업 사업의 조력자의 역할로 격상되었고, 생산의 주요 역할자로 부상하게 되었기 때문이다. 그에 따라 부농의 주거에서 안방이 커지게 되었고 부부와 가족이 함께 식사를 하게 되었다. 안방은 가족공동체의 중요한 공간이 되었다. 또 가사노동이 좀 더 합리적이고 용이하도록 계획되었고, 안주인의 가사노동 공간이 합리적으로 단축된 동선으로 시공되는 경향을 보이고 있다. 부엌의 바닥높이가 지면과 같은 레벨로 구성된다던가 전퇴, 후퇴가 발달되어 작업공간이 좀 더 효율적으로 변화되는 방법들도 사용되며 여성의 인권이 신장되는 평면과 공간구성을 보이고 있다. 이 모든 변화는 근대화와 상업화, 산업화의 변화에 따른 소규모 가족화가 이루어지게 되면서 한옥 역시 그러한 변화에 발맞추어 근대성을 접목하여 공간구조 및 경관이 점진적으로 진화하고 있음을 보여주는 것이다.

–박길룡이 설계한 주거 건축의 변화과정

한국 근대건축에 있어서 가장 능력있고 유명했던 건축가 박길룡은 일제강점기에 '근대적 건축가'로서 자신의 직분을 잘 수행했던 인물이었다. 그는 여러 고급 주택들에 전통성과 근대성의 사이에서 갈등이 빚어지는 상황을 한국적 차원에서 공간과 디테일을 잘 적용하여 주체적으로 수용하고, 당시 주택문화를 선도하는 건축계획을 제시했다.

전남일은 박길룡의 개량 주택안을 1920년대부터 1930년대 후반까지 다음과 같이 세 단계로 구분하고 있다. '서양식 평면을 도입하는 단계, 일본식 주택의 평면형을 적극적으로 수용하는 단계, 서양식과 일본식을 조선식과 절충하는 단계로 순차적으로 변화한다.'[60] 박길룡은 서양식 평면을 도입하여 초기 주택작업을 시작했고, 한옥의 동선의 문제를 제기하면서 현관이 필요하다고 생각하여 C군 주택의 계획안을 제시했다. 이 계획안에는 대청이 없이 작은 마루와 함께 집중형의 집약적 동선으로 구성된 평면을 제시하고 있으며 집중식의 겹집 마루형 구성을 보인다. 이후 1930년대에는 한옥의 '주체적인 수용'을 추구했다.

60) 전남일, 한국 주거의 공간사, 돌베개, 2013, p144

32

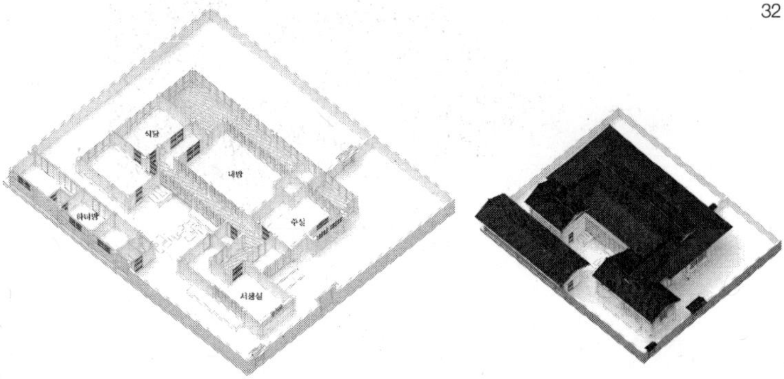

1937년 개선주택 1안은 집중형의 평면을 보이면서도 외관은 초기와는 달리 전통 한옥에서의 팔작지붕을 채택했다. 주목할 만한 점은 서양식의 겹집구조와 속복도를 적용한 것이 아니라 편복도를 사용하여 전통 한옥의 홑집 구조와 유사하면서도 동선을 개량한 절충식의 주체적 해석이 들어가 있다는 점이다.

'주택 1안에 대해 박길룡은 '이 시안은 양풍 구조로 하여 각 실의 배치라든지 온실의 창호 기타 장식에 조선식을 가미한 요사이 유행하는 문화식 주거의 일안이다.' 라고 말했다. 그는 이렇게 근대 주거문화의 이식 초기 단계에서 외래 주거 양식과 조선식의 절충 문제를 진지하게 고민했고, 결국 절충식이 최적의 대안임을 확인하게 된다.' [61]라고 언급하고 있다.

1930년대에 당대 최고의 건축가였던 박길룡이 설계한 것으로 알려진 서울 종로구 경운동의 민병옥 가옥을 살펴보자. '안방과 대청, 응접실, 마루 등의 주 공간을 남향으로 하고 현관, 부엌, 욕실 및 변소와 같은 지원 공간을 북쪽에 두었으며, 응접실을 동쪽의 가로에 두고 안방과 부엌 등의 가족 공간을 서쪽의 안쪽에 두어 구분하였다. 그리고 각 방은 복도를 통

32 개선주택 1안

61) 전남일, 같은 책, 2013, p148

33

해 모두 연결되는데, 이러한 평면구성은 기능주의적 구획을 고려한 근대적 계획기법을 활용한 것이다.'[62] 이 계획은 각 방의 기능을 고려하여 조닝과 각 프로그램의 연결을 효율적으로 만들면서 한옥에서는 보기 드물게 H형 평면을 보이고 있다. 이 가옥 역시 한 가족이 사용하면서 근대화된 소가족의 평면으로 계획된 사례로 볼 수 있다.

박길룡이 설계하여 1929년 지어진 성북동의 김연수 주택은 한국 건축가가 설계한 최초의 서양식 주택이라고 알려져 있지만, 평면구성은 한옥의 공간구조를 주체적으로 해석하여 적용한 사례로서 중요하다. 한일 절충식이라고 평가되기도 하지만 일본 주거의 근대성이 접목되었으므로 일본이 해석한 서양식과 한국식의 절충구조라고 할 만하다. '우선 안채와 사랑채를 분리하듯이 접객공간과 가족 공간이 구분되어 있으면서 현관 또한 손님용 주 현관과 가족용 내 현관이 따로 마련되어 있다. 평면은 두 가지 대비되는 집중식 평면과 중정식 평면이 결합된 형태이다. 이 때 집중식인 접객 공간은 속복도 형식을 취한다. 주 현관을 들어가면 각 실은 복도로 연결되는데, 복도를 중심으로 서생실, 그리고 식당과 객실이 마주보며 배치되어 있다. 복도 끝에는 중문이 있어 응접실이 있는 접객 공간과 내방과 노인실로 구성된 ㄷ자형의 가족 공간으로 통한다. ㄷ자형 중정형 부분은 후면의 편복도로 동선이 연결되는 홑집형의 형태를 볼 수 있다.'[63]

62) 전봉희, 권용찬, 한옥과 한국 주택의 역사, 동녘, 2012, p155
63) 전남일, 한국 주거의 공간사, 돌베개, 2013, p151
33 종로구 민병옥 가옥

김연수 주택은 앞서 살펴본 근대성의 특징인 분업화에 의한 소가족화와 개인화의 근대적 특성이 적용된 주택으로, 근대 시기의 독립적이고 사적 생활을 보장할 수 있는 방향으로 도시 주거에 적용된 절충적 사례로서 등장했다. 내재성의 특성과 기의 흐름을 적용하며 동북아적 가치에 맞는 삶을 담았던 전통적인 주거유형이 근대성이 도입되면서 드라마틱하게 변화되기 시작한 것이다.

34

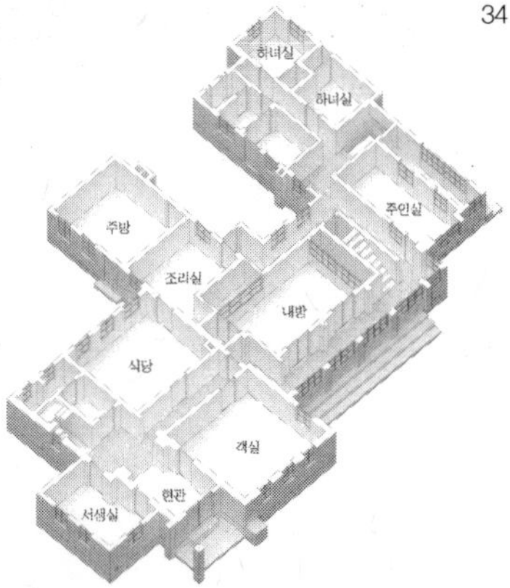

—건축가이자 정치가, 언론인 김종량의 대표작 삼청동의 하이브리드 주택

근대적인 도시형 주택건축과 한옥을 연결하며 일종의 변종의 도시형 주택을 실험한 근대 건축가로 김종량이 있다. 김종량은 혜화동을 비롯해 중학동, 삼청동, 계동, 돈암동에 많은 주택을 건축했다. 그는 전북출생으로, 1928년 동경 고등공업학교를 졸업한 유학파이며, 귀국 후 건재상을 열고 몇 차례 설계를 진행했으나 주로 주택사업을 진행했다. 그는 당시 박길룡, 김윤기 등과 교류하며 주택 개량사업에 참여하기도 했다.

김종량 만의 독특한 한일 절충 또는 한양 절충식 H자형 주택은 삼청동에서 구현되었다. 그의 주택건축은 '길가에 면한 부분에는 서양식으로 보이는 2층의 오카베 주택을 배치하고 안쪽에 1층의 한옥을 배치했다는 공통점이 있다. 실의 구성이나 외부공간을 분리하는 등 혜화동 주택의 H자형 주택과 유사한 점도 많지만, 길가에 면한 날개채 하나를 오카베 주택으로 변화시켰다는 점에서 큰 차이를 보인다. 삼청동에 주택을 건설할

34 성북동 김연수 주택

당시 중학동에서 건재상을 운영하던 시기였기 때문에 ㅣ자형 오카베 건물과 ㅓ자형 한옥 건물은 규격화된 부재로 지을 수 있었다. 주어진 필지의 규모와 상황에 따라 대청을 적절히 조정해 가며 맞춰지었다.' 64) 라는 의견처럼, H자형 주택은 도시화와 필지의 부족 부분을 고려하여 기존의 한옥 기능과 공간구조를 합리적으로 해결하는 절충적 방안으로 사용되었다. 비교적 공간의 여유가 있는 교외의 한옥 주택이 여러 각 채의 군집을 통해 만들어 내는 사이 공간들이 다채로운 쓰임새를 보이는 것과는 달리, 도시형 한옥에서는 필지의 한계로 인해 이와 같은 공간을 구현하기가 여의치 않은 상황이었다. 좁은 필지에서도 각 영역과 외부공간의 접면과 마당, 정원 등의 요소들을 즐길 수 있게 하기 위해, 이 한옥은 각 영역을 구분할 수 있는 요철의 매스가 적용되며 진화했다. H자형 주택은 기능적으로도 주출입이 이루어지는 마당과 부엌의 외부공간의 영역을 나눌 수 있는 장점이 있었다. 또 사랑채를 붙이면서 별채의 영역을 형성하는 부분에도 유리했다. 좁은 필지에 사랑채 영역, 안채 영역을 구분하여 만들기에 적합했던 것이다.

'경기도 지방의 웃방 꺾음집, 즉, ㄱ자형이 변형된 안채에 ㅣ자형의

35

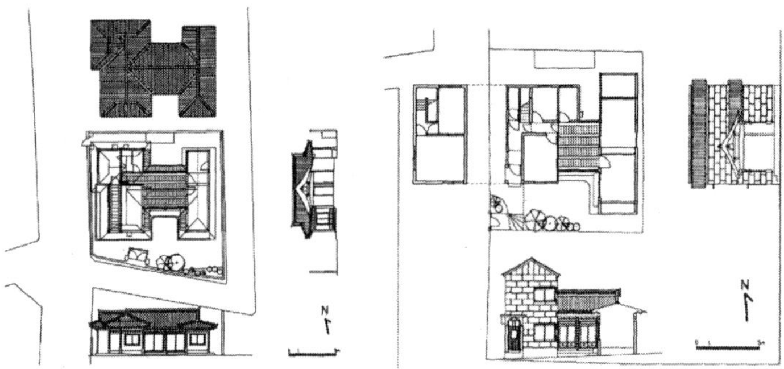

64) 이경아, 경성의 주택지, 도서출판 집, 2019, p121

35 김종량 삼청동 H형 주택과 한일 절충식 주택(백선영, 전봉희 논문 도면 인용)

사랑채를 붙여 작은 필지에서도 사랑채와 안채 공간을 손쉽게 나눌 수 있을 뿐만 아니라 안방, 사랑방, 대청 등 주요 공간을 남쪽에 두고 부엌, 화장실 등 부속 공간을 북쪽으로 빼서 공간의 성격을 나눌 수 있다는 이점도 있다. 단점은 지붕의 꺾임부가 많이 생겨서 공사가 다소 어려울 뿐만 아니라 회첨이 많이 생겨 빗물 등에 취약할 수 있다는 것, 일정 규모 이상의 토지가 있을 때만 가능한 평면배치라는 점이다.' 66) 이러한 평가처럼, 자연스럽게 장단점이 존재했지만, H자형의 변종 한옥은 근대화에 적응하여 근대적 속성과 한옥의 특성이 묘하게 절충되며 진화한 사례가 되었다.

김종량이 실험한 또 하나의 특이한 변종의 사례로 오카베 한옥 주택이 있다. 주요 대로에 면한 부분에는 오카베라고 하는 목조 구조에 외부가 석재로 보이도록 치장한 주택을 배치하고 안쪽으로는 한옥이 연결되는 구조의 주택을 선보인 것이다. 오카베 건축이 먼저 시각적으로 드러나고, 이후 안쪽으로 한옥이 숨어 있는 형국이다. 이러한 기묘한 방식의 건축을 선보인 것은 주택의 상품성을 높이고자 한 것으로 풀이된다. '오카베 건물은 일본에서 목재를 수입해 지었으며 조선인 목수보다 1.4배에서 1.6배 정도 높은 노임을 받는 일본인 목수가 시공했기 때문에 분명 주변 한옥에 비해 높은 가격으로 지어졌을 것이다. 목재로 짓되 목재를 모르타르 등으로 감싸서 석재의 느낌을 냈고 창호와 현관 부분은 서양식 건물을 연상시켜 사람들의 이목을 끌고자 했다. 내부에는 다다미방을 들였으며 문을 열고 안쪽으로 진입하면 한옥을 만나게 되는 구조이다.' 67) 이처럼, 구조는 목조이면서 외부에서 보았을 때 석재 벽처럼 꾸미는 방식은 서구의 건축방식이 우수한 건축문화로 보는 당시의 시선에 부응하는 것이었다. 부정적인 측면도 있지만, 이 사례 역시 점차 도시화에 적응하는 가운데 나타난 변종, 혹은 전이적인 방식의 특성을 보이는 사례로 중요하다.

66) 이경아, 경성의 주택지, 도서출판 집, 2019, p120
67) 이경아, 앞의 책, 도서출판 집, 2019, p122

특히, 이 주택은 우리나라 전통 주거의 문제로 지적되었던 부족한 채광, 환기와 효율적이지 못한 동선, 비실용적인 마당의 문제를 좁은 대지에서 해결하고자 시도한 결과로 나온 사례로 평가되고 있다. 상품성을 위해 도로에 면한 채들을 복층화하고 대량생산 복제함으로써 건축비를 줄였던 것으로 보인다.[68] 이것은 근대성의 도입과 상품화라는 자본화에 대응하는 건축이 출현한 것으로 해석할 수 있다.

일제 강점기에 서양의 문물과 과학기술, 근대적인 특성들이 물밀듯이 유입되는 상황에서 근대적 의미의 '건축가' 들이 등장하게 되었다. 서양의 근대적 행정과 기술, 의료, 교육을 시행하던 주요 관공서와 병원, 학교 등의 건축물은 주로 서양식 구법으로 이식되듯이 구축되면서 개체성과 상징성을 드러냈다. 이 시설들은 일제의 조선총독부 중심의 근대적 통치와 통제가 원활하게 이루어질 수 있도록 하는 '국가 시스템' 의 역할을 하는 관 주도의 시설들이었다. 이들 시설들은 근대성의 상징적인 시설로서, 거의 직접적으로 서양의 건축 기술과 양식이 직도입되어 이식되었다. 그러나 기존의 삶의 방식과 뗄 수 없는 주거 부문에서는 민간 차원에서 기존 전통 공간구조와 근대식 특성이 접목되면서 과도기적, 변종적인 특성과 실험이 이루어졌다. 이러한 사례들은 서양의 근대적 특성과 동북아의 가치가 충돌하고, 접목되고, 변종화 되는 아주 중요한 사례들이다. 이러한 변종의 특성들은 봉건적 사회구조와 가치에서 점차 근대화되는 시공간의 특성들이 접목되면서 동북아 건축의 가치를 중심으로 근대성을 접목하고 재해석하여 변화시키는 사례로서 그 중요성이 있다고 하겠다.

68) 백선영, 전봉희, 앞의 논문, 2004년 10월, p772

일제 강점기 근대 건축가들의 노력과 한계

0422 일제 강점기 근대 건축가의 등장

–경성고등공업학교의 근대적 건축 교육의 발전과 한계

일본은 제국주의 시기에 강제로 조선을 합병하여 식민 통치를 실시했다. 일본은 동북아 국가 중에 서양의 문물을 가장 적극적으로 받아들였다. 그들은 메이지 유신을 통해 입헌군주제를 확립하고 중세적 특성이 접목된 기묘한 형태로 근대화에 박차를 가하고 있었다. 그들은 자신이 당한 서양 제국의 침탈과 동등한 방식으로 대동아 공영사상을 앞세워 동양의 여러 나라들을 침략하며 제국을 건설하고자 했다. 당시 한국인들은 전근대적인 조선의 성리학적 유교문화의 가치와 엄청난 격차의 물질적, 과학적 기술력을 바탕으로 침탈당하는 현실 사이에서 절망하고 고뇌하며 폭력적인 상황에 대응할 수밖에 없었다. 일제 강점기 식민 통치하의 한국인들은 외세의 침탈과 일본의 강제 통치와 밀려오는 근대화의 어수선하고 폭력적인 압제로부터 고통받을 수밖에 없었다. 이러한 상황에서 근대화에 발 빠르게 적응하여 기술과 건축구법 및 문화를 적극적으로 받아들이고 그것을 예술로 승화시킨 일제 강점기의 근대 건축가들이 등장했다.

한국 근대건축가로 다수를 차지하는 사례는 경성고등공업학교를 졸업한 이후, 조선총독부 산하 건축 관련 기관에서 근무하면서 건축가로 성장한 경우이다. 한국 근대건축가들 중에는 일제 강점기에 필요한 시설의 설계, 감리 및 시공 등의 건축 업무를 수행하는 건축가들의 사례가 있었으며, 이들 중 일부는 해방 후 정부의 건축 및 국토부 행정가로 역할을 한 인물도 있었다. 또 선교사의 사역을 따라 기독교 계통의 선교 일환의 건축물을 수행하고 민족주의적인 관점으로 업무를 수행한 인물도 있었다. 한편, 일본, 및 미국으로 유학 후 귀국하여 건축 업무를 수행한 인물도 있었고, 새로운 세계에서 기회를 잡기 위해 일본에서 건너와 승승장구한 일본인 건축인들도 있었다. 해방 이후, 이념의 차이에 따라 북으로 넘어가는 선택을 한 건축가들도 있었다. 앞서 1세대 한국 근대철학자들의 운명이 다양한 갈래로 다양한 결과를 맞았듯이, 20세기 인류의 문제들, 제국주의와 이데올로기적인 투쟁의 문제들이 점철된 어지러웠던 한국적 상황에서 대표적인 건축가들의 운명 역시 다양한 행보를 보였다.

경성고등공업학교는 일제 강점기의 상황에서 능력 있는 한국인이 선택할 수 있는 거의 유일한 기술직으로의 관문이었으며, 해방 후 한국 건축계에서 주도적인 역할을 하게 된 학맥과 카르텔을 형성하게 되었다는 점에서 중요하다. 그 이유는 '경성고등공업학교'는 관립이고 주요 고등공업 교육기관이었기 때문이다. 특히, 경성 고등공업학교는 근대 건축 교육을 받은 건축실무자들이 배출될 수 있는 극소수의 통로였고, 졸업생들의 숫자도 수요에 비해 매우 적었다. 당시 관립 교육기관의 대다수가 일본 학생들이었고, 한국 학생들이 소수로 입학하고 배출되었기 때문이다. 커리큘럼 자체는 '기술'' 부문이 주요한 교육 교과목이었다. 일본의 유사한 교육기관의 커리큘럼에서 일본 및 조선의 동양 건축사를 강의할 때 학생들로부터 최신 기술이 아닌 옛 것을 배우는 것에 불만이 폭증하여 한때 '소요'가 있었다는 점에서 당시의 기술 중심의 사회적 니즈와 학생들의 관심사를 엿볼 수 있다.[69] 당시에는 발전하는 근대성과 근대건축 기술을 신봉하며 빠르게 습득하여 실현하고자 하는 사회적 분위기와 니즈가 강력했으며, 문화적, 인문적 소양은 상대적으로 등한시 되었다.[70]

69) 윤인석, 한국의 건축가 탄생배경, 건축사, 1996년 6월호, p85
70) 안창모, 일제하 경성고등공업학교와 건축교육, 대한건축학회논문집, 14권 6호, 1998년 6월, p46

경성고등공업학교 건축과와 토목과 학생들은 졸업 후 대부분 총독부 산하 설계조직에 취업이 가능했다. 내선일체를 강조하면서도 각종 인사와 승진에 있어서 차별이 일반적이었고, 일본인 월급이 조선인보다 50% 높았다. 또 돈이 되는 시공 분야는 일본 건설업자가 독점하고 있었다. 따라서 졸업한 한국인은 관청의 건축직으로 가는 것이 생계를 꾸릴 수 있는 거의 유일한 방법이었다. 당시 고등공업학교에 진학한다는 것은 졸업 후 총독부 건축과나 산하기관(철도국 공무과 등)에 근무하는 것을 의미했기 때문에 일제에 부역한다는 부정적인 인식도 있었지만, 그와 함께 근대 최고기술을 배우는 '신의 직장' 이라는 인식도 공존했다.

특히 철도국은 근대문명의 상징인 기차와 군사, 물품, 정보, 최신 건축기술 등이 필요한 영역으로, 오늘날 항공우주기술을 담당하는 기관들과 같이 당시 첨단의 기술들이 응집되어 사업을 진행하는 곳이었기에 당시 최고의 엘리트들이 영입되는 분야였다. 그러나 일제 강점기와는 달리 해방 이후, 당시 건축에 대한 사회적 인식은 매우 낮아서 건축가들은 그림을 그리는 환쟁이 취급을 당하는 경우가 많았다고 한다. 이들 근대 건축가들은 이에 따른 사회적 설움을 많이 받았다고 전해진다. 해방 후 경성고등공업학교 출신의 건축가들은 좌, 우 이념대립의 경우에도 서로를 감싸주고 동료 의식을 갖고 뭉치는 경향을 보이며 국가의 주요 건축물을 설계하는 카르텔을 형성했다. '카르텔' 이라고 하더라도, 그 수가 적기도 했고 당시 사회적 지위도 낮았기 때문에 가능한 일이었다. 당시 건축가들은 앞서 언급한 대로 '환쟁이' 취급을 받았기에 서로를 이해하고 협력하는 경향이 강했다. 어쨌든, 이들이 한국 건축계의 주류를 형성하는 가운데, 일본 대학교에서 교육을 받고 교수가 되어 건축가로 활동하는 소수의 인물과 미국 등지에서 교육을 받고 온 인물들 외에는 비주류가 될 수밖에 없는 구조였다. 박길룡과 함께 1호 졸업생이었던 이균상은 고등공업학교 교수가 되었고, 해방 이후, 서울대학교 교수가 되어 일제 시대 관립 고등 교육기관과 서울대학교가 연결되는 학맥을 형성하게 되었다.

―박길룡, 한국인 최고의 근대 건축가

36

일제 강점기 식민지 경성을 무대로 근대 건축을 창조했던 근대 건축가 중에 박길룡이 대표적인데, 그는 조선에서 조선인 최초로 서구식 근대 건축 교육을 받은 인물이었으며 학생 시절부터 일본인과의 경쟁 관계에서 두각을 나타냈다. 그래서 그는 '최초 혹은 최고'라는 수식어가 항상 함께 뒤따르게 되었다. 박길룡이라는 걸출한 근대 건축가가 탄생한 배경에는 근대적 '주체'의 설정과 함께 한국도 건축을 대상화하고 작품화하여 건축물을 건축가의 정체성과 동일시하는 건축의 '주체성'이 확립되기 시작했다는 것을 의미한다. 박길룡 이전의 시대에는 근대적 의미의 '건축가'가 존재하지 않았다. 기능적인 '대목' 장인과 주변에 조화를 이루는 건축군을 만들어 내는 건축 직능인만이 존재했을 뿐이었다. 박길룡을 시작으로, 근대적 의미의 한국 건축가와 근대적 의미의 한국 건축작품이 등장하기 시작한 것이다. 이른바 한국 '근대 건축가의 탄생'이다.

박길룡은 서울 종로 출생으로, 1919년 경성고등공업학교를 졸업하고 조선총독부에 취업하고 기수가 되어 조선총독부 신축공사 실무자로 참여했다. 1932년에는 조선인 최초로 건축 최고기술자인 '기사'에 오르게 되었다. 이후 그는 바로 사직하고 그해 사무실을 개소했다. 그는 1943년 뇌일혈로 급작스럽게 별세했다. 박길룡은 종로 출신 특유의 민족 정서를 지니면서 현실감각과 민족적 감정의 밸런스를 잘 유지했던 인물이다. 그는

36 그림 박길룡

훍수저 가정에서 장남으로 태어나 3.1운동 시기에는 조선총독부에 취직했다. 당시 박길룡은 결혼해서 가장의 역할을 하고 있었고, 밑에 네 명의 동생을 보살펴야 하는 어려운 상황에 있었다. 그럼에도 그는 활달하고 유머 감각과 의협심이 있었고 결단력이 강했으며, 보스 기질이 있었다고 전해진다. 1938년 그는 사단법인 '조선 건축회' 이사가 되었고 1941년 건축대서사 조합장을 맡기도 했다. 또 일본 건축가들이 만든 '조선 건축회' 의 한국인 최초 이사였다. 그러면서도 그의 사무소는 한국 건축인들에게 있어서 구심점이 되었다. 그는 총독부 근무 시절부터 퇴근 후 개인 작업을 수행했고, 한국인들과 공동으로 건축작업을 많이 수행했다. 박길룡은 일제와 협력하면서도 동시에 민족주의 성향의 인물들이 의뢰한 업무도 수행하면서 한국 건축가들의 구심점이 된 인물이다. 박길룡 건축사무소는 언제나 조선인 건축가들로 붐볐고 이들이 응집할 수 있는 아지트였다. 퇴근 후, 부업을 하며 건축에 대한 토론도 활발하게 벌였다. 그 결과, 근대건축에 대한 계몽을 위한 책과 건축신문도 펴냈다. 최초의 월간 건축신문인 '건축 조선' 을 창간하기도 했고 조선어 건축용어집을 발행하기 위해 원고를 집필하다가 뇌일혈로 급하게 유명을 달리 하면서 아깝게 완성을 보지는 못했다.71) 그는 '최초', '유일', '최고' 의 타이틀만 있는 것이 아니라 주변 건축가들이 추모하는 건축가로서 존경받았던 인물인 것이다. 의뢰인이 있어야 존재할 수 있는 건축 직능의 원죄적 특성상, 박길룡의 행적에 대한 평가는 엇갈릴 수 있을 것이다. 그러나 그의 조절 능력은 탁월한 것이었으며 일제시대라는 그야말로 어려운 시기에 다양한 세력의 니즈를 적절히 만족시키며 자신의 역량을 드러낼 수 있는 거의 유일한 인물이었다. 그는 시대적 감수성과 시대적 니즈 및 시대정신을 절묘하게 줄타기 하며 건축을 수행했고, 그 결과물을 만족시킬 수 있는 탁월한 능력의 건축가였다.

71) 윤인석, 한국의 건축가-박길룡, 건축사, 1996년 7월호, p73

흙수저 출신이었던 박길룡은 자신의 출세를 위해 적절하게 일본인과 경쟁 및 협력관계에 있었다. 그면서도 동시에 그는 민족 정서를 잊지 않고 한국인의 건축적 구심점이 되었다. 의뢰에 따라서는 사회주의 인사 및 민족주의 인사들과도 협력했다는 점에서 모순적이고 이중적인 근대건축가의 숙명을 상징하는 인물이다. 이렇게 개인의 생존을 위해 또 직능상 출세를 위해 일제와 협력하여 건축적 야망을 성취하면서도 동시에 조국의 독립을 위해 나름의 노력을 기울였던 박길룡의 생애는 식민지 상황을 살아가는 왜곡된 건축가의 자화상을 극명하게 보여주는 것이었다. 한편, 그 방향성은 전통과 근대성을 동시에 짊어지고 새로움을 만들어 나가야 하는 조선의 상황을 상징적으로 보여주는 것이었다.

그의 건축 작품 역시 이러한 시대적 상황에서 적절하게 현실과 타협하면서 근대성을 조화시킨 작업이 대부분이었다. 조선식, 서구식, 일본식을 절충한 개량주택처럼 모더니즘과 고전 양식을 절충한 과도기적 형태가 남아있다. '재래주택 개량론'을 통해 그는 기존 주택의 온돌을 유지하면서 절충적, 현실 타협적으로 경관적 측면도 적용하며 이루어졌다. 실제로 박길룡의 대표작 중 하나인 화신백화점은 서양 고전주의 양식을 철근콘크리트조로 지은 건축물로, 5층까지 뻗어 있는 그리스 기둥이 르네상스의 고전적 양식과 함께 간결한 모더니즘 건축물의 스타일이 절충된 특성을 보이고 있다. 상부층은 간결한 아치와 처마의 코니스로 마감되어 있지만, 그 자체는 전체적으로 모더니즘의 간결한 인상을 주고 있다. 일제강점기를 살아가던 사람들의 욕망을 대변하던 화신백화점은 이후 철거되고 라파엘 비놀리가 설계한 종로타워로 대체된다. '서울의 구도심에서 이렇듯 '고질라' 스케일의 물상은 거북하다'[72]는 의견처럼 오늘날의 욕망이나 거북한 과시를 느끼게 하는 점에서 무언가 공통점과 함께 유사한 상징성이 공존한다. 화신백화점의 이러한 느낌은 근대성을 예견하게 만

72) 박길룡, 서울체, 디북(도서출판 디), 2020, p334

들었던 싱켈의 알테스 뮤지엄을 떠올리게 만든다. 고전과 근대성이 공존하는 작품만큼이나 그의 작업과 시대적 상황과 그의 인생 자체가 왜곡되어 있는 것이다. 그의 대표작의 운명과 이후 그 자리에서 벌어진 건축의 결과물이 그러하다.

37

그의 건축은 대부분 절충식이었다. 주거 부문의 작업들은 외관과 구조는 서양식이면서 온돌과 가구는 조선식이고, 실내 공간은 일본식인, 절충적 방식으로 설계가 이루어졌다. 박길룡은 재래주택의 중정식 배치를 비판했고 대안으로 집중식 배치를 제시했다. 그는 당시 기술 중심의 근대성이 급속도로 발전하고 있던 시대적 상황에서 근대화에 뒤처져 있던 한국에 과학적 방법과 태도가 반드시 필요하다고 생각하고 계몽운동을 전개하기도 했다. 심지어는 발명학회 회장을 맡기도 한 정도로 근대화의 과학적 사고가 중요함을 강조한 것이다.[73]

박길룡은 1936년 '현대와 건축' 이라는 주제로 동아일보에 글을 연재했다. '전문화하는 건축과학' 이라는 제목이 달려 있는 첫 번째 글은 박길룡의 건축론 가운데 도입부에 해당한다. 여기서 그의 건축론은 건축의 세계관으로 말하는 것이고, 가치의 표준을 결정하는 것으로 이해된다. 그는 현대의 건축론이 선험적인 법칙을 견지하는 연역적인 접근이 아니라, 개개의 작품들을 중심으로 거기에 담겨 있는 본질과 미를 추구하는 귀납적이고 경험적인 접근이어야 한다고 주장했다. 즉, "일정 시기에, 사상이나, 정서, 사회 여건 등을 모두 고려한 후에, 그 시대에 탄생하는 건축은 어떻게 볼 것인가 하는 고찰의 방향을 결정해야 한다고 보았다.[74] 박길룡의 과학적 태도는 자연스럽게 주거를 제외하고 관청, 사무소 및 학교건축 등

73) 이홍렬, 이경규, 서구 모더니즘 건축운동을 통해 바라본일제강점기 가정개량 담론 형성, 한국일본근대학회, 2024, vol., no.84, p85

74) 정인하, 한국의 근현대건축, 열화당, 2023, p136

38

다양한 공공건축 부문에서 드러났으며 합리성과 기능성을 강조하는 모더니즘 건축의 정신과 연계되었다. 또 공업과 산업화의 산물인 근대적 재료, 구조, 설비가 만들어 내는 새로움과 기술의 진보를 적극적으로 받아들이고자 했다.

'박길룡의 몸은 친일이라는 환경에 있었고, 마음은 조선인의 염원을 품었다. 의식은 제국을 향한 동경과 식민지의 콤플렉스의 사이에서 흔들렸다. 식민 교육, 식민 권력, 식민 자본을 바탕으로 성장한 그 시대 건축가의 이중적이고 모순적인 내면이었다. 자본과 권력은 가까이 있었지만 정작 그것을 자신의 것으로 만들 수 없는 식민지 건축가의 운명이기도 했다.'[75] 라고 평가한 바와 같이, 박길룡은 일본과 조선 인맥들로부터 두루 인정받은 드문 건축가이며 이면에서 조선인의 정체성(종로의 민족적 정체성 영향)을 잊지 않고 이를 건축적으로 실천했던 인물이었다. 건축주의 스펙트럼도 다양했다. 현실에 굳건하게 한 발을 내딛고 있는 상태에서, 다른 한 발은 이상과 현실 사이의 부조리함을 극복하고자 끊임없이 노력하며 그 사이에서 위태롭게 줄타기를 하는 그의 모습은 애처로움과 고단함, 강인함의 장면들이 교차된다. 박길룡은 일제의 관립학교 수학 3년간 기술 위주의 교육을 받고 관청 실무를 경험하면서 일본인의 시각으로 서구 세계의 모더니즘을 받아

39

38 박길룡의 작품
39 박길룡, 서울대학교 본관
75) 김소연, 경성의 건축가들, 루아크, 2020, p42

들였다. 이러한 점에서 박길룡은 일제 강점기의 트릴레마를 온몸으로 겪어내며 불행했던 한국 현실에서 최선의 작품을 추구하고 빚어냈던 상징적인 근대 건축가로 기억될 것이다.

—박동진, 모순되는 다면적 속성의 근대 건축가

40

또 한 명의 중요한 근대 건축가로 박동진이 있는데, 그는 평안북도 정주 출신으로, 1916년 오산고등보통학교를 졸업했고 1917년 경성고등공업학교 건축과에 입학하여 수학했다. 학생시절, 그는 3.1운동에 적극적으로 참여하여 서대문형무소에 6개월 동안 투옥되었으며 이후, 집행유예로 풀려났고, 만주 시베리아로 넘어가 1년 반 동안 방랑했다고 전해진다. 박동진은 경성고등공업학교에서 퇴학당하고 만주로 망명과 같은 상태로 옮겨가 2년 동안 방황을 하다가 다시 귀국했다. 그는 고등학교 교사를 잠시 수행했고 다시 경성고등공업학교에 재입학하여 늦은 시기에 졸업하고 건축가로 활동을 시작했다. 이 시기를 상상해 보자. 순수하게 일제에 저항했던 청년 시기의 박동진과 방랑, 불안감, 귀국 후 결혼과 재입학, 취업이라는 현실과 타협한 그의 행보를 보았을 때, 당시 한국인의 모순된 비극적인 현실을 떠올리게 만든다. 그의 이력에서 살펴볼 수 있듯이, 그는 오산고등학교를 졸업하고 민족주의 성향을 보이며 저항했으나, 현실적인 측면에서 결국 기존 제도권에 순응하여 경성고등공업학교에 재입학하여 졸업하고 건축가로 활동했던 것이다. 박길룡이 시대적으로 절충적인 작품 경향과 함께 건축가로서는 타협적인 삶을 살았다고 한다면, 박동진은 대조적으로 급진적인 작품 경향과 함께 건축가로서는 모순되는 비타협적인 삶을 살았다고 할 수 있다. 그는 '김성수'라는 주요한 민족주의 성향의 건축주와의 만남과 인연으

40 박동진, 고려대학교 본관

로, 보성전문학교와 고려대학교를 설립하면서 다양한 건축물을 의뢰받고 작업했다. 박동진의 성향과 잘 어울리는 김성수라는 민족사학의 거물과의 만남과 함께 우호적인 관계가 형성되었고, 이후 김성수는 그의 든든한 배경이 되어 주었다. 그의 사상은 모더니즘을 추구했지만, 실제 건축물은 고전적인 방식의 현대화된 고딕 디자인으로 부조화를 이루었다. 그러나 구조는 무근 콘크리트를 구조체로 구축한 다음 외벽에 화강석으로 외장재를 붙이는 방식인데, 완자쌓기를 통해 나름 한국적 방법론을 가미하여 구축하는 노력을 보였다. 박동진의 성향이 저항적이고 비타협적이고 급진적이었던 반면, 건축에 있어서는 기존의 관습과 전통을 거부하고 새로움을 추구했던 모더니즘 건축 대신 주요 구조체는 콘크리트로 구축하고 외관을 석재를 붙여 고딕식으로 계획한 것은 모순적이라고 평가할 수밖에 없다.

그는 1940년 조선총독부 기사로 승진하고 고등관 7등이 된 이후, 퇴사하여 잠시 태평건물주식회사를 창립했다가 1946년 '박동진 건축연구소'를 개소했다. 박동진은 보성학교, 고려대학교 등 학교 건축물을 많이 설계했다. 박동진은 비타협적으로 급진적인 재래주택 개혁론을 주장하며 강력하게 온돌 폐지론을 주장하기도 했다. 박동진은 한때 전통 건축을 국민성의 무기력한 표현으로 인식했다. 합리성이 결여되고 비현실적이며 비능률적이라고 생각한 것이다. 심지어 온돌까지 폐지하자고 주장했는데, 이는 당시 난방, 취사를 위해 삼림이 심각하게 훼손되고 위생문제도 있었던 부분을 비판적으로 바라보았던 시각이 반영된 것이다. 그는 서양의 앞선 문물을 빠르게 받아들여야 한다는 입장이었다. 박동진은 「曲線과 建築美」(1931)에서 우리의 주택건축은 과학적이고 합목적적으로 진전해야 한다고 주장했다. 또 형이상학적 미학은 이제 흘러간 것이고, 유물론적, 실증적 가치 하에서 미학을 선택하고 지지하여야 한다고 보았으며, 소비에트 사회주의와 진보적인 건축 운동에 주목했다.[76] 그러나 진보적인 생각과 주장과는 달리, 그의 대표작은 서양의 보수적인 고전적인 방법론을 사용했다. 박동진은 서양의 문물이 합리성에 기반한 앞선 것이라고 생각하고 주체적 사고와 판단으로 새롭게 번안하는 작업이 부족한 상태에서 성급하게 받아들인 측면이 있었다. 박동진의 작품은 조선일보사옥과 같이 모더니즘 계열의 작품도 있지만, 대부분이 네오 고딕양식의 석조건축물이 다수를 차지하고 있다.[77] 라는 평가와 같이 스스로 오리엔탈리즘의 폐해속으로 빠져 들어갔던 근대 건축가의 한계를 보였다. 그는 기독계열의 민족학교인 오산학교 출신으로, 민족주의적 관점에서 저항의 감수성이 강한 인물이었다. 현실 타협적이고 절충적이었던 박길룡과는 달리 그는 급진적인 주장을 강하게 밀어붙였다. 그의 작품은 고려대학교 본관 및 기타 교사에서 보여지는 바와 같이, 서양의 고딕식의 건축물을 근대적 방법론으로 계획하고 일부 한국적 방법론을 가미하여 실현시켰다는 점에서 시대적 특성과 한계를 보이기도 했다. 그럼에도 불구하고 민족적 자부심과 건축가로서의 긍지는 잃지 않았다. 건축가 박동진은 식민지 시기를 살았던 근대 건축가로서 모순과 긍정적인 측면이 교차하는 인물이었다.

—강윤, 기독교 계열의 민족 건축가

강윤은 충남 논산 출신으로 미국 감리교계의 영명학교를 졸업했다. 그는 선교사 겸 건축가인 윌리엄 보리스와의 인연으로 일본으로 건너가 건축을 공부했다. 그는 간사이 공학전수학교(현, 오사카공업대학)을 졸업하고 보리스 사무소에서 수련하여 그 사무소에서 핵심 건축가로 활동했다. 이후, 1933년 귀국하여 '조선건축기술단'을 결성했고 총무부 이사의 직분을 수행했다. 주요 작품으로, 태화 사회관, 이화여자대학교 본관 및 대학 주요 건축물들을 계획했다.

76) 김제연, 일제강점기 조선 건축계의 서양 근대건축운동 인식에 대한 연구, 고려대 석논, 2023, p75
77) 윤인석, 한국의 건축가-박동진, 건축사, 1996년 9월호, p84

41

강윤은 선교사가 운영하는 기독교 계열의 영명학교를 졸업하고 윌리엄스 교장의 인연으로 일본 소재의 보리스 건축사무소에 취직했다.[78] 당시 보리스의 사무소에는 선교 미션을 중심으로 업무가 이루어지고 있었으므로 다양한 국적의 직원들이 근무하고 있었다. 직원들은 기독교인이라는 공통점이 있는 것 외에는 다국적의 다양한 출신의 인물들로 구성되어 있었다. 이 사무소는 선교 목적의 건축활동이 중심이 되었기 때문에 교회, 학교, 병원, YMCA, 복지시설 등 선교 관련 건축작업을 폭넓게 수행했다.[79] 그는 기독교적인 시각에서 건축을 배웠고, 그로 인해 타협하지 않는 민족의식 및 의협심을 보였던 인물로 알려져 있다. 강윤이 가장 중요하고 애착을 보인 건축물로 종로 '태화 사회관'이 있다. 이 건축물은 3.1 운동 독립선언문이 낭독된 장소인 종로 태화관을 헐고 이후 그 자리에 태화 사회관을 신축했다. 그러한 역사성과 장소성만큼이나 태화 사회관은 이후, 한국 근현대사를 거치면서 복잡다단한 사건과 변화를 겪었다.

한양 절충식 태화 사회관은 1940년 선교사 추방령 몰수-종로경찰서로 사용-1950년초 여선교부-북한인민군-UN군-인민군-군 정보부대-여선교부 순으로 사용되었고 최종적으로 여선교부가 되찾으면서 기능이 여러번 바뀌었다. 그 때마다 각 주체들은 기능에 맞게 그 건축물의 내외부를 대수선했고 이후, 강윤은 계속해서 보수공사를 의뢰받아 그 직무를 수행했다. 변화를 겪고 다시 복구할 때 항상 강윤이 그 작업을 수행했을 만큼, 애착이 강했던 건축물이었다.

그 장소가 종로이기도 하고, 민족의 상징적인 시설이기도 했기 때문에 그는 태극 문양의 한국적 상징을 절충적으로 삽입했다. 태화사회관의

41 그림 강윤 초상

78) 김승제, 한국의 건축가-강윤, 건축사, 1996년 10월호, p100

79) 김진일, 김승제, 건축가 W.M. Vories와 강윤에 대하여, 대한건축학회 계획계, 10권 5호, 1994년 5월, p62

형식과 형태는 구축 방법론에 있어서 일제가 자주 사용했던 제관양식(帝冠樣式)과 만주국의 흥아양식(興亞樣式)의 건축물과 유사한 부분을 보인다. 그러나 이 작업이 전적으로 민족의식을 고취하기 위해 기와지붕과 한국적 문양을 의도적으로 삽입한 만큼, 민족주의적 의식으로부터 나온 작품이라는 측면에서 근본적인 차이가 있다.

42

그러나 그의 활동이 만년에 경쟁력이 떨어졌던 몇 가지 이유가 존재했다. 당시 그가 건축계의 주류인, 경성고등공업학교나 총독부 건축직 출신이 아니었기 때문에 정부의 주요 사업을 수주하기 힘든 측면이 있었고, 서양의 기독교 계열의 고전적 어휘를 차용하는 건축을 중심으로 작업해 왔고 그것에 익숙했기 때문에 해방 이후, 국제주의 스타일의 시대적 변화에 따라가지 못한 측면이 있었다. 그가 해왔던 작업이 국제주의 스타일의 기능적인 건물이 아닌, 서양 고전적 스타일의 건축이 대부분이었기 때문이다. 이처럼 세태 변화와 함께 영업 측면에서 있어서도 어려움이 있었다. 자본이 중심이 되어 치열하게 영업을 수행하는 현실과 달리, 그는 기독교 계열의 업무만 수행했고 타협하지 않는 높은 도덕적 관념이 있었던 까닭에 세속적인 영업부문의 경쟁력이 떨어졌던 것이다. 자연스럽게 그의 만년에는 자본주의 경제체제에서 경쟁력이 떨어지면서 수주에 어려움을 겪었고, 개인사적으로도 불운했다. 그는 사후, 애국지사로 인정받아 국립 대전 현충원에 안장되었다.

앞서 살펴본 바와 같이, 일제 강점기의 근대 건축가들은 다양한 출신

42 강윤, 태화사회관

만큼이나 다양한 분야에서 활동을 전개했다. 제국주의와 2차 세계대전과 해방 후, 이데올로기 대립의 어수선한 역사적 소용돌이 속에서 그들은 다양한 외적 변수에 반응하며 각각 다른 방향성의 인생을 살았다. 또 그에 따라 다양한 운명의 결과를 맞이했다. 김소연은 일제 강점기의 근대 건축가 부류를 다음과 같이 네 부류로 분류하고 있다. '첫째는 조선총독부, 철도국, 체신국, 경성부청, 경기도청 같은 관청건축 조직에 소속된 건축가들이었고, 둘째는 조선은행, 조선식산은행, 조선 저축은행 같은 금융기관 영선계에 소속된 건축가들이었다. 셋째는 경성고등공업학교 교수진이었고, 넷째는 건축과 관련한 일을 하는 건축청부업이나 건축사무소를 운영하는 이들이었다.' 80)

일제 강점기에 한국의 근대 건축가들은 왜곡되고 일그러진 인물들로서, 급변하는 시대의 변화 가운데 불우하고 한 많은 시대를 온몸으로 맞서나가야 하는 운명에 놓여 있었다. 이 시대를 살아가는 건축가들은 자신의 역사관이나 이데올로기 사상의 선택과 주어진 여건에 따라 제각각 다른 운명의 삶을 살 수밖에 없었다. 이들은 '근대성'과 '기술'과 '과학'을 시급히 도입하여 조선을 새롭게 변모시켜야 한다는 생각이 강했다. 그러나 이 가운데에도 한국성을 생각하여 절충적 입장과 한국성을 중심으로 하여 근대성을 새롭게 재해석하려고 했던 주거 부문의 노력은 특히 주목할 필요가 있다.

0423 근대성의 적극적 도입 세력과 절충식 건축의 특성

일제 강점기를 살아가는 한국 건축가들에게 '근대성'은 '과학기술'의 다른 이름으로, 낙후된 근대 건축 기술과 문화를 시급하게 근대화시켜야 한다는 생각이 매우 강한 입장에 있었다. 그들은 대부분 사상면에 있어서는 갑신정변의 세력들과 마찬가지로 '기술중심주의'의 관점에서 시급히 과

80) 김소연, 경성의 건축가들, 루아크, 2020, p207

학 기술을 도입하여 조국을 근대화시켜야 한다는 열망으로 가득 차 있었다. 그러나 문화적 특성과 역사를 고려하지 않고 서양의 것이라면 앞선 것이라는 생각으로 서양의 고전적 양식건축물을 석조나 목조로 어설프게 모방하는 건물들이 등장하기도 했다. 긍정적으로 본다면 일부 사례에서와 같이 자신의 생각을 바탕으로 새롭고 창조적으로 표현하고자 하는 것으로 볼 수 있지만, 부정적으로 바라보는 시각에서는 이른바 강대국의 오리엔탈리즘의 문화적 시각으로 스스로 상위 문화의 하수인의 역할을 자처했다는 측면으로 바라보는 시각도 엄연히 존재한다. 조선의 쇄국정책 이후, 을사늑약과 강제 합병을 기점으로 침탈을 위한 근대적 문물들이 물밀듯이 들어오고, 근대적 인프라들과 통치기구, 시설들이 급격하게 도입되기 시작했다. 근대화 이전의 일본도 이러한 상황과 유사했다.

'일제 강점기에 한반도에서의 삶은 전통과 근대의 이중생활이라는 표현으로 자주 인용되지만, 사실 여기에 식민지의 상황을 더하여 세 가지 대립된 가치 사이의 갈등을 의미하는 트릴레마를 겪었다고 보는 편이 옳을 것이다. 주택의 영역으로 내려오면, 가장 눈에 띄는 점은 이들 세 요소 사이의 다종 교배 양상이 보이다는 점이다. 예를 들어 한반도에 거주하게 된 일본인 관리들의 숙소로 지어진 관사 주택은 기본적으로 서구의 주택을 일본에서 번안한 일본 근대 주택의 계보를 잇지만, 한반도에 전래된 이래 한반도의 기후 상황에 적응해 나가면서 온돌이 도입되는 등 변종으로 바뀌어 간다.' 81) 이 같은 평가와 같이 서양에서 일본식으로 해석한 근대성은 이후 교육을 통해 한국식으로 해석한 절충식 건축으로 등장했다. 앞서 언급했던 트릴레마의 복잡다단한 사회적 변수 가운데 근대 건축가들은 고군분투하며 자신의 건축을 수행해야만 했다.

개항 직후, 일본 나가사키, 요코하마, 고베 등의 외국인 거류지에는 하

81) 전봉희, 권용찬, 한옥과 한국 주택의 역사, 동녘, 2012, p147

양게 페인트칠 된 비늘판 건축물들과 다양한 건축적 요소들과 결합하며 새로운 건축양식이 선보여졌다. '1880년 전후로 비늘판 건축은 소위 '의양풍(擬洋風)' 이라고 불리는 건축양식으로 발전했다. 의양풍이라 이름 붙은 것은 서양의 오래된 석조 건물에서 양식적 모티프들을 추출해 '목조'로 '모방' 해서 사용했기 때문이다. 이런 양식으로 지어진 건물에는 필요에 따라 서양의 다양한 절충주의 장식들이 삽입되었다. 지붕에 돔을 올리거나, 입구 부분에 고전 양식의 기둥을 세우거나, 입면에 르네상스식 페디먼트를 삽입하는 방식으로 의양풍의 스타일을 만들어 냈다.'[82] 1880년대 이후 한국의 개항 도시들에 세워진 일본의 주요 공공건물들은 대부분 이러한 방식으로 지어졌다.

민족주의적인 관점에서 한국 근대 건축가들이 우리의 특성을 당시 최신의 건축구법 및 재료와 연계하여 근대성과 접목하고자 했던 노력은 일본 '의양풍' 의 건축과 유사한 면모를 보인다. 앞서 언급한 대로 근대 건축가 강윤은 미국 감리교학회가 설립한 양명 학교를 나와 건축 선교사 윌리엄 보리스 사무소에서 선교 관련 건축설계 업무를 진행하며 건축가로 성장했다. 그는 신축 태화 사회관을 설계하면서 당시 절충식의 한국적 건축의 사례를 선보였다. 그는 자신의 건축을 언급하기로 '무양식' 의 한옥 형태의 '어중띠기' 혹은 '사이비' 라고 표현할 정도였다. 3.1운동이 발현된 역사적 장소를 어떤 방식으로든 남겨놓고 싶어 했던 강윤은 한옥 처마 지붕에 일본식 절충적 양식과 고딕 지붕구조 양식 등이 묘하게 절충적으로 적용되어 있는 방식을 채택했다. 건물의 하부는 화강석으로 상부는 회벽 마감을 하면서 동시에 한옥 문양의 띠를 둘렀다. 그것은 한양(韓洋)의 절충식이라 부를만 하다.[83] 절충을 하기는 했지만, 근대적 주체, 민족적 주체의 자각을 중심으로 절충을 한 것은 일제의 제관양식이나 의양풍의 절충과는 그 결이 달랐다. 근대적 주체로서 자의식을 가지고 작업에 임하

82) 정인하, 한국의 근현대건축, 열화당, 2023, p106
83) 김소연, 경성의 건축가들, 루아크, 2020, p73

여 새로운 방식의 한국적 절충이 이루어졌기 때문이다.

그러나 태화 사회관은 단순히 의양풍과 같은 방식으로 모방은 하지 않았다. 절충식을 선택한 '의미'와 '의도'가 달랐기 때문이다. 태화사회관은 일제강점기의 조선인 건축가, 기독교라는 외래 종교, 교육과 복지라는 공공기능, 전통 건축이라는 이질적 요소를 결합해 태화관 터의 장소성을 표현했다. 더구나 그곳은 피지배자들을 위한 기능과 프로그램이 운영되는 공간이었다. 식민지인이 전통으로 민족주의를 표현하는 것과 제국이 전통으로 침략주의를 선전하는 것은 저항과 침략의 개념만큼이나 차이가 컸다.

제국주의 시기에 일본은 동양 최초로 근대화에 성공하면서 군사 강국으로 발돋움했고 이어 러일전쟁에서 승리한 후, 자신감이 넘치는 상황이었다. 일본은 동아시아에서 근대적 군사력을 기반으로 맹주로 자처하며 동아시아 양식을 흡수하고 근대성을 가미하여 새롭게 보여주고자 하는 시도가 이어졌다. 이른바 제관양식이 등장한 것이다. 일본을 기준으로 몸통과 지붕을 일본식의 지붕과 구조체를 사용하는데, 이를 근대적 재료 및 구조기술인 콘크리트로 구축하고 적절하게 외부 재료를 일본식으로 장식하는 형식이다. 이러한 시설들은 통치와 통제를 위한 시설과 근대 들어 처음 나타나기 시작한 박물관 미술관 등의 문화시설에 적용되었다. 이 건물들은 대부분 권위와 통치를 상징하는 위압적인 대칭의 형태와 구성을 사용했다. 해방 이후, 한국의 민족주의 건축에도 이러한 특성은 계속해서 이어졌다. 무언가 이데올로기적으로 통치를 강조하는데에는 공통적으로 이러한 특성이 작용하기 마련이다.

일본에서 에도시대의 건축양식과 서양 근대구조를 절충하여 나온 것

43

이 '제관 양식' 으로, '에도시대의 건축 형태와 서구 근대건축의 구조를 결합한 방식이다. 건물 지붕과 입면은 전통인데 재료와 벽체는 나무가 아닌 콘크리트와 철골구조로 만드는 식이다. 제관양식은 일제가 각종 관공서 현상설계에서 필수사항으로 지정한 '일본 취미' 를 대표하는 건축양식이었다. 가장 유명한 건물이 와타나베 진이 설계한 도쿄국립박물관 본관(1938년)이다. 홍아양식은 제관양식의 만주국 버전이다.' [84] 모두가 기존의 전통적 요소를 근대성의 구조와 표현으로 거대하게 세우며 통치자들의 권위를 세우는데 집중하고 있다. '홍아 양식' 은 만주국에서 유행했던 양식으로, 구조는 서양 콘크리트구조에 고딕 지붕 구조를 차용하고 지붕은 중국식과 일본식을 적당하게 차용하여 뒤섞은 방식이었다.

이렇게 '태화사회관' 에 적용된 건축적 표현 및 구축 방식은 식민지 상황에서 일본의 의도를 보조하는 건축가로 살아가야 하는 이율배반적인 정체성의 왜곡 현상을 상징적으로 잘 드러내고 있다. 앞서 언급했듯이, 일제 말과 해방 초까지 태화 사회관은 종로경찰서로 사용되다가 한국전쟁 시기에는 미군과 한국과 북한의 정보부대 건물로 차례로 사용되었고 마침내 여선교부가 사용하는 건물이 되었다. 강윤은 태화관 철거 현장의 한옥 기와를 재활용하여 신축 태화사회관의 기와지붕으로 사용했고 건물 하부 외벽에 친숙한 전통 토담을 둘렀다. 하부는 화강석, 상부는 회벽 그리고 중간에는 한옥 문양의 띠가 둘러졌다. 강윤이 미국 선교사 사역에서 수련받은 대로 내부는 고딕식 인테리어를 차용했는데 목조 구조체인 트러스에는 태극 문양이 들어갔다. 내부 교육 공간은 서양식의 평면이 적용되었다. 또 지붕의 박공부에는 누구나 눈에 띠는 태극 문양의 창이 상징

84) 김소연, 경성의 건축가들, 루아크, 2020, p74
43 제관양식, 도쿄박물관

적으로 계획되었다. 태화 사회관은 강윤의 복합적 이력과 유사한 면모를 보였다. 즉, 서양 선교사로부터 배운 기독교 문화와 서양 근대식 구축기술이 결합되고 한국적 양식이 절충된 묘한 건축물이었다. 태화사회관의 구축은 매너리즘 건축물과 같이 당시의 시각에서 일종의 실험적인 '변종' 이 세상에 등장한 것이었다. 강윤은 박공부에 설치된 태극 문양의 창을 제거하라는 명령에 '구조적인 이유로 할 수 없다' 고 주장하며 나름의 저항을 계속하여 지켜냈다. 민족적 성향을 지닌 건축가 강윤에게 태화관은 나름의 저항을 통해 당시 현대성에 맞게 한국성을 구현한 작품으로, 애착이 강했던 건축물이었다.

44

또 하나의 절충적 사례의 대표적인 작품으로, '강화성당' 을 들 수 있다. 강화성당은 서양 중세 바실리카 양식의 평면을 차용했지만, 지어지는 구조 및 재료에 있어서 한옥의 전통적 방식을 적용했다. 강화성당은 중층 한옥의 외관을 보인다. 마치 법주사 대웅보전과 유사한 느낌이다. 강화성당 중앙에는 신랑(nave)과 양측의 측랑(aisle)이 구성되는데, 기둥이 높은 위의 지붕(신랑부) 밑의 벽면에 창을 두어 빛이 떨어지게 했다. 신랑의 상부에는 저층부 기와지붕이 계획되어 있다. 진입은 단변으로 이루어지는데 그 면은 성당의 전실인 나르텍스에 진입하는 느낌이 들도록 계획했다. 강화성당은 '십자가와 예수상을 두고, 이를 바라보면서 회중이 앉아서 예배를 드리는 공간으로 변용되었다. 평면은 서양으로부터 전래된 예배공간으로 변용되었으나, 가구 구조는 동서 길이 10칸, 남북 길이 4칸의 한식 목구조와 기와지붕으로 되어 있다. 오랜 세월 이 땅에 지어져 왔던, 아름다운 한옥건축이 하나님을 경배하고 기도하는 예배 공간으로 변모되었다. 강화성당은

44 강화성당

한옥의 구법과 외관은 그대로 취하면서 바실리카의 공간형식을 수용했다. 구법의 진정성은 유지하면서, 예배의 목적에 합당하게 공간의 형식을 구성했다. 그리고 진입을 짧은 변 쪽에 두고, 측면에서의 정면성을 확보했다. 서구의 성당의 구법과 외관과 공간형식 그대로 이식된 양식건축에 견주어, 한옥건축의 공간형식을 변용하여 수용한 강화성당은 오히려 근대의 정신과 실천에 부합한다.' 85) 이러한 의견처럼, 강화성당은 서양에서 전래된 종교와 예배공간의 유형을 독자적으로 우리의 한옥 구법과 문화로 재해석하여 구축하고 표현하고자 했다. 이것 역시 주체적인 해석 혹은 필요에 의한 한국적인 절충의 해결 방안으로 등장하게 된 것이다.

'어느 시점을 기준으로 전통건축과 구별하여 건축의 근대를 편년하거나, 양식으로 구별하여 근대 건축의 범주를 설정하는 것은 큰 의미가 없다. '근대건축을 모색하는 과정' 이 곧 근대건축이고, 목적에 합당하게 건축의 혁신이 있었는가가 '근대건축의 범주' 를 설정하는 기준이다.' 86) 라는 언급처럼 '절충' 은 상당 부분 당시의 각종 외적 변수에 대응하여 기능적이고 합목적적으로 시대성을 반영하고 있는가가 핵심이 될 수 있다. 정도의 차이는 있을지언정, 어느 시대에나 선진문화가 흘러들어오고 그 문화를 지역의 문화에 적용하여 동시대화 하는 움직임은 항상 벌어져 왔던 양상이다. 그것은 일정 부분 중심과 변방 사이의 파워게임의 양상을 띠고 있다. 따지고 보면, 사람이나 문화나 건축도 항상 외부의 것과 접목되며 '하이브리드' 가 되어왔다. 항상 사람과 문화는 유입되고 섞이고 변화하며 발전한다. 근대건축은 인류가 경험하지 못할 정도로 거대한 변화와 혁신이 상대적으로 짧은 기간에 발생하고 전세계에 유출되면서 그 충격파가 컸던 것 뿐이었다. 그러나, 일제강점기의 근대 건축가들은 일제의 잔혹하고 강압적인 식민 지배의 복잡하고 엄혹한 상황에서 작품활동을 해야 하는 상황이었고, 이전에 경험하지 못했던 근대성을 받아들이면서

85) 송인호, 건축, 제66권 제 06호, 2022년 6월, p40
86) 송인호, 같은 글, 2022년 6월, p41

동시에 한국적 상황을 녹여 당시의 동시대성을 현실화해야 하는 상황이었기 때문에 서양과 동북아 건축의 특성들이 녹아들거나 서양의 근대성이 그대로 답습되는 방식으로 구축되었다. 여기에서 '절충'은 어쩔 수 없이 드러나는 방법론이자 결과였다. 서양과 동양의 절충, 일제와 한국의 절충, 한국식과 당시 동시대의 절충이 동시에 이루어졌다. 다만, 경쟁력을 어느정도 갖춘 상태에서 주체적인 해석을 통해 절충하는 것은 새로움을 만들어내는데 도움이 되지만, 근대성의 격차가 너무나 커서 경쟁력이 현저하게 차이가 나는 경우에는 방어적인 절충, 혹은 격차를 빨리 따라잡기 위한 절충을 통해 아류가 될 가능성이 더 높아진다. 문화는 항상 중심과 변방의 파워게임으로 작용하는 측면이 있기 때문이다. 근대성의 격차가 심한 상황에서 한국 근대 건축가들은 고군분투하며 격차를 따라잡고 동시에 각자의 상황에서 한국적인 특성을 녹여내기 위해 노력했다.

0424 식민 시기 건축가들의 모더니즘과 한국성 적용의 한계

일제 강점기 식민시대의 근대 건축가들에게 돌과 콘크리트로 구축된 서양의 건축물들은 시기와 시대를 구분하지 않고 근대성을 성취하기 위해 기술적 특성을 빠르게 도입하고 외형적으로 닮고 유사하게 따라야 할 대상으로 간주되었다. 그들에게 한국의 현실은 구습이었고, 시급히 후진성을 벗어나야 하는 대상이었을 뿐이었다. 근대 과학기술의 일환으로 나오게 된 서양건축은 새로운 근대 구조, 재료 및 설비 등으로 구축되었고, 새롭고 편리하고 위생적인 모더니즘 건축은 기술적인 측면에서 분명 혁신적인 장점이 있었다. 동북아의 근대 건축가들에게는 그러한 선진 기술과 구축술을 빠르게 수용하여 따라잡는 것이 시대적 과제였고 우수한 건축가의 덕목이었다. 박길룡의 화신백화점이나 박동진의 고딕식의 고려대 본관의 사례와 같이, 서양의 일부 양식을 차용하거나 전적으로 서양 고전 건축 어휘를 받아들여서 구현하면 그것이 선진적인 것을 도입하는 것으로 여겨지던 시기였던 것이다. 박동진과 같이 우리 자체의 사상이나 건축 문화의 우수성이 존재함을 인식하지 못하고, 한국적 가치를 구습 혹은 악습으로서 빠르게 청산해야 할 대상으로 취급했던 것은 매우 애석한 일이 아닐 수 없다.

—박인준, 근대의 코스모폴리탄 노마드 건축가

KOREAN STUDENT BULLETIN

SUMMER CONFERENCES

IS IT WORTH WHILE?

45

당시 코스모폴리탄이자 끊임없이 이주하며 자신의 삶을 개척했던 근대 건축가로 박인준이 있다. 박인준은 평안남도 강서 출생으로, 일찍이 미국으로 건너가 미국 교육기관에서 건축을 정규로 교육받고 졸업했다. 1900년대 500여명의 망명 유학생 중 진학을 했던 인원은 150여명 정도였는데, 그 인물 중 일부는 대한인 국민회 홍사단의 중견 지도자가 되어 독립운동을 후원하는 한인사회의 중심 세력으로 성장했다. 그는 루이스공대 기계공학과와 미네소타 주립대학 건축학과를 졸업하고 시카고에서 건축 실무를 경험했다. 박인준은 미국 학창 시절, 인삼을 팔아 학비 및 생활비를 충당했으며, 졸업 이후 실무를 익히며 당대의 시카고파의 고층 건축의 계획을 경험했다. 시카고 학파로 알려진 현대 고층 건축술이 비약적으로 발전하고 적용되고 있던 중요한 시기에, 그는 시카고에서 실무를 접했고, 당시 하이라이즈 빌딩들과 마천루가 들어서고 있었던 시카고의 건축적 분위기를 생생하게 경험했다. 또 그는 강서, 평양, 경성, 상하이, 샌프란시스코, 미네소타 등 다양한 곳에서 교육 및 실무와 건축적 경험을 쌓았다. 3.1운동 이후 그가 있었던 상하이는 혁명의 기운이 꿈틀대는 도시였고, 첨단지식과 기술이 적용되며 새로운 건축들이 생성되는 도시였다. 상하이는 당시 코스모폴리탄의 대도시로서 활발하

45 박인준, 신문

46

게 신문물과 근대적 특성이 생성되는 곳이었다. 귀국 후, 1933년에 박인준은 종로구에서 '박인준 건축설계사무소'를 개소했다. '박인준은 당시 한인 건축가들 중에서 유일한 미국 유학파로 주로 기독교 계통이나 기업가의 개인주택을 많이 설계했다.'87) 그가 설계한 윤치왕 저택, 김성준 저택이 유명하며 '김성준 저택'은 1930년대 상류층 주거에 보편적으로 자리 잡았던 속복도형 일식주택 평면이 아닌 홀 중심형 평면으로, 양관(洋館)으로 단독으로 세워졌고, 서양식의 생활공간을 담았다.

그의 작업은 미국에서의 활동이 중심이 되었기 때문에, 주로 기독교 계통의 건축, 개인주택 작업 위주로 건축작업이 이루어졌다. 그는 독자적으로 소수의 미국 인맥을 중심으로 설계를 진행했지만, 한국 건축계의 인맥이 부족하여 교류가 부족했고, 그만큼 수주도 어려웠고 쉽게 잊혀지게 되었다. 당시의 한국 사회는 경성고등공업학교 출신이라는 인맥이 없으면 수주가 힘든 상황이었고, 그가 수행한 건축작품은 그의 출신과 교육만큼이나 미국 영향이 짙게 배어 있는 작업이 주를 이루었다. 다양한 출신 배경을 지닌 근대 건축가 중에 박인준은 미국에서 교육받고 미국적인 특성의 근대성을 한국에 적용하여 실험한 건축가로 오늘날 기억되고 있다.

—김세연, 근대 구조 전문가 출신의 건축가

김세연은 경기도 광주 출생으로, 일제강점기와 해방 전후로 한국 건축구조에 있어서 독보적인 존재로서 활동했다. 그는 1920년 경성고등공업학교를 졸업하고 조선총독부에서 근무하다가 1941년 퇴직했는데 그동안 고원, 기수, 기사로 활동했다. 1940년 대창공영주식회사를 열어 건설업을 잠시 운영했다. 박길룡 사무소에서 실무를 함께 수행했고 박길룡이 급히

87) 허유진, 20세기 초 서울의 서양식 저택 연구, 한국예술종합학교 건축과 석논, 2013, p83

46 박인준, 김성준 저택

47

별세하자, 박길룡과 긴밀하게 협업을 해왔던 김세연이 일정 기간 그의 사무실을 운영하다가 해방 후 김세연 건축사무소를 개소했다. 당시 대부분의 근대 건축가들이 그러했듯이, 구조계산 전문가가 설계도 함께 하던 시절이었다. 근대 첨단기술과 디자인이 그 자체로서 하나로 인식되던 시기이기도 했다. 그는 당대에 한국인 최초, 최고의 구조계산 전문가로서 명성을 날렸다. 당대의 가장 유명했던 건축물인 미쓰코시 백화점(현, 신세계 백화점), 화신백화점(철거), 조지아 백화점(현재 롯데 영플라자) 등 당시의 주요 대형 건축물의 구조를 그가 계산했다. 당시 최고의 건축가였던 박길룡과 구조 파트너로서 유명했던 것이다.

김세연이 설계한 건물은 모두 철근콘크리트조이거나 조적조였으며 용도는 주로 학교와 백화점, 관공서로, 주택으로는 최창학 저택(1938)이 유일한 것으로 보인다.[88] 김세연은 김구가 귀국 후 머물렀던 경교장(최창학 저택)을 설계하기도 했다. 최창학 주택은 주로 접대와 업무를 위한 공간이었고 실거주는 후면의 한옥을 사용했다.[89] 이와 같이, 그가 설계한 주택은 당시 대부분의 사람들에게 라이프스타일에 맞지 않는 것이었다. 구조 전문가가 당대의 유명 인사의 주택을 설계하는 것에 대해 이상하게 생각할 필요는 없다. 근대 건축가는 당시 최고의 근대기술을 습득한 전문가 그룹의 근대인으로서, 구조전문가 자체가 건축가와 동일시 되는 분위기였다. 보자르 출신의 전통 건축을 추구했던 건축가들과는 달리, 당시 구조 기술자들은 폭발적으로 발달하는 과학기술과 근대성의 발전과 함께 건

48

47 조지아 백화점
48 경교장
88) 김정동, 「김세연과 그의 건축활동에 대한 소고」, 한국건축역사학회 추계학술발표대회 논문집, 2007
89) 허유진, 우동선, 1930년대 말 서울의 양관에 대한 연구, 대한건축학회 논문집 제29권 제7호, 2013년 7월, p184

축적으로도 이전과 전혀 다른 차원의 건축문화를 만들어 나가는 역할을 수행했기 때문이다. 에펠과 비올레 르 뒤크 등 구조 중심의 건축을 수행했던 건축가들이 그러했다.

김세연은 3년제 전문학교에서 당시 최신 미국 콘크리트 시공법을 중심으로 졸업논문을 썼을 정도로 두뇌가 명석했으며. 독학으로 구조계의 거목으로 성장했고, 일본 총독부에서도 독자적으로 구조계산을 진행하고 능력을 인정받았다.[90] 그는 단순히 구조 전문가의 역할만 한 것이 아니라, 한국의 주요 건축단체를 설립하고 운영했다. 그는 각종 학술단체의 초창기 회장으로서 역할을 주도하며, 학회 및 단체가 성장하며 초석을 닦는데 큰 공로가 있는 인물이었다. 해방 후, 그는 여러 건축단체의 좌장과 조선건축기술단, 조선건축기술협회, 대한건축기술협회, 대한건축학회 단장, 고문, 회장직을 두루 역임했다. 또 조선토건협회 회장도 역임했다. 구조기술자는 근대건축의 상징적인 직능인으로, 에펠이 그러했던 것처럼 새로운 시대의 새로운 건축구조와 건축물을 설계하며 근대적 구조와 기능적이고 간결한 표현의 건축가로서의 직분을 수행할 수 있었다.

–이상, 비극적 천재 소설가이자 건축가

소설가이자 건축가 이상은 서울 출생으로, 본명은 김해경이다. 1929년 경성고등공업학교 건축과를 졸업했고. 이후, 총독부 내무국의 건축기사로 근무했다. 고등보통학교 시절 미술전람회에서 회화작품이 수상을 받을 정도로 그림과 디자인에도 능했다. 또 조선건축회지 '조선과 건축'의 표지를 디자인할 수 있는 현상 모집에서 당선되어 1년간 그가 디자인한 표지로 잡지가 출판되기도

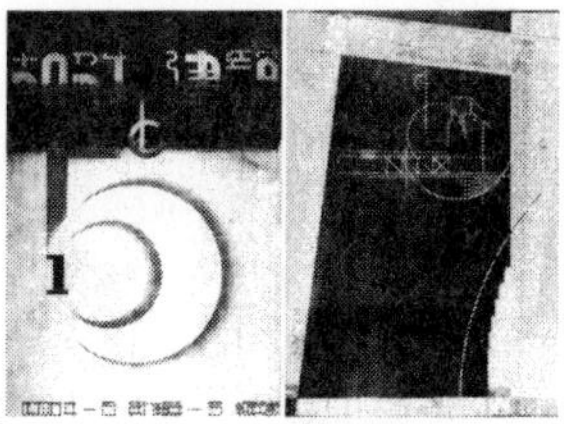
49

90) 허유진, 20세기 초 서울의 서양식 저택 연구, 한국예술종합학교 건축과 석논, 2013, p101
49 이상의 표지디자인

했다. 1933년 폐결핵으로 건축기사를 사임하고 난 이후, 소설 및 문학 작업에 전념했다. 이상의 시, '오감도'가 조선중앙일보에 연재되자 극단적 평가를 받았고, 독자들의 강력한 비판으로 인해 15회 만에 연재를 중단하는 일도 발생했다.

이상의 소설 속에 등장하는 무기력한 주인공은 근대를 살아가는 건축가이자 문학가인 자신의 이야기이기도 했다. 근대적 특성과 신식 문물에 신기해하면서도 동시에 무기력한 근대인의 반응을 감수성이 예민했던 이상은 훌륭하게 표현했다. 만화경과 같은 아케이드의 휘황찬란한 상품들 사이로 덧없이 흘러가는 군중들을 만나면서 느끼는 소외, 익명성, 스피드, 그로부터 느끼는 고독과 공포감의 특성들이 그의 작품 전반에 드러나는데, 이러한 경향은 서구의 보들레르, 랭보 등, 모더니즘 문학 계열에서 두드러지게 보이는 특성들이다. 그의 대표작 '날개'에서 주인공은 한 번지에 18가구가 들어서 있는 유곽들 사이의 조그마한 방에서 기거한다. 하루 중 잠시 한 뼘의 채광이 허용되는 열악한 주거상황에서 아내는 돈을 벌기 위해 화장을 짙게 하고 오후에 외출한다. 그동안 주인공은 무료한 시간을 보내다가 외출한다. 근대성이 창발하는 도시를 탐험하며 주인공은 극도의 흥분과 피로감을 동시에 느끼며 귀가한다. '사실 이상이 묘사한 그 내밀한 방은 근대에 출현한 새로운 내부성(interiority)을 대변한다. 번잡한 대로에서 무방비로 노출된 개인들을 보호하면서, 그 개인들에 의해 완벽하게 통제가능한 공간이다.'[91] 라는 의견처럼, 파편화된 익명성이 보장되며 부유하듯 떠다니는 대도시의 밀집 현상과 대규모 군중의 장면들은 인류가 이전에는 경험하지 못했던 대도시의 새로운 공간적, 시각적, 경험이었다. 시골에서는 공동체성이 강하지만, 익명성을 보장받지 못한다. 반면, 대도시인 경성은 자동차와 각종 교통수단들과 사람들이 익명성으로 뒤엉키고 신기한 문물들이 뒤섞여 창발하는 느낌이다. 이러한 근대

91) 정인하, 한국의 근현대건축, 열화당, 2023, p149

성의 장면들에서 주인공은 신기함과 동시에 냉혹함을 느끼게 된다.

50

이상은 당시 대도시를 기반으로 하는 젊은 엘리트들이 기존의 전통과 문화와는 급격하게 단절되는 방식, 즉, 과학기술, 스피드(교통수단), 때로는 혁명의 방법론을 사용하여 근본적으로 사회구조를 변혁시키고자 했던 모더니스트의 삶을 살아간 근대 건축가이자 소설가였다. 이전에는 상상하기 힘들었던 정도로 기호, 숫자, 수학의 수식을 과감하게 사용하여 특이한 시를 만들었다는 점과 트라우마, 억압된 리비도, 성도착증 등의 무의식을 과감하게 도입하여 무의식적 분위기의 기묘하면서 신선한 작품을 만들었다는 점에서 특이한 건축인이었다. 그는 모더니즘 문학가이자 건축가로서 불꽃과 같은 인상적인 삶을 살았다. 백부의 양자, 기생 금홍과 다방 제비, 후일 김환기와 결혼한 변동림과의 짧은 결혼과 이혼, 폐결핵으로 26살에 요절했던 그의 삶과 예술과 문학은 짧은 삶을 소진하며 천재적인 창조성을 발휘했던 건축인이자, 근대 모더니스트로서 영원한 기억을 얻게 되었다.

–김윤기, 5회나 '장관' 을 지낸 '건축 기술관료'

일제강점기 당시 건축계에서 중요한 역할을 했던 또 한 명의 인물로, 김윤기가 있다. 김윤기는 경성공업고등학교 출신으로, 이후 와세다 대학교에서 건축과를 졸업하여 엘리트 코스를 밟고 한국인 최초로 건축 부문 고등 관료로 채용되었다. 김윤기는 전라북도 김제 출생으로, 의대 진학을 추진하던 중 조국의 미약한 건축 현실을 접하며 건축과로 진로를 변경한 것으로 알려져 있다. 그는 조선인 최초로 와세다 대학 건축과를 졸업한

50 이상의 건축과 실습시절

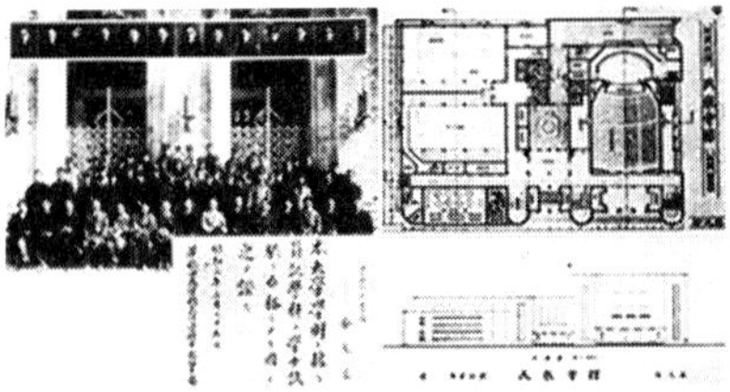

51

인물로서, 귀국 후 조선총독부 철도국 공무과에 취업하여 건축계에 고등관기사로 17년간 철도국에 근무했다. 그는 당시 일제강점기에 기술행정가로서 역할을 충실히 수행했다. 그는 철도 관련 건축설계, 계획에 있어서 책임을 맡았으며, 해방 이후, 기술관료로 변신하여, 교통부 차관. 건설부 장관 등 다섯 번의 장관직을 수행했다.

그는 특히 절충적인 방식에 있어서 행정가이자 설계자로서 한옥식의 수원 역사를 건립하는데 주요한 역할을 했다. 일제강점기 건축행정가로서 설계자 역할도 수행했던 그는 수원 역사를 건립하는데 있어서 한옥이라는 민족적인 코드를 차용했다. 그는 근대의 상징이자 규모가 큰 건물인 역사(驛舍)에 적용하기 위해 구조, 재료, 공법 등을 완전히 새로운 방식으로 해결해야만 했다. 처마가 올라간 거대한 팔작지붕과 단청, 전통 문양의 창호와 실내 의장 등은 그가 세밀하게 신경을 쓴 것임을 확인할 수 있다. 특히 구조적인 측면에 있어서 프로포션을 맞추고 높아지는 지붕의 구조를 해결하기 위해서 새로운 구조적 수법을 적용해야만 했다. 또 건축계획 측면에서는 근대적인 기능을 수행하기 위해 평면적인 분화와 변경이 이루어져야만 했다. 철도국에서 근무하는 동안 한옥형 도시철도 역사를 교묘하게 구축하도록 주장하고 이를 관철하여 전주, 남원, 경주에 한국풍의 철도 역사 구축을 주도했다.

당시 철도국은 근대화의 상징으로, 근대기술과 이를 운용할 수 있는 능력이 필요했는데, 김윤기는 한국인 최초 와세다 대학교 졸업자로, 철도국 건설과장으로 건축계에 파격적 대우로 입사했다. 해방 후, 그는 대한

51 김윤기 졸업작품(와세다 대학 건축과)

건축학회 회장 2회(2대, 6대)와 한국건축가협회 회장(2대)을 역임했다. 그는 철도국 및 해방 후 공직에 있는 가운데 조선 민가 주택의 연구 및 개량 연구를 지속했다. 와세다 대학의 졸업논문으로, 그의 연구는 주거건축, 그 중에서도 한국의 주택문제를 다루었던 유일한 것이었는데, 지리적 환경과 생활양식

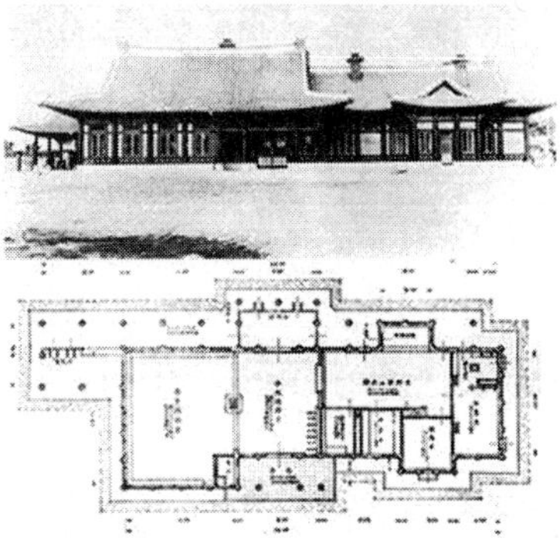

52

을 고찰하고 주가의 유래와 배치, 각실의 명칭 외관, 구조, 실내장식, 지방적 특질, 온돌, 건축비 등을 조사하고 장단점을 분석하여 주거 개선에 대한 자신의 의견을 피력하는 등 수준이 높은 논문을 생산했다.[92] 특히, 그는 빈민들이 살던 토막(土幕)에 계속해서 관심을 가지고 연구했다. 그는 문화주택들을 절충식으로 지으면서 한국에 주택문화를 향상시키는데 관심을 가졌으며 당시 가난한 민중들이 임시방편으로 많이 지었던 토막에 관심을 두며, 이를 극복하기 위해 노력했고, 사회 기반시설을 확충하기 위해 노력했다. 그는 이러한 관심의 일환으로 1950년대 대한주택영단의 10평대 국민주택 및 공영주택을 보급하기도 했다. 또 1970년대 새마을 기술봉사단 중앙회장을 수행하며 농촌지역 주택개량사업을 추구했다. 과학운동도 적극적으로 하여 일본 유학시절 사이언스 클럽을 결성했고 귀국하고 해방 이후 한국 과학기술단체총연합회 초대 회장을 지내는 등 과학지식을 보급하기 위해 노력하기도 했다.

일제 강점기에 한국풍의 철도 역사 구축에 적극적으로 관여했던 김윤기는 일본의 제관양식과 흥아양식에도 매우 친숙한 인물이었다. 그가 장관을 지내는 기간에 경복궁 내 종합박물관 설계경기에 제관양식과 유사

52 김윤기, 수원역사

92) 김용범, 건축가 김윤기의 초년기 교육과정과 건축활동에 관한 고찰, 대한건축학회논문집, 제29권 제6호, 2013년 6월, p177

한 방식의 설계경기 운영방식을 적용했고, 한국풍의 철도 역사를 구축했던 경험을 바탕으로 하여 심사위원으로서 강봉진의 안을 선택했다. 이러한 점에서 그가 일제시대의 잔재가 남아 있는 행정을 수행하는 등의 한계도 보였다고 평가되기도 한다. 그러나 시대적 관점으로 보았을 때, 일정 부분 당시의 문화적, 건축적 한계 내에서 절충 방법론을 실험했던 것으로 볼 수도 있을 것이다.

–나카무라 요시헤이 및 한국에서 활동한 일본 건축가들

53

한국에 정착한 대표적인 일본인 건축가로 나카무라 요시헤이가 있다. 그는 1905년 도쿄 제국대학 건축과를 졸업했다. 1907년 당시 일본 건축계의 원로이자 은행 건축계획의 대가인, 사쓰노 긴고와의 인연으로 그는 28세에 조선에 입국하면서 경성지점 신축공사 현장감독을 맡았다. 그는 대학원 재학시, 은행 건축계획을 전공했다. 조선은행 부지배인인 동서의 영향으로 조선에 정착했고, 조선의 은행 프로젝트를 많이 수주했다. 1917년에는 중국 다롄 은행 지점을 설계하기도 했다. 황금정(을지로)에 1928년 나카무라 건축사무소를 개소했는데, 초기에는 고전 양식을 절충한 방식으로 설계했고, 이후 안톤 펠러를 영입하여 그의 영향으로 세제션 스타일 건축을 습득하여 소화하는 건축을 선보였다. 이후, 안톤 펠러는 건축파트너의 관계로 발전했다. 그는 요시헤이 뿐만 아니라 일본 안토닌 레이몬드 및 미국 프랭크 로이드 라이트의 사무소에서 일하면서 제국호텔의 설계에도 참여했던 인물이었다.93)

요시헤이의 대표작으로, 천도교 중앙대교당은 일제가 건축해 온 르네상스풍이 아니라 '세제션' 풍을 실험한 근대적인 스타일의 건축물로 실

53 요시헤이와 펠러

93) 김영재, 나카무라 요시헤이의 서양건축양식의 수용과정과 그 의미, 대한건축학회논문집, 제29권 제5호, 2013년 5월, p167

험되었다. 세제션(secession movement)은 '분리' 한다는 어원만큼이나 과거 양식으로부터 분리된 새로운 예술을 지향하고 전반적으로 전통 건축양식은 남아 있지만, 장식에 의존하지 않고 단순한 직선으로 형태의 변화를 만들어 냈다. 세제션 운동은 철근, 유리, 콘크리트 등의 공업재료, 기능성, 형태와 구조적 합리성을 선호하는 등, 모더니즘을 예견하게 만드는 사조였다. 이 작업은 의양풍이나 제관양식의 건축물과는 달리, 근대 모더니즘의 최전선에서 활동하며 한반도에서 새로운 건축적 실험을 성취한 의미있는 작업이었다.

54

이외에 한국에서 활동한 일본 건축인의 면모를 살펴보자. 다마타 기쓰지는 1894년 야마구치현 출생으로, 일본에서 1923년 건축고등과 야간과정을 마치고 한국에 입국하여 미쓰코시 백화점 경성지점 신축공사 현장감독의 직분을 수행했다. 이후, 그는 다마타 건축사무소를 개업했고 주로 극장 건축가로 성공하여 한국에 남았다. 특히, 단성사, 명치좌(현 명동예술극장), 황금좌, 부산 동래관 등 다양한 극장 건축을 설계했다. 또 한 명의 건축가로 오시미 야지로는 일본에서 소학교를 가출하여 조선에 입국했다. 그는 경성고등공업학교 건축과를 졸업하고 실무수련을 하면서 일본 목조와 스키야 건축에 뛰어난 실력을 보였다. 그는 이 실력을 바탕으로 모던 스타일이 가미된 일본풍 건물을 한국에서 다수 설계하며 성공을 거두었다.

앞서 언급한 대로 요시헤이, 기쓰리, 야지로 등의 일본인 건축가들은 '만철' 에 영입된 엘리트 인재들이 새로운 대륙의 기회를 쫓아 만주국에서 새로운 시대의 근대적 기술을 마음껏 시도하면서 새로운 시대적 건축적

54 천도교 중앙대교당

잠재성을 현실화시켰다. 이와 마찬가지로, 그들은 조선이라는 기회의 땅에서 그들의 야망을 성취하고자 이주했던 인물들이었다. 나카무라 요시헤이와 기쓰지, 야지로 등의 건축가들은 한국을 거점으로 하여 최고 전문가로 자리매김하며 활발하게 건축 활동을 전개했다. 이러한 활동은 큰 틀에서 보면 역시 제국주의 시대에 근대성과 근대적 기술을 중심으로 하는 강제 침탈과 통치, 그리고 통제를 위한 건축적 활동의 일환으로 볼 수 있다.

앞서 언급한 대로, 중체서용(中體西用), 즉, 중국의 전통과 사상을 중심으로 서양의 과학기술과 문물을 주체적으로 사용한다는 개념은 실제로는 근대 시기의 현격한 격차로 인해, 또 근대성을 강요당하는 입장으로 인해, 주체적인 시각이 적용되기보다는 근대적 특성이 강제적으로 삽입되는 도시, 건축의 경향을 보여왔다. 그러나, 서체중용(西體中用)을 주장하는 경우, 유사한 것 같지만, 접근방식이 매우 다른 잠재적 차원의 특성이 현실화 될 수 있다. 그것은 서구의 기술을 쓰면서 잠재적인 동북아 사상과 물질문화에 해당되는 부분(기)의 요소를 드러낼 수 있는 방안을 사유하는 것이다. 일제치하에서 기술 중심의 실무적 건축 교육을 받았던 건축인들과 일본 및 미국 등지에서 교육을 받고 들어온 인재들은 일제 강점기 및 해방 후, 한국 건축계를 이끌어가며 근대성을 융합시키며 건축활동을 수행했다. 그러나 그들은 대부분 근대성의 기술적 측면만을 중시하며 서양 근대 건축을 한국에 이식하는 수준에서 벗어나지 못하는 것이 현실이었다. 그들은 제국주의 시대의 영향을 받아 일제 강점기를 거치며 일본이 받아들인 근대성의 방식으로 근대성을 경험하고 해방 및 한국전쟁이라는 20세기 이데올로기의 비극적 상황을 견뎌냈다. 문화적, 철학적으로 '서체중용' 할 수 있을 만큼, 건축 부문에 심도있는 논의와 고민을 하기에는 한국의 상황이 절대적으로 여의치 않았던 것이다. 본격적으로 '한국성' 에 대해 논의하고 발전시키는 역할은 전후, 한국 현대건축 1세대에게 그 과제를 넘겨주게 된다.

0425 해방 시기 근대 건축가들과 한국 현대건축 1세대 건축가

한국전쟁 이후, 현대 건축가 1세대는 전후의 극심한 물자 부족 및 어려운 여건 가운데 활동했던 건축가들로, 국제주의 건축이 주요한 양식으로 성행하는 시기에 작품활동을 이어갔다. 해방 이후 대부분의 일본인이 쫓기듯이 귀국하고 난 이후, 일제 총독부에서 근무하던 건축 부문의 한국인 인재는 그 수가 매우 적었다. 또 해방 이후 국가의 형태를 잡아가기에도 벅찬 상태에서 국가 재정상 새롭게 건축하는 공공건축의 물량도 극히 드물었다. 특히 국가사업 수준의 건축물을 수행할 수 있는 기술 역량을 갖춘 인재가 극히 드물었다. 일본 및 미국 등 당시 선진국에서 유학하고 귀국한 인재들은 숫자도 극히 드문 상황이었고 해방 후 주요 대학에서 교편을 잡고 있었기 때문에 국가 규모의 건축사업은 자연스럽게 교수 건축가들이 주로 맡게 되었다. 이들은 국가 건축설계의 엘리트 카르텔을 형성하면서 심사와 작품응모를 번갈아 가며 수행했고 국가 차원의 사업들은 그런 방식으로 이루어졌다. 그만큼 당시에는 건축전문가들이 부족했던 상황이었다.

–이천승, 전방위적 수재 스타일의 엘리트 건축가

이천승은 서울 출생으로 1932년 경성 고등공업학교 건축과를 전교 수석으로 졸업한 수재였다. 학교 재학 중 박길룡 사무소에서 화신 동관의 입면 설계에 참여하기도 했고 졸업 후 1년 동안 그곳에서 근무하며 신민당청사, 국민은행 남대문지점 설계에 참여했다고 회고한다.[94] 이천승은 이후 '만철'에 입사하여 만주에서 활동했다. 당시, 만주는 일본이 중국 만주 지역에

94) 이천승, 특집 30주년 회고담, 걸어온 길을 돌아보면, 대한건축학회지 19권 65호, 1975년 8월, p20

55

'만주국' 이라는 근대적 식민지를 건설하면서 대규모 투자와 개발이 활발하게 진행되었던 기회가 널린 '신세계' 였다.

앞서 식민지 시기의 만철의 특성에 대해서 살펴본 바와 같이, 식민지로 진출하고 현지의 수탈 자원 및 부를 신속하고 효율적으로 빼내오기 위해 일제는 전화, 전신, 전기, 그리고 철도, 항만 등의 근대적 인프라를 신속하게 건설하고, 각종 이권 사업들과 관련된 건축사업들을 독점했다. 이러한 분위기에서 당시 엘리트 코스를 밟은 이천승은 만철에 입사하여 각종 근대시설의 설계, 구조에 참여했고, 특히 근대 도시계획의 실무를 두루 경험했다. 이는 그가 해방 후, 각종 도시 및 건축의 근대적 시설과 함께 특히 도시계획에 있어서 주요하게 참여할 수 있는 차별화된 경쟁력을 쌓는 계기가 되었다.[95]

그는 다롄 철도 역사, 발전소, 호텔, 공장, 청사 등 다양한 사업에 참여했다. 특히, 다롄 역사는 도쿄 우에노역사 승하차 분리 방식을 차용한 매우 주목할 만한 시설이며, 현재에도 큰 변화가 없는 상태로 사용되고 있다. 그는 만주에서 근무했던 8년 동안 한국인과의 교류는 거의 없었다고 회상했으며, 1940년 중국 충령탑(일본군 전몰자 위로탑) 설계공모에 지원하여 가작으로 뽑힐 정도로, 민족의식은 부족했었던 것으로 보인다. 또 귀국 후 징용 면제를 목적으로 박흥식의 조선비행기 공업주식회사에서 근무하는 등 엘리트의 코스를 밟았다.

이천승은 만철에서 만주국 수도인 '신징 도시계획' 에 참여했었는데 그

55 다롄 역사

95) 권태문, 건축사, 한국의 건축가8-이천승, 1997년 1월호, p116

때의 경험과 지식을 살려 해방 이후 1946년에 한국 최초로 '도시계획 연구회'를 결성했고 1950~60년대 서울시 도시계획 및 남서울 도시계획을 입안하는 데 주도적인 역할을 수행하기도 했다.[96] 1953년에는 김정수와 '종합건축사무소'를 설립했는데, 이는 본격적으로 한국 최초의 대형설계사무소 조직을 만든 것이었다. '종합'이라는 회사명에서 보여지듯, 종합건축사무소는 당대 최고 전문가들이 집약되어 모여 있는 그룹으로 건축계획, 설계, 구조, 전기, 설비, 도시계획분야를 종합하여 시스템적인 운영을 추구했다.

56

그의 주요 작품들은 그 시대의 대표작들로서, 당시 국가적으로 주목받는 굵직한 프로젝트들이었다. 시민회관(우남회관), 신신백화점(아케이드와 커튼월 최초 쇼핑몰), 국제극장(커튼월), 명동성모병원, YMCA본관, 장충체육관, 연세대 학생회관, 서울대 중앙도서관, 조흥은행 본관, 국회의사당, 한국과학원, 서울서부역사, 한국증권거래소, 국회도서관, 국립중앙박물관, 한국조폐공사 목동청소년회관 등이 있다. 이천승은 1955년 주도적으로 미술전람회(국전)를 신설했고, 건축부의 심사위원으로도 활동했다. 또 1957년에는 한국건축작가협회(한국건축가협회) 초대 회장을 역임하기도 했다.

이천승은 일제강점기 시기에 전형적인 엘리트로서, 만철에 입사하여 다양한 경험을 수행했던 '모던 댄디보이'였다. 해방 이후, 그는 한국 건축계에서 굵직한 프로젝트들과 도시계획에 관여했다. 그러나 그는 민족의식은 부족했고, 어떤 면에서는 자신의 출세에 집중한 행보를 보였다. 이러한

96) 권태문, 같은글, 1997년 1월호, p116
56 우남회관

측면에서 이천승은 근대성의 양면적 속성을 잘 보여주는 건축계의 상징적인 인물 중 한 명이라고 할 수 있다.

—정인국, 낭만적 변증법의 한국성 모더니즘 건축가

57

정인국(鄭寅國, 1914~1974)은 황해도 재령 출신으로, 평양공업대학 교수로 재직중 월남한 한국 현대건축 1세대 건축가이다. 그는 1942년 일본 와세다 대학에서 공부했고 1951년 서울대학교 공과대학 강사를 역임했다. 1954년 정인국은 신건축문화연구소를 설립하고, 다음 해 대한미술협회 회원이 되면서 한국 건축계에서 자리를 잡고 1970년대 초반까지 활발하게 활동했다. 1956년 이래 국전 심사위원, 1954년 홍익대학교 건축과장, 1965년 홍익대학교 건축학부장이 되었다. 그는 황해도에서 지주의 아들로 풍족한 유년기를 보냈고, 선교사들과의 접촉이 많은 가운데 자유로운 분위기에서 성장했다. 정인국은 중학교 이후, 도일하여 와세다 대학 제1고등학원 이과와 이후, 와세다 대학교 건축과를 졸업했다. 졸업하면서 결혼하여 동경의 일산토건주식회사에 잠시 근무하다가 학병 면제를 위해 중국의 관동주 지사에 파견을 나갔다. 광복 후, 귀국하며 정인국은 평양공업대학 건축학부 교수로 취임했다. 그러나 지주의 아들로서, 북한의 분위기가 심상치 않자, 월남하여 건설회사, 광업소 등에서 근무했다. 1954년에는 '신건축문화연구소'의 일원으로 활발하게 작품활동을 했다. 이후, 그는 와세다 대학 선배인 김윤기 장관의 도움으로 1954년에 홍익대학교 미술학부 건축과 교수가 될 수 있었다. 그는 일제시대의 기술 중심의 교육제도를 답습하고 있던 건축교육계에 디자인 및 인문 중심의 건축 커리큘럼을 수립하여 시행하였고 후진 양성에

57 정인국 초상

힘썼다.[97] 또 건축이 예술의 한 장르라는 점을 강조하며 이러한 인식을 정착시키기 위해 노력했다. 김종성은 홍익대학교의 교육을 바우하우스와 보자르의 결합으로 평가한 바 있다.

그의 주요 경력으로, 1957년 서울특별시 문화위원, 한국건축가협회 창립위원 및 이사(1959), 1960년 국회의사당 건설상임위원이 되었으며 1961년 서울특별시 문화재 보존위원, 남대문 중수 공사 자문위원, 대한주택영단 자문위원을 역임했고 1965년 서울특별시 문화상을 수상했다. 건축가로서 정인국의 본격적인 이력은 홍익대학교에서 교편을 잡기 시작한 1954년부터였다. 이 해에 정인국은 신건축문화연구소를 설립하고, 다음해 대한미술협회 회원이 되면서 건축계에 안착하고 1970년대 초반까지 정력적인 활동을 펼쳤다. 또한 건축학 저서로 『현대건축론』(1970), 『한국건축양식론』(1974)을 출판하고 1965년 서울특별시문화상을 수상했다. 주요 작품으로, '중앙관상대'가 있고 저서로 『서양건축사』, 『근대건축론』, 『현대건축론』이 있다. '홍익대학교 본관(1957)', '국립중앙관상대(1969-60)', '조흥은행 본점(1963-66)', '서울시교육위원회', '천도교 수운회관' 등이 있는데, 기능주의 건축으로서 국제주의적 스타일의 전형을 보여주고 있다.

58

그의 작품 경향은 전후 1950년대 후반에서 1960년대 초반까지 재건 시대에 기능주의 건축으로서 국제주의적 스타일의 전형을 보였다. 이후, 1960년대부터 건조하고 차가운 기능주의에

97) 박길룡, 한국의 건축가-정인국, 건축사,1996년 2월호, p71

58 천도교 수운회관 및 한국전력 서울 별관

서 탈피하여 낭만적 요소를 가미하는 건축을 보였다. 이후, 1970년대에는 모더니즘 건축을 바탕으로 한국의 전통성을 복원해 한국 건축의 정체성을 확립하고자 했다. 그의 작품은 25년 정도의 짧은 기간 동안에 국제주의양식 - 모더니즘의 낭만적 타협 - 지역주의의 작품 경향으로 비교적 자유롭게 변화해 나가면서 발전했다. 천도교 수운회관(1968-70)은 직사각형 건물 양측에 반원추형의 아치형의 매스를 돌출시키고, 상부의 곡선의 호들로 구성된 처마 캐노피를 덧붙여 낭만적 분위기를 보이고 있다. 수운 최제우의 동학이 이후 천도교가 되었고, 기(氣)를 중시하는 특성을 보였던 만큼, 인간의 로고스와 기의 측면인 파토스를 중시하며 변증법적인 정합을 중시했던 정인국이 그리드의 합리성과 곡선의 낭만성이 조화를 이룬 '수운회관' 을 설계한 것 자체가 의미심장하다. 70년대 들어 정인국은 전통적인 한국적 양식을 모더니즘과 결합시키는 방식을 고민했고, 이 시기의 대표작은 '하와이 한국학센터(1972)' 이다.

그는 한국인 최초로, 건축역사 박사 학위논문인 「이조시대의 궁전건축 연구」를 썼고, 이때 하인리히 뵐플린(1864~1945)의 양식 미학을 촉매로 하여 변증법적인 특성을 반영하여 한국 건축의 변화양상을 연구했다. 그는 변증법적 역사관을 중심으로 역사적 사실을 비평하여 역사의 지속적 관조를 전제하면서 한국적 모더니즘 혹은 한국적 지역주의 건축의 양상을 보여주고 있다. 그의 작업이 합리성과 낭만성이 교차하면서 다채롭게 변화해 나간데에는 뵐플린의 이론을 중심으로 하는 서양의 변증법적 양식의 변화 과정을 통한 발전을 신봉하는 시각이 중심이 되었기 때문이다.[98] 정인국이 기고한 글에서 그는 로고스적인 것과 파토스적인 것의 주기적 변화와 정합을 거쳐 역사적으로 발전하고 진보하게 된다고 주장했는데, 이것은 서구적 사유 방식의 예술적 시각에 영향을 받았음을 그대로 드러내고 있는 것이다.[99] 그의 논문에서는 20세기에는 그 진폭이 좀

98) 박길룡, 한국의 건축가-정인국, 건축사,1996년 2월호, p75

99) 정인국, 건축양식발전의 주기성과 이원성, 건축 대한건축학회, 제7권 제2호 1963.8 1-2

더 짧아졌으며, 그것이 변증법적인 방식으로 방향성을 보이며 발전하고 있음을 다이어그램으로 보여주고 있다. 정인국이 자신의 설계한 모더니즘 건축에서 곡선과 낭만성이 비교적 자유롭게 표출되는 표현적 특성이 가미된 건축을 추구한데에는 이러한 생각이 기본이 되었다.

탄생 100주년을 맞아 서울역사박물관에서 정인국 기증유물특별전 '건축 40년, 시대를 담다' 를 전시했다. 이 전시에서 박길룡은 '전시는 그의 건축을 4개의 단락으로 그리는데, 고전적 모더니즘(홍익대학교 본관), 국제양식(국립중앙관상대), 모더니즘과 낭만의 타협(한국전력 별관), 지역주의로서 전통(영남대학교 박물관)의 맥락이다. 약 20년 사이에 이러한 맥락은 언뜻 '연속된 모순' 처럼 보인다. 앞의 것을 뒤가 부정하고, 그 뒤의 것은 앞의 것이 수정된 결과이다. 그 스스로를 세우고, 그 스스로를 부정하며 다시 짓고 지우고 다시 쓴다.' 라고 언급하며 변증법적 과정을 통해 역사적 발전과 양식의 변화 과정을 고찰한 것을 그의 작업에 반영하고 있음을 강조했다.

정인국은 이데올로기 시대에 평양에서 교수를 하다가 남한에 피난을 와서 정착했던 사례로서, 분단의 역사적 아픔을 겪었던 건축가를 상징하는 인물이다. 그는 변증법적 예술사관을 바탕으로 모더니즘을 추구하면서 예술적 인문적 특성을 중시하여 그의 작품에 적극 반영한 건축가이자 학자였다.

–배기형, 구조 중심의 근, 현대 건축가[100]

또 한 명의 근대성을 실현시킨 건축가로서 주목해야 할 인물로 배기형이 있다. 배기형은 질곡 많았던 한국 근현대사와 직접적으로 연계되며, 근대성과 기술을 근간으로 하는 근대 구조 중심의 건축가를 상징하는 인물이

100) 임기택, 근대 구조기술 전파과정 중 건축가 배기형의 연계성 연구, 22권2호(통권96호) 2020 의 논문 내용을 재편집함.

다. 그는 가난한 농촌 가정에서 태어나 부산의 일본인 중심의 학교인 부산공업고등학교에 들어가 수학한다. 졸업 후, 그는 건축 구조기술자로 일본에서 공부하고 당시 제국의 확장을 위해 만주를 오가면서 활동했다. 해방 후 귀국하여 공장 건축 및 특수건축을 중심으로 계획과 실제 구축을 주도했고 이어서 고층 사무소 건축으로 업역을 확장하여 조형성을 가미한 근현대 건축을 실현시킨 건축가로 성장했다.

59

배기형은 한국의 '피터 베렌스(Peter Behrens)'로 불릴 수 있을 만큼 구조를 중심으로 하는 근대적인 대규모 산업 공간과 구조 및 디테일이 뛰어난 고층 건물들을 설계했고, 후속 세대의 건축가들도 다수 길러낸 한국 현대건축 1세대 건축가이다. 그는 30년대 후반부터 일본의 대규모 공간을 필요로 하는 제철소 건축설계에 참여했고 만주를 오가며 활동하여 당시 동북아시아의 근대화 과정에서 최신의 강구조 건축기술을 체험했던 인물이다. 배기형은 1935년 부산공업고등학교 건축과(현, 부경대학교 건축학과)를 졸업하고 도일하여 큐슈 제국대학 임시 고등 건축강습소에 1년 동안 교육을 받고 졸업한다. 이후 니시지마(西島) 건축설계사무소를 거쳐 야하타 제철소와 쇼와 제철소의 작업을 요청받게 된다. 그는 제철소의 강구조 실시설계 및 관리에 대한 업무를 수행하면서 점차 직무의 전문성을 고도화할 수 있도록 교육받았다. 해방 후 부산으로 귀국한 그는 1946년 '구조사 건축설계사무소'를 설립하여 활동했다. 그의 경력과 건축사무소 작명에서 드러나듯이, 그의 건축은 대규모 구조 중심의 건축이 주가 되었고, 구조 중심의 건축의 방향성을 추구한다는 것을 감지할 수 있다. 그는 전쟁 중인 열악한 상황에서도 1953년 한국인 최초로 근대산업건축인 제일제당 부산공장을 실현시켰을

59 배기형

뿐만 아니라, 50년대 말부터 설계하여 60년대 한국 최고층의 복합 하이라이즈 빌딩인 '유네스코 회관'과 '중앙빌딩' 등 당시 다수의 하이라이즈 건축들을 실현했던 건축가이다. 그는 당대의 최신 건축기술을 추구하고 실험정신을 가미하여 건축작업을 실현한 구조 중심의 건축가였다.

건축가 배기형은 일제 시기 제철소 건축에 참여했고, 해방 후 복잡한 구조해석이 필요한 산업건축, 장스팬의 특수건축(격납고, 극장건축), 고층 사무소 건축 등 한국 현대건축의 구조건축의 중심에 있었다. 일본 최초의 근대 산업시설인 야하타 제철소는 6단계에 걸쳐서 확장 발전을 이루었고 서구기술이 유입되고 피드백을 거치며 자체적인 기술력을 확보하게 되었다. 배기형은 6단계의 시기(1933~1945년)[101]에 부산 공업고등학교 졸업 후 큐슈 제국대 임시 고등공업기술소 교육 졸업생으로, 졸업 후 야하타 제철소에서 실시설계를 수행하고 만주 안산제철소 확장계획에도 투입되었다. 그는 만주를 왕래하며 필요한 대규모 시설과 장스팬 시설에 참여하게 된다. 이러한 경험은 해방 이후 구조해석이 중심을 이루는 산업건축을 설계와 시공을 통해 그의 영역을 넓히는데 결정적인 계기가 되었다.

일본 야하타 제철소 설립과 만주 안산제철소를 확장했던 시기에 근대 구조기술의 전파과정에서 배기형이 그 자리에 존재했다. 그러나 그는 단순히 구조 기술자의 위치에 머물러 있었던 것이 아니라 진정한 건축가로 성장했다. 배기형의 사무실에서 수련했던 인하대 원정수 교수는 그의 구조 중심의 대표적인 건축작업으로 대규모 공장건축물인 '제일제당공업주식회사 부산공장'(1953년), '피카디리 극장'(1958), '제일병원'(1963), '한국전력 영월 제2화력발전소'(1962), '국립건설연구소 수리시험실'(1967) 외에 다수의 산업건축과 공군관련 대규모 시설 등을 꼽고 있다. 실제로 배기형은 공장 및 격납고 시설 등, 구조 중심의 건축을 설계하다가

101) Kazuhiro Kaida. A Study on the Introduction and Development process of the Steel structure building in Japan[Ph.D. dissertation]. Kyushu University, Japan, 2008

공군사관학교 도서관에 이르러 건축 작품의 수준으로 작업과 역량이 승화되고 있다.

60

그는 해방 후 서울로 올라와 당대 유명 건축가들과 공동작업을 수행하고 선진 구조기술을 실현시켰던 도전적이고 진취적인 인물이었다. 이후 그는 한국건축가협회 회장(6대)을 지내면서 국회의사당 설계 공모를 주관하는 등, 해방 후 현대건축사의 굵직한 장면에서 활약했다. 사무소명도 '구조사 건축사사무소'라고 작명한 바와 같이 그의 사무소는 처음부터 구조 중심의 건축물에 특화된 사무소를 표방했던 것이다. 실제로 그의 전체 설계 경력에서 산업건축 및 장 스팬의 특수건축, 고층사무소 건축이 주가 되고 있다.

61

인천 대한중공업 압연공장 설계는 압연공장의 특성상 무거운 하중의 천장 주행용 크레인의 기능이 필요한 시설이었다. 그는 구조 부문의 함성권, 김창집, 김태식, 엄덕문과 함께 작업하여 성공적으로 업무를 완성하게 된다. 이를 계기로 1954년 배기형은 상경하여 한국 현대건축 1세대 유명 건축가인 김희춘, 정인국, 김창집, 함성권, 엄덕문과 함께 종로 장안빌딩에 공동경영 방식으로 신건축창조를 목적으로 하는 '신건축문화연구소'를 창립하여 활발하게 활동했다. 이후 독립하며 그의 설계사무소(구조사 건축사사무소)는 당시 기준으로 큰 규모의 설계조직으로 성장했다. 장안빌딩 내 신건축문화연구소 시절, 정규

60 공군사관학교 도서관
61 제일제당 부산공장

대학을 졸업한 5명의 건축가들은 대부분 서울대학교와 홍익대학교, 한양대학교에서 강사나 교편을 잡고 있었기 때문에 사무소에 풀타임으로 근무할 수 없었다. 그러나 배기형은 강의가 없었기 때문에 항상 사무실을 지키며 상대적으로 많은 작품들을 수행할 수 있었다. 그러나 55년 여름, 화재로 인해 사무소가 해체되면서 배기형은 다시 구조사 건축사사무소를 개소하여 운영하며 승승장구한다. 그의 사무소는 창립 이후 300여명의 사원들이 거쳐갔다. 원정수, 지순, 김창서, 윤도근, 박학재, 최영규 등 후대 건축가와 학자가 된 많은 인재들이 배기형을 도우며 함께 작업을 수행하며 구조 중심의 실무를 수련했다.

62

대규모 산업시설의 설계와 함께 그는 대규모 공간이 필요한 공군 격납고 등, 국방부 시설 설계를 다수 수행했다. 그의 경력에서 정점을 이루었던 산업 건축설계는 '한국전력 영월 제2 화력발전소' (1962)였다. 그것은 순수 한국인의 기술과 설계로 구축된 건축과 기계설계의 복합체였다. 이후 그가 산업건축에서 명성을 얻고 옮겨가게 된 분야는 사무소 건축 부문이었다. 설계경기로 당선된 '유네스코 회관'은 60년대 초 명동의 랜드마크이자 최고층의 복합문화 건축물이었다. 또한 그는 서울의 파라마운트 극장, 피카디리 극장 및 다수의 극장 건축을 설계하면서 대규모 스팬의 철구조 문화시설을 설계하기도 했다. 유네스코 회관은 1967년에 완공되었지만, 60여년 동안 기능이 원활하게 유지되며 오늘날에 이르고 있다. 이 건축물은 67년 완공되었지만 실제로는 50년대 말에 건립이 결정되고 설계경기에 당선되어 계획설계와 실시설계가 이루어졌다. 척박했던 50년대 한국에서 당시 최첨

62 영월 제2공장

63

단의 고층건축물을 선도적으로 실험했다는 점에서 배기형의 역량과 실험정신을 상기할 필요가 있다. 그 당시 명동의 랜드마크이자 최고층 복합문화 하이라이즈 빌딩인 유네스코 회관의 건립은 난항이 계속되었다. 원인은 설계가 완료된 이후(1959년) 유네스코로부터 자원을 지원받는 것 이외에 정부로부터 많은 비용이 드는 자금을 지원받는 것이 어려웠고 중간중간 공사가 중단되었기 때문이었다. 결국 완공되는데 총 7년여의 시간이 소요되었다. 59년에 기공식을 했으나 지지부진하다가 62년 자금 조달문제로 공사가 중단되었다. 2년여 동안 각종 매스컴에서 문제를 제기하고 후원회가 결성되어 결국, 공사 시작 8년 만인 1967년 2월에 완공되었다. 유네스코 회관은 67년 당시로는 혁신적인 지상 13층 건물로 완공되었다. 또한 외벽 전체가 기둥이 보이지 않는 커튼월을 적용하여 구축된 건축물로서 완공 당시 엘리베이터와 냉난방 설비를 갖춘 최첨단 건물이었다. 한편, 조흥은행 남대문 지점 설계의 경우, 모던한 디자인을 적용하였지만, 표현수법이 90년대 중규모 이상의 근생 건물의 디자인이라고 보아도 어색하지 않을 정도로 디자인 감각과 비례에 있어서 세련된 수준을 선보이고 있다. 그것은 그가 단순한 기술자의 수준을 넘어 건축가로서의 자기 입지를 확실히 할 정도의 건축적 역량을 가지고 있었음을 확인할 수 있는 사례들이다.

64

그가 산업건축의 구조적 해석과 건축가로서의 의지가 반영되는 작업을 하게 된 근본적인 배경에는 제철소 건축의 경험이 중요하게 작용

63 유네스코 회관
64 조흥은행 남대문 지점

했다. 일본의 근대적 제철소는 주로 19세기 말의 독일 기술과 20세기 초의 미국, 영국의 기술이 도입되어 제철소의 발전이 이루어졌으며 제철소 건축은 산업건축과 특수건축 및 공장설비에 있어서 핵심적인 기술이 망라된 '근대 건축기술의 총아' 였다. 배기형은 이러한 배경에서 일본의 근대화 과정과 제2차 세계대전의 엄혹한 환경에서 근무하면서 대규모 산업시설의 구조원리 및 기계 원리 등에 대해서 충분한 교육과 구축의 경험을 빠른 시간에 체득한 인물이었다. 배기형은 서구 근대건축의 구조기술의 최전선에서 근무하면서 근대건축의 정신을 흡수한 인물이었다. 그러나 건축가 배기형의 건축 이력이 비범한 점은 어려운 여건 가운데에서도 일본의 교육과 실무를 거쳐 귀국 후에 보였던 행보에서 찾아볼 수 있다. 그는 근대기술을 중심으로 하여 자신의 피나는 노력으로 학력의 한계를 넘어섰다. 그는 당대의 건축가로 성장하는 과정에 근대기술과 예술정신을 접목시켜 한국 현대건축에서 주요 인물이 될 수 있었다. 배기형은 앞서 살펴보았던 김세연과 유사하게 구조적 해석을 중심으로 설계를 하다가 장스팬이 필요한 산업시설과 고층건축물을 실현시켰고, 디자인이 일체화된 새로운 시대의 구조와 미적 표현의 건축실험을 수행했다. 당시는 근대성의 재료과 구조, 설비 등이 일체화된 건축 자체가 신물물이자 새로움 그 자체였기 때문에 선구자적인 디자인의 첨병으로서의 역할을 수행할 수 있었던 것이다.

그의 사무실에서 구조 중심의 프로젝트를 다수 계획하며 실무를 수련했던 수제자 원정수는 포스코 센터를 계획했다. 포스코 센터는 90년대 기술미학과 하이테크 디자인이 결합된 디자인이었으며, 저층부 아트리움의 구조 디테일을 충실히 구현했다. 이 작품은 여러 가지로 상징적인 작업이다. 제철소라는 근대 주요 인프라를 설계하고 대규모 철구조물의 산업공간을 설계했던 배기형에게 배운 원정수가 설계했다는 점과 박태준이 설

65

럽한 제철회사 포스코의 본사를 계획했다는 점에서 상징성이 있다. 건축비평가 박길룡은 저층부의 아트리움을 언급하며 '몸은 빙어처럼 투명하며, 드러나는 내부는 몸의 해부학적 조형이다' 라고 표현했다. 또 '투명도가 높은 건물을 만들기 위한 기술, 유리 틀의 접합기술, 철강으로 가능한 가벼움을 구사하는 기술 등으로 한국의 현대건축을 학습시켰다.' 라는 평가를 내리고 있다.[102)] 한국의 하이라이즈 빌딩 테크놀로지와 하이테크 건축은 척박했던 근대화의 역사만큼이나 서양과 한 세대 이상 뒤쳐져 있는 상황이지만, 포스코센터의 저층부 아트리움은 마치 산업건축의 철골구조를 보는듯, 혹은 20세기의 수정궁을 보는 듯, 근대성의 연속선 상에서 기술중심의 구조건축을 추구했던 건축가 배기형과 원정수 등 한국건축의 구조 중심의 건축 계보를 보여주는 상징적인 작업으로 남아 있다.

일제 강점기와 한국전쟁 전후로 활동했던 근대 건축가들은 2차 세계대전과 한국전쟁을 겪으면서 격변하는 세계 정세와 엄혹했던 시대 상황으로 인해, 건축적으로 매우 열악한 여건속에서 활동했다. 앞서 살펴본 바와 같이 일제 강점기에 조선총독부 소속 관련 업무를 진행했던 건축가들은 낮에는 일본의 통치를 위한 시설을 설계하고 밤에는 다양한 배경의 인물로부터 의뢰를 받아 작품을 진행했다. 식민 통치의 상징성이 있는 건축물 외에 대부분의 건물은 경제성을 중심으로 설계되었고, 정체가 불분명한 '문화주택' 이라고 불리는 서양 양옥 형태의 주택이 유행하는가 하면, 주요 건축물은 서양의 양식건축이나 의양풍의 건축물이 거의 대부분

102) 박길룡, 서울체, 디북, 2020, p332
65 원정수, 포스코 빌딩

을 차지했다. 그러한 건축물이 서양의 앞선 기술과 문화의 건축물이라고 생각되던 시기였기 때문이다. 이제, 한국 건축가들은 해방이라는 어수선한 시기와 한국전쟁이라는 파괴의 시기에 접어들고 있었다.

―나상진의 서울컨트리클럽 하우스와 조성룡의 꿈마루

나상진은 1923년 김제 출신으로, 1940년 전주공업학교 건축과를 졸업하고 건설회사인 가지마구미(鹿島組)에서 실무를 경험한 이후, 1952년 명동에 사무실을 개소했다. 주요 작품으로 그랜드호텔, 대한교과서 사옥, 대구파티마병원, 새나라자동차 공장, 경기도청사와 전북대학교 등이 있다. 1967년 정부종합청사 설계경기에서 훌륭한 수준의 작업으로 1등으로 당선되었지만, 석연치 않은 이유로 취소되고 미국 설계회사에 의해 현 청사가 구축되었다.[103)]

그는 경성고등공업학교 출신들이 주류로 있던 한국 건축계에서 주류로 편입되지 못하고, 아웃사이더로 있었던 건축가였다. 나상진이 서울 컨트리클럽 클럽하우스를 설계했지만, 시간이 흘러 서울 어린이회관으로 변모되면서 헐릴 위험에 있던 건축물이 조성룡에 의해 '꿈마루'로 재탄생되었다. 이 건축물은 내외부에서 구조의 힘이 느껴지는 브루탈한 질감과 함께 모던하면서 원초적 감성의 공간이 펼쳐진다. 모던한 평면

66

67

103) 당시 군사정권의 실세였던 육사 출신 황인권 소장은 나상진 설계안의 구조의 적합성을 문제 삼아, 기존 안을 폐기하고, 미국 설계회사인 PAE사에 외주를 주어 현재 청사의 계획을 진행했다.

66 나상진, 정부종합청사 당선안

67 서울 컨트리클럽, 현 꿈마루

은 국제주의 양식을 생각나게 하고, 저층으로 넓게 펼쳐진 매스들은 훌륭한 비례감을 선보이며 프랭크 로이드 라이트의 미국 대평원의 지평선에 순응하는 건축계획을 떠올리게 만든다. 또 외벽의 거친 질감 자체는 굳건한 수직의 매스와 함께 예일대학교 루돌프 홀의 수직적 매스와 질감을 연상케 한다. 이처럼 이 작업은 조형적 건축 언어가 매우 다채롭다. 굳건한 기둥과 떠 있는 듯한 판들과 세련된 비례의 낮은 매스들이 그의 뛰어난 감각을 말해주고 있다. 배치도에서 보면 하부의 진입부는 르 꼬르뷔지에와 김중업의 선을 보는 듯 생동감 넘치는 진입의 선들이 조화를 이루고 있다. 조성룡은 선유도 공원과 마찬가지로 박정희 독재 권력에 의해 강제로 기능이 변경되고 유폐되었던 건축물을 위로하듯, 일부 천장을 뜯어내고 자연과 연계시키고 옛 기억을 추억할 수 있는 통로들을 최소한도로 계획함으로써 근대화 시기의 훌륭한 작품에 동시대의 해석을 덧붙여 새로운 작업으로 창조했고, 원작의 숨결이 지속될 수 있도록 훌륭하게 되살려냈다.

—김정수, 실험정신의 모더니스트 건축가, 교육자

68

김정수(金正秀, 1919~1985)는 1919년 평안남도 평양 출생으로, 한국전쟁 이후, 본격적으로 모더니즘 건축을 실행한 건축가이자 교육자이다. 그는 이천승과 파트너로서, 한국 최초의 대형건축설계조직인 '종합건축연구소'를 창립했다. 호는 초평(艸平)으로, 그의 사후 '초평 건축상'이 제정되었다. 건축가 전창일의 영향을 받아 건축을 지망했고 1941년 경성고등공업학교 건축과를 졸업하고 조선총독부 영선계에서 근무했는데, 그곳에서 김세연, 김순하, 장연채, 이용재, 유원준, 김재철 등으로부터 많은 영향을 받았다. 1947년 미군

68 김정수, 명동 카톨릭 회관

정청 총무처 설계과장, 1951년 유엔한국재건단(UNKRA) 주택국 기사로 재직했다. 1948년에 정부가 수립되면서 퇴직한 뒤, 부산에서 잠시 삼정토건회사를 설립하여 운영하다가 1953년 이천승과 함께 '종합건축연구소'를 개소했다. 김정수가 운영하는 '종합건축사무소'에서 1950년대 중반부터 1960년대 중반까지 한국의 대표적인 건축물을 많이 설계했다. 그는 1960년대 한국의 모더니즘 건축양식을 대표하는 건축가이다. 서울 YMCA 건물은 1960년대 한국의 모더니즘 건축양식을 대표한다. 이 건축은 커튼월이 돋보이며, 단순한 외관에 알루미늄과 청색 타일로 전면을 장식했다. 장충체육관은 준공 당시 지름 80m의 천정 구조물로 한국의 첫 대공간의 체육시설이 구축된 사례였다.

해방 후, 김정수는 여러 대학에서 강의 활동을 하다가 1961년 연세대학교 건축공학과에 교수로 취임했고, 1956년 교환교수로 미국 미네소타 주립대 대학원에서 연수했다. 이후 실험정신을 발휘하여 모더니즘 건축의 특성을 중심으로 실험적인 구조 및 외피 등을 선구적으로 연구하며 작품으로 실현시켰다. 그는 1955년 국전 초대작가, 1960년 대한건축사협회 부회장, 1972년에는 대한건축학회 회장 등의 다양한 사회활동을 왕성하게 수행했다.

김정수는 해방 이후 기능주의적인 단순성을 중심으로 건축미를 추구하는 한국적 모더니즘 건축을 이끈 건축가이다. 그의 건축은 구조와 입면의 관계를 솔직하게 표현하는 것이 특징이다. 김정수의 주요 작품은 주로 종합건축연구소에서 수행했던 것으로, 당대의 중요한 작품들이 그의 손을 거쳐서 실현되었다. 「국제극장」(1957), 「명동성모병원(현 가톨릭회관)」(1958), 「종로 YMCA」(1960), 「장충체육관(1962)」, 「풍문여고 과학관(1965)」, 「조흥은행 본관(1966)」, 「연세대학교 학생회관(1967)」, 「여의도

대한민국 국회의사당(1969)」, 「서울대 중앙도서관(1972)」 등 일련의 시대사적 작품들이 그의 손에 의해 계획되고 실현된 것들이다.

김정수는 1950~60년대 우리나라 실정에 맞는 새로운 건축 재료와 구조를 고민했다. 김정수는 1957년 미네소타 대학 교환교수로 체류하면서 습득한 기술들을 바탕으로, 당시 새로운 기술을 한국적 상황에 맞추어 적용하며 실험했다. 그는 일반적으로 박스형 건축물을 설계하면서 특히, 당시 최신 기술인 금속커튼월을 도입하였으며, 프리캐스트 콘크리트(PC)를 제작하여 적용하는 실험을 선구적으로 수행했다.[104] 그는 신소재와 신기술의 도입과 적용에 적극적이었다. 국내 최초로 알루미늄 커튼월의 성모병원(1958, 지금의 가톨릭회관)과 장스판의 철골구조를 수행했던 장충체육관(1962) 역시 중요한 작업이었다. 또 한국 최초의 프리캐스트 공법(precast method)이 적용된 풍문여고 과학관(1965)과 함께 연세대학교 학생회관의 독특한 커튼월 외관 역시 그의 실험정신이 발휘된 작품들이다. 또 그는 연세대 건축공학과 교수를 맡으면서 연세대학교 제1공학관, 종합관, 중앙도서관 등 캠퍼스 계획 및 주요 건축물을 설계했다. 연세대학교 학생회관은 장방형 입방체의 외벽 전체를 사방연속무늬 형태의 조립식 첨두아치의 신공법과 조형적 실험을 관철한 건축물이다.

김정수는 기술적인 진보를 의미하는 건물의 성격과 새로운 건축 기술이 가지는 근대성을 외형적인 양식으로 표현하는 것을 시험했다는 점에서 공로가 있다. 그는 건축의 미를 객(客)으로 기능과 구조를 주(主)로 보아야 한다고 피력한다. 그가 정, 반, 합의 변증법적 자세로 이 둘을 통합시켜 과학적 자세로 역사적 발전의 진보를 이룰 수 있다고 보았기 때문이다.[105] 그는 건축물의 기능과 구조 및 생산방식 자체가 형태적으로 관련성이 있으며 종합해야 한다고 믿었다. 그의 작품에는 합리성과 함께 낭만

104) 이호진, 건축사, 한국의 건축가-김정수, 1995년 8월호, p102
105) 김정수, 현대건축과 과학화, 건축, 1963년 7월호

적인 고딕의 특성이 함께 나타난다. 고딕에 표현된 내밀의 요구가 건축적 해석을 통해 외적으로 표출되고 있는 근본 원리가 적용되고 있으며 '파토스적인 합리주의' 로 평가되기도 한다.[106] 특히 연세대 학생회관 외벽의 디테일은 고딕양식이 거의 직접적으로 드러나는 사례이다. 김정수는 건축 기술의 근대성과 외형적 양식의 낭만적 적용이라는 양면적인 가치를 변증법적으로 통합시키고자 하는 실험정신을 보였다. 그러나, 이러한 방식은 데카르트 이래, 피히테의 근대적 주체의 설정과 동일성의 폐해를 가져온 사상적 특성과 공명하는 방식이었다고 평가할 수 있다.

69

70

주목해야 할 점은 김정수가 한국 현대사에 있어서 갈등과 투쟁의 장면이 발생했던 역사적 장소의 건축물들을 다수 계획했다는 점이다. 국회의사당이라는 여, 야의 투쟁의 장소를 설계한 것과, 전두환이 체육관 선거로 당선되어 제 5공화국 정권을 출범시킨 장소인, '장충체육관' 을 설계한 것과, 주요한 학생 시위의 본거지로 사용되며 이한열 열사의 죽음을 지켜보았던 배경 장소인, 연세대학교 학생회관을 설계한 것에서 공통점이 감지된다. 그는 묘하게도 군사 독재 정치의 주요 사건들이 발생했던 한국 현대사의 기록물이 되는 건축물들을 계획한 것이다. 지나친 비약이라고 볼 수 있을지 모르지만, 투쟁에 의해 일방향으로 발전하는 변증법적 사고를 중시했던 그의 이론적 배경과 모더니스트로서 행보를 해왔던 경력으로 계획한 건축물들이 암울한 현대사의 사건들과 직, 간접적으로 관련을 맺고

106) 이호진, 한국의 건축가-김정수, 건축사, 1995년 7월호, p72
69 장충체육관
70 김정수, 연세대 학생회관

있는 것이다. 그의 건축과 역사적 사건과의 연계에서 근대성의 양면적 특성들과 서로 연관성이 있다고 느껴진다. 이런 느낌을 받는 것이 그다지 큰 비약은 아닐 것이다. 그의 건축에서 이성의 진보와 폐해가 함께 드러났던 근대의 특성이 한국 현대사의 주요 사건들과 함께 연상되는 까닭이다.

–김수근, 근대성의 속성을 상징적으로 드러내는 현대건축 1세대 건축가

71

일제 강점기에 가장 유명한 최초, 최고의 근대 건축가는 박길룡이지만, 해방 이후 한국 현대건축계에서 걸출한 쌍두마차로 한국 건축계를 이끌었던 인물로 김수근과 김중업이 있다. 김수근은 박정희 군사 독재 정권에 영합하며 당시의 주요한 국가사업들을 주도했고, 도심 내 세운상가를 계획하고 실현시키면서 이상 도시를 꿈꾸기도 했다. 김수근이 설립한 '공간'은 공간 사단(師團)이라고 불릴 만큼 '이후 한국 주요 건축가들의 인큐베이터 역할을 했으며, '공간' 잡지의 창간과 함께 각종 문화지원 사업을 수행하기도 했다. 그는 부여박물관의 왜색 시비로 인한 한국성 논쟁의 당사자이기도 했고, 이후 한국성의 탐구를 통해 '공간 사옥'이라는 수작을 남기기도 했던 인물이다. 그가 훌륭한 재능과 통솔력을 갖추고 공간을 이끌며 한국의 대표적 건축 작품들을 성취했음에도 불구하고, '공간'이 현대사의 어두운 장면을 상징하는 '남영동 대공분실'을 설계했다는 점은 오점으로 남아 있다. 그가 직접적으로 관여했는지의 여부는 차치하고라도, 김수근은 마치 지킬과 하이드와 같이 근대성의 양면적 특성을 보이는 한국 현대건축의 주요 인물이었다. 그것은 마치 동전의 양면과 같은 장단점의 특성이 있는 근대성의 특성과 일치한다. 즉, 세계의 근현대 사상사와 현대사에서 경험했던 이성의 명암과 폐해가 동시에 존재하는 것과 유사한 양상이 그의 내면에도 발생했던 것이다.

71 김수근 초상

김수근은 1931년 함경북도 청진시 출신으로, 경기고등학교를 거쳐 1950년 서울대학교 공과대학 건축공학과에 입학했다. 한국전쟁 발발 후, 통역병으로 징집되었으나 이후, 밀항하여 도쿄예술대학에서 학사를 취득했으며, 1960년 도쿄대학 대학원에서 건축학 석사학위를 취득했다. 그는 일본에서 대학원 재학 당시 '남산 국회의사당' 설계공모에 당선되며 화려하게 한국 건축계에 등장했다. 김수근은 독재 정권의 철권 통치하에서 권력과 밀접한 관계를 유지했던 건축가였다. 그는 박정희 군사정권의 당시 2인자였던 김종필과의 인연으로, 국가의 외화 획득을 위한 워커힐 관광사업 시설 설계에 참여하게 되었고, 이 과정에서 힐탑바와 1963년 자유센터 등을 설계했다. 이후, 정부 주도로 설립된 한국종합기술개발공사(기공)에 주도적으로 참여하여 여의도 종합개발, 김포공항 종합개발, 경부고속도로 기본 계획, 포항제철 입지 선정, 종로 3가 종합개발 및 세운상가, 오사카 엑스포70 한국관 등 국가 주도의 주요 사업들에 주도적인 역할을 하게 된다. 종로-마포-여의도-영등포-인천으로 이어지는 축선 상의 '여의도 도시계획안'은 단케 겐조의 동경만 계획처럼 일본 메타볼리즘의 영향을 받은 것이었으며, 메가스트럭처 실험의 일환으로 계획된 것이다. 세운상가 역시 그러한 당시의 시대적 조류가 현실화된 사례가 되었다. 또 1966년에 김수근은 국가 주요 건설 시책을 홍보할 목적으로 정부의 지원을 받으며 건축잡지 월간 '공간(空間)'을 창간했다. 억압적인 국가권력과 전위적인 아방가르드의 밀착과 동거가 기묘하게 공존할 수 있었던 시기였다.[107] 박정희 군사 독재 정권이 권력을 획득한 이후, 정권의 정당성을 홍보하기 위해 국민들에게 새로운 시대적 발전상이라는 '비전'을 제시해야 하는 시기였고, 현대적인 대규모 계획을 수행하기에 이 시기는 국가적 인재들이 극히 부족했던 시기였다.

72

107) 강난형 외, 국가 아방가르드의 유령(박정현 글 부분), 프로파간다, 2019, p25
72 남산 국회의사당 당선안

73

1960년대를 관통하며 김수근은 박정희 군사독재 정권의 충실한 조력자로서 국가적 사업을 활발하게 수행했다. 왕궁과 종묘가 주위에 있는 고즈넉한 고도(古都)의 도심에 위압적인 느낌이 들 정도의 국가 주도의 메가스트럭처인 '세운상가'가 세워졌고, 그리 멀지 않은 근처에 위치한 아기자기한 한국적 느낌의 '공간 사옥'이 세워졌는데 스케일과 사회적 의미 면에서 두 작품은 매우 상이한 작업이다. 이 두 건축물은 앞서 언급한 근대성의 양면적 특성만큼이나 극단적인 작품의 성향에 대한 상징적인 두 사례가 되고 있다. 김수근의 공간 사옥은 한국 전통의 인간적 스케일과 한국성의 개념을 추상화한 건축적 사고의 집합체였다. 김수근은 다재다능했고 조직력을 발휘하여 각종 국가 주도의 사업들과 문화시설 등을 수준 높게 성취했다. 스펙트럼이 넓은 그의 작품세계는 한편으로 김수근 혼자만의 역량이 아닌, 우수한 인재들이 모인 가운데 집단적인 역량이 합쳐진 결과물이기도 했다. 김수근은 그러한 인재들의 역량을 적재적소에 운용할 수 있는 충분한 용병술과 카리스마를 지닌 인물이었다. 그러나, 그의 초창기 작업은 주로 국가의 외화사업을 위한 위락시설인 워커힐 시설 계획, 반공 이데올로기의 상징적 건물인 자유센터, 국가홍보 인프라 계획, 대규모 메가스트럭처 계획 등에 관여하며 국가 이데올로기를 선전하고 재생산하는 일에 집중되어 있었다. 최종적으로, 우리는 민주화 운동을 위해 투신했던 인물들을 고문했던 국가권력의 가장 폭력적인 시설인 남영동 대공분실이 '공간'에서 수행되었다는 점에서 한 뛰어난 모더니스트 건축가의 양면적 모습을 발견하게 된다. 그것은 앞서 살펴보았던 바와 같이 과학기술과 사회발전에 큰 영향을 주었던 것과 변증법과 절대정신으로의 동일성을 강제하면서 다양한 폐해들을 드러냈던 근대 사상과 근대성의 속성이 그의 사상과 행보에서 드러난 것

73 퐁피두 센터 계획안

이다. 근대화를 추진했던 서구 국가들과 극단적 민족주의를 추구했던 국가들에서 나타났던 특성들이 천부적으로 재능있는 엘리트에게 그렇게 시대적 운명을 지우고 양면적 결과를 만들게 했던 것이다.

−김중업, 근대 기술미학과 한국성을 융합시킨 시적 건축

김중업은 1922년 평양 출생으로, 요코하마 고등공업학교를 거쳐, 1941년 요코하마국립대학 건축과를 졸업했다. 그의 수학 기간에 파리의 에콜 데 보자르에서 수련한 '나카무라 준페이'가 그의 지도교수였다. 졸업 후 3년간 마츠다 히라타 건축사무소에서 수련했고, 44년에 귀국하여 조선주택영단에서 기수(技手)로 근무했고, 해방 전까지 강제 징집을 피하기 위해 조선비행기공업주식회사에 근무했다. 광복 후, 1947년 서울대학교 건축공학과 교수가 되었고 한국전쟁 시기에는 부산의 여러 학교에서 강의했다. 1952년, '세계 예술가회의' 에 한국 건축가 대표로 참석하여 운명적으로 거장 르 꼬르뷔지에를 만나게 되었으며, 3년간 그의 사무소에서 수련했다. 이 과정에서 김중업은 르 꼬르뷔지에에게 인정받는 수제자가 된다. 수련 후, 그는 3개월 동안 유럽 건축물들을 답사하고 1956년에 귀국하여 귀국전을 개최하고 자신의 건축사무소를 개소한다. 주요 작품으로 '부산대학교 본관,' '건국대학교 도서관', '서강대학교 본관', '주한 프랑스 대사관', '3.1빌딩', '올림픽공원 평화의 문' 등이 있다.

김중업은 당시 서울의 도시계획 및 건축 정책에 비판적인 언설을 많이 했고, 와우아파트 붕괴 및 철거민 이주 정책을 과감하게 비판하다가 박정희 군사 정권의 미움을 사게 되어 고초를 당했다. 그는 1971년 강제 출국을 당해 프랑스에 거주하게 된다. 이후, 미국 주요 대학에서 강의를 하다가 8년만에 귀국했다. 김중업은 미술과 문학에 재능이 있었으며, 일본에서 프랑스 건축 및 공학보다는 예술적인 마인드로 건축을 접하며 예술적 건축을 경험했으며 이 시기에 예술을 동경하는 평생의 가치관을 정립했다.

김중업의 초기 작품들에서 필로티, 브리즈-솔레유(외부 차양막), 모듈러와 백색 건축이 그대로 드러난다는 점에서 르 꼬르뷔지에의 건축어휘에 강하게 영향을 받았음을 감지할 수 있다. 이후 '주한 프랑스 대사관'은 서양 건축계의 위대한 정신과 섬세한 한국 건축성이 만나 조화를 이루는 작품이다. 이 작품은 아름다움과 선의 동적 특성이 잘 융합된 건축으로, 그의 독자적인 건축세계가 완숙의 경지에 이름을 보여주는 사례이다. 주한 프랑스대사관에서는 두 종류의 지붕이 등장하는데, 지붕의 유기적인 곡면과 선은 김중업 건축의 주요한 특징이다. 김중업은 여기에서 르 꼬르뷔지에의 지붕 형태를 한국적 맥락으로 재해석하여 표현했다. 김중업의 주한프랑스대사관은 한옥의 처마선을 추상화했으나, 전반적으로 르 꼬르뷔지에의 문법에 충실했다. 그의 건축은 그리드 패턴의 기하학적 특성보다는 자유로운 유기적인 곡선이 기의 흐름, 즉 주위 자연의 산세와 흐름 등을 반영하여 빚어졌다. 제주대학교 본관(1969)과 서산부인과의원(1967) 등의 작품에서 예술가로서의 자유로운 곡선의 흐름을 느낄 수 있다.

74

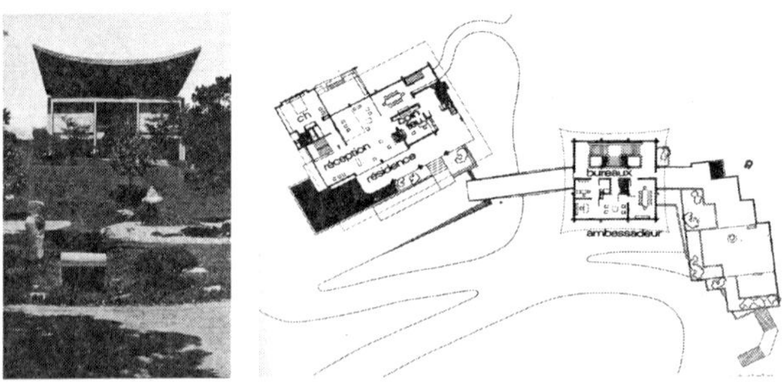

74 김중업, 프랑스 대사관

김중업은 20세기 초 서구에서 확립되어 세계를 주도한 모더니즘 건축을 한국에서 수준 높게 정착시키고 발전시켰다. 한국성을 독자적으로 해석하고 시적 감수성과 고구려적인 기상과 샤머니즘적인 특성까지 가미한 감성 즉, 기일원론이 중시하는 가치인 기의 흐름을 중시하는 가치관의 연속선상에서 작업했다. 김수근이 권력 친화형으로 권력 주변에서 많은 일을 했던 것과는 달리, 김중업은 저항의 감성으로 사회 비판적인 특성을 보였으며, 그 결과 망명의 외유를 할 수밖에 없었다. 그의 건축은 기의 흐름이라 말할 수 있는 선의 흐름과 마음(기)의 시적 감수성을 중시하는 예술적 작업을 추구했다.

—이희태, 한국적 요소를 재해석한 정감있는 추상적 모더니즘

75

이희태는 1925년 제천 출생으로, 광복 이후 활발하게 활동한 우리나라의 현대건축 1세대 건축가이다. 1943년 경기공립공업학교 건축과를 졸업한 후, 1945년까지 조선주택영단(현재의 주택공사) 건축과에서 근무했다. 졸업 후 강제징용을 피해 '조선비행기공업주식회사' 에 들어갔고, 여기에서 엄덕문과 김중업을 동료로 만났다. 광복 후, 그는 이천승이 주축이 된 '도시계획연구소' 에서 상무이사의 직무를 수행하다가 퇴사했다. 그는 1945년 실시된 '국민주택 설계안' 공모에 입선했고, 1946년 이희태 건축연구소' 를 설립하여 건축가로서 독자적인 작업을 시작했다. 1950년부터 서울대학교 미술대학에서 강사를 했고 1952년 '혹석동 명수대 천주교성당' 을 계획하고 완공하면서 명성을 얻기 시작하여 1960년대 많은 작업을 수행했다. 그는 체계적인 고등교육도, 모더니즘의 세례도 받지 못한 상태에서 독립적으로 건축적 역량을 끌어올

75 절두산 순교성지

76

렸다. 당시 서울대 미대 학장인 '장발'이 그에게 강의를 부탁했는데, 고졸 청년이 서울대 미대 강사가 된 것은 당시 큰 화제가 되었다. 장발은 장면 내각 총리의 동생이며, 당시 한국 천주교에서 큰 영향력이 있었던 인물로, 그에게 천주교 관련 건축을 계속 주선해 주었다. 1960년대는 그의 전성기였다. 1970년대 들어 사무소가 어려워지고 지병으로 57세에 별세했다. 그는 비례감각이 훌륭한 모더니즘 건축물과 함께 전통적인 건축양식을 한국적으로 현대화하며 양식화시키는 작품을 실험했다.

주요 작품으로는, 「혜화동성당」(1958), 「메트로호텔」(1960), 「절두산순교복자기념관」(1967), 「국립공주박물관」(1971), 「국립극장」(1973), 「국립경주박물관」(1974), 「부산시립박물관」(1978), 「성라자로마을」(1981) 등이 있다. 혜화동성당은 종탑을 현대화하고 기하학적 단순성을 추구한 작품으로, 한국 교회건축에 있어서 수준 높은 주요한 사례이다. 절두산순교 복자기념관은 비례적으로 아주 우수하고 간결한 형태와 함께 현대적인 종탑이 솟아오르면서 기하학적인 단순성과 비례감을 선보이고 있다. 기념관은 잘린 갓 모양의 지붕과 순교자들이 쓰고 있던 칼(형틀)을 형상화했다고 전해진다.

이희태는 한국의 전통적인 건축 요소들을 현대화하여 구성함으로써 독특한 방법으로 한국적 정감을 표출시킨 건축가이다. 그의 건축의 특징은 정감있는 전통적 형태를 연상시키는 요소들을 조형 언어로 끼워넣는 것인데, 다시 말해, 전통적 건축의 문법을 근대적 방법으로 재구성하는 것이다. 활동 당시에 철저히 비주류였던 이희태는 독학으로 토착적이고

76 이희태, 국립극장

고유한 한국정서의 건축설계의 방법론을 완성시키기 위해 자기의 위치에서 꾸준히 자신만의 색으로 건축 활동을 지속하며 진화했다. 그는 30세가 넘어서 스스로의 힘으로 자신의 건축언어를 정립하고 김수근, 김중업과 함께 한국을 대표하는 건축가로 자리매김했다. 김수근과 김중업은 모더니즘 건축의 보편성을 기본으로 전통을 차용하는 방법을 사용했다. 그러나, 이희태는 그와는 반대로, 한국의 전통적인 건축 요소들을 단순화, 추상화, 현대화하여 새로운 한국적인 양식을 창조했다.

전후 한국 현대건축 1세대인 김수근, 김중업, 이희태가 등장하기까지 일제 강점기 근대 건축가들은 여러 가지 불완전하고 모순적인 외적 변수에 대응하여 온몸으로 맞서 싸워야 했던 시기에 활동했다. 해방 이후 현대건축 1세대가 등장하기까지 이들은 척박한 한국 건축 상황과 한계 내에서 훌륭한 건축적 수준을 성취하기 위해 고군분투했다. 일제 강점기 이래 근현대 건축가들이 성장하고 실무를 행했던 과정을 살펴보면, 실로 다양한 외적 변수에 대응하고 고군분투하며 일가를 이루어 냈음을 확인할 수 있었을 것이다. 그만큼, 일제 강점기와 해방, 그리고 한국전쟁으로 이어지는 근대화의 과정은 험난했던 것이었으며, 근대화로의 건축적 행보 역시 험난했고 다양한 외적 변수에 강제적으로, 때로는 능동적이고 유연하게 대응하며 나름의 소박하고 한국적인 '건축의 꽃'을 피워낸 것이었다.

0426 민족주의 건축의 개념 변화와 한국적 이미지의 차용

–70년대 한국성의 왜곡, 부정적 민족주의 건축문화[108)]

박정희와 전두환으로 이어지는 독재국가 시대에 논의되고 형성되었던 한국성은 민족주의의 부정적 측면이 강하다. 외부(일본의 식민 시기)의 근

108) 건축평단, 건축의 한국성, 건축평단, 2015 가을호, '21세기의 한국성_임기택' 글의 일부를 재편집함.

대화에서 벗어나 경제발전이 진행되며 스스로 근대화를 경험하면서 우리는 짧은 시간 동안 서양이 경험했던 '국민적 자기결정' 이라는 통일적 관념에 다가가기 시작했다.

프랑스의 대혁명과 서구의 혁명은 '네이션(nation)' 이라는 개념을 기반으로 하여 왕조체계를 벗어나 민주주의적인 독립 국가를 수립하는데 결정적인 역할을 했다. 민주주의, 산업주의, 민족주의는 근대사의 3대 추진력이었다. 그것은 이성의 이름으로 구축해온 주체와 객체의 이분법적 대상화의 문제와 결부되어 있다. 근대적 이성을 상징하는 루소의 사상은 혁명사상과 19세기 민족주의 이론의 기반이었다. 데리다는 그의 저서 『그래마톨로지에 관하여』에서 근대화의 상징인 루소를 긍정적이면서 동시에 부정적인 이중적 측면이 존재하며 그의 '악' 의 요소에 대해서 심층적으로 분석하고 강하게 비판했다. 이와 마찬가지로, 루소로부터 결정적으로 영향을 받은 민족주의 역시 인류에 막강한 영향을 끼치는 긍정적이면서 동시에 부정적인 이중적 측면을 보여주었다. 제국주의 및 양차 세계대전의 참혹한 역사가 그것을 증명한다. 20세기의 철학적 담론들은 이러한 폐해에 대한 직접적인 자기반성으로부터 시작하여 이러한 폐해를 만들어내게 된 요소들을 극복할 수 있는 방안에 직간접적으로 연계된다. 그것은 지금까지도 계속해서 이어지고 있다.

'한스 콘(Kohn, Hans)' 은 민족주의가 근대사를 추진한 원동력 중 하나라고 언급한다.[109] 또한 민족주의의 정의에 대해 '개개인의 최고의 충성이 으레 민족국가에 바쳐져야 한다고 느끼는 하나의 심리상태이며 그 가장 본질적인 요소는 생동하는 적극적인 소속 의사이다' 라고 했다.[110] 민족주의의 연구는 개념상의 문제와 '어디까지의 집단이 실제 민족의 기본단위인가?' 에 대한 '실체' 의 문제로 인해 연구의 어려움을 보인다. 민족

109) 한스 콘, 민족주의, 차기혁 역, 삼성출판사, 1988, p27
110) 같은책, p28

주의는 야누스와 같이 양면성을 지니고 있다. 그것은 인류의 평등과 존엄성을 갈망하는 인류의 니즈를 만족시켜 주면서 한편으로 지구라는 세계에 함께 존재하는 인류를 '국가'라는 한정되고 편협한 개념에 얽어매어(분류) 획일적인 소속 관계의 개념으로 전락시키는 위험스러움이 동시에 존재한다. 바로 서구의 제국주의가 벌인 야만적 살육, 약탈 등의 폭력적 침략행위와 지배 행위가 그렇다. 전통이 민족의 기원까지 거슬러 올라가며 사명으로 승화되며 강요되는 경우, 극단적인 민족주의의 폐해가 드러난다. 부정적 측면의 민족주의는 한 민족이 다른 민족을 지배하고자 하는 제국주의의 강력한 동력이 된다. 히틀러의 게르만 민족의 강조와 유태인 학살이 그 사례이다. 그는 민족적 사명을 내세워 강력한 권력을 획득하면서 동시에 개인의 이익과 바램을 유린하며 잘못된 방향으로 독일 국민들을 인도했다. 이를 통해 그는 현실의 모순을 장래에 대한 기만적인 목표와 정책을 설정하여 은폐했다. 그것은 민족주의의 부정적 측면으로 나타나는 특성들이다.

'부정적인 민족주의'로 또 다시 사용되는 경우는 보수세력이 전통을 미화시키면서 낭만적으로 사용하여 지배 세력의 문화 이데올로기로 사용될 때이다. 박정희 정권은 민족문화와 역사적 사명을 강조하면서 문화예술 전 분야에서 한국성을 고취하고 모든 관공서 및 박물관 미술관에 기와지붕을 얹히는 것을 기본으로 강제했다. 80년대 전두환 정권의 '81 국풍(國風) 페스티벌' 전개와 한국문화의 강조 역시 이러한 흐름의 연장선이었다. 쿠테타 초기에 박정희 정권은 이순신, 신사임당, 세종대왕 등의 인물들을 제외한 한국사를 부정한 것으로 생각했지만 1967년을 기점으로 식민사관을 극복하고 내재적 발전론을 강조하며 민족주의의 행보를 구체화하기 시작했다. 60년대 미국을 위시한 서구의 물질적 풍요와 자유 문화 미디어의 발전은 박정희 정권을 위기로 빠지게 할 수 있는 잠재적 요소들이었다. 그들은 각종 검열(대중문화)과 단속(장발, 미니스커트 등)을 통해 서구의 자유로운 문화보다는 한국적 민족 요소에 관심을 돌리게끔 하는 문화 이데올로기를 주도했고 그것은 상당 부분 성공적이었다. 한국성의 강조와 민족사관에 입각한 흐름들은 모두가 유신정권에 바람직한 순종적인 인간상과 연계되어 있다.

박정희 정권은 경제개발 5개년 계획의 성공과 함께 1970년대 주체적 민족사관으로 전환하고자 했다. 그것은 60년대 후반부터 70년대 초반에 등장했던 '한국성(한국적인 것)' 의 창안에서 비롯된다. 그들은 민족문화와 전통문화의 우수성을 강조하여 민족-국난극복 의지를 고취시키는 문화정책에 집중한다. 문화재 보수 5개년 계획이 입안되고 제1차 문예중흥 5개년 계획(1974-1978)이 실행되며 민족주의가 노골적으로 강요되었다. 계획의 주요 내용으로는 첫째, 올바른 민족사관을 정립하고 새로운 민족예술을 창조하며 둘째, 예술의 생활화, 대중화로 국민의 문화 수준을 향상시키고 셋째, 문화예술의 국제교류를 적극화함으로써 문화 한국의 국위를 선양한다[111]는 것이었다. 문예중흥 5개년 계획의 분야별 사업 방향은 문화 예술분야에 전방위에서 위세를 떨쳤다. 문학은 민족의 저력, 경제개발, 새마을 운동 등 새로운 한국인 상 등이 담긴 민족 문학이, 미술은 국난 극복사를 반영하는 민족사화, 경제개발 성과를 기록하는 기록화를 중시했고 음악은 민족성을 고취시키는 건전가요, 등이 강요되었다. 영화 연극 및 문화 전반에서 이러한 흐름은 유사하게 지속되었다. 앞서 언급한 전통의 미화를 통한 통치 이데올로기의 강화를 보이는 대목이다.

문화공보부, 문화재관리국, 문예진흥원을 중심으로 진행된 건축적 행위는 우선, 국난극복의 영웅 만들기와 관련된 유적지를 복원, 성역화하는 것이었다. 현충사, 칠백의총, 낙성대, 유관순, 강화도 등의 성역화 사업이

111) 문화공보부, 문화공보 30년, p227, 1970

신속하게 시행되었고 관련된 건물들은 모두가 콘크리트 기둥과 기와를 얹은 형식이었다. 강릉 오죽헌 정화 사업, 민가 철수 등은 모두가 정확한 고고학적 고증없이 진행되었다. 또한 이 시기에 문화재 보수, 전적지, 사적지 성역화 조형물, 동상 등이 전국 각지에서 졸속으로 실행되었다.

이러한 사회 분위기에서 권력자와 건축주의 요구사항에서 자유로울 수 없는 원죄적 속성을 지닌 건축의 직능 상 당시의 건축가들이 정권의 의도와 거슬러 한국성의 구현에 동조하지 않기란 불가능했을 것이다. 당연한 이야기이지만 당시의 한국성 논의와 건축적 구축방법론은 모두가 시대적 과학, 즉 이데올로기의 한계 안에서 나타난 직, 간접적 산물이었다. 건축분야에서 한국성을 구현했던 건축가들은 한국 전통건축이 가지고 있는 독특한 형상들을 모티브로 하여 재현하는 방법들을 주로 사용했다. 이 시기에 진행되었던 대부분의 대규모 관공서 및 박물관 건축, 문화회관 등은 관이나 정부 주도로 전통성을 표명하면서 생성된 프로젝트가 대부분이었다. 전통의 구현이라고 외치며 콘크리트 기와지붕을 얹거나 한국적 장식 요소들을 재해석하여 콘크리트 박스 겉면에 부착하듯 그대로 적용하는 방법들이 주로 사용되었다. 엄덕문, 이희태 등 당대를 대표하는 건축가들의 건축마저도 그런 은유적인 방식으로 한국적 요소들이 적용되었다.

다른 한편, 오늘날 왜색 시비로 시끄러웠던 김수근의 부여박물관 논쟁을 생각했을 때, 그것은 지방의 국립박물관이라는 상징성이 있을 뿐, 긴 시간을 두고 생각한다면 더 높은 단계의 혼성성의 풍부함이 펼쳐지는 사회로 가기 위한 하나의 과도기적 사례였을 뿐이라고 평가할 수도 있을 것이다. 그것은 어찌보면 당시 일제의 식민 지배를 받았던 한국 국민의 콤플렉스와 미숙한 민족주의의 광기가 결합된 해프닝에 가까운 사건이었다. 부정적 민족주의는 선진국에 대한 후진국의 지독한 콤플렉스 내지는 대항 의식의 소산으로 나타나는 경우가 대부분이다. 이것 역시 그러한 차원의 수준을 넘지 못하며 거기에 식민 지배까지 받고 독립한지 오래지 않은 시기였으니 더욱 그러했을 것이다. 그러나 김중업의 프랑스 대사관은 당시 세계성(당시 세계적 수준의 건축적 구축성과 표현)과 추상화된 한국적 곡선이 표현되며 한국성이 혼성화되어 나타난 수준 높은 결과물이었다.

거대한 흐름으로서의 모더니즘이 만든 역사의 단절이라는 문제점과 한국성은 당시 지식인들에게도 중요한 화두였고 한국성을 구현해야 한다는 시대적 이데올로기가 팽배한 상황에서 새로운 시대정신처럼 여겨졌을 것이다. 그러나 옛 선례에 대한 인용과 유형이라고 주장하는 것에 대한 인용은 당대 지식인 건축가(작품활동을 했던 교수건축가 포함)의 비교적 손쉬운 방법론으로 지역적 건축 요소들의 인용을 바탕으로 이데올로기의 시대성이라는 '익명성' 으로 숨기에 적당한 방법론이었다. 당시의 건축은 세계적 경쟁력을 갖추지 못하여 자연스러운 한국성이 드러날 수 없는 한계속에서 나타났으며 당시의 행위들은 당대의 이데올로기와 강요로부터 발생한 불가피한 선택이기도 했다.

앞서 살펴본 바와 같이 수구적이고 보수적인 민족주의는 대부분 정치적 이데올로기로 작용하는 경우가 많다. 민족 자본주의를 발전시키기 위해 즉, 중앙에 맞서는 이분법적 타자로 작용하게 된다. 대부분 억압받는 자들이 중앙에 대응하는 전략적 태도로 사용되기도 한다. 이를 위해 보통 보호무역 정책을 사용하는데, 주류 문화에 저항하기 위한 변질된 이데올로기로 작동하게 되는 것이다. 우리나라도 긍정적 파급을 낳는 문화운동이 부족한 가운데 전두환 군부독재 정권이 주도하여 이데올로기적으로 사용했던 '국풍(國風)' 등의 행사와 3S(Screen, Sports, Sex) 문화산업이 대표적이다. 박정희 정권부터 계속해서 이어졌던 공공 대형건축물에 한정되어 '콘크리트 공포(貢包)' 등이 사용된 사례가 그것이다. 이처럼 민족적 지역주의는 이데올로기로 만들어진 20세기의 산물이라고 볼 수 있다. 이러한 행위는 '건축적 퇴행' 이라고 볼 수 있다. 왜냐하면 과거의 형태와 구법을 반복하면서 민족의 우월성 표현하고자 한 것인데, 동일성을 고집하고 강압하여 왜곡하면서 결과적으로 사회에 악영향을 끼치기 때문이다. 수구적 민족주의 건축은 관이 주도하여 일부 관청 건축물이나 대형 문화시설에만 적용될 뿐 일상의 건축에는 관계가 없는 경우가 많고 그렇기에 보편성을 획득하는데 어려움이 있다. 그것은 일상의 삶이 배제되고 중심의 문화로부터 문화적으로 종속되는 상태이기 때문에 그러하다. 극히 일부의 창조적 차원의 지역주의 건축이 존재하기는 하지만, 전반적으로 성과가 부족했다. 강봉진의 종합박물관 역시 이러한 시대적 분위기와 흐름에서 나온 건축으로서, 역사적 기록물이 되고 있다.

−강봉진의 종합박물관, 군부독재 시대의 기록물이자 변증법에 의한 바로크적 산물

박정희가 5.16 군사 쿠데타로 집권하면서 건축과 문화적으로 크게 두 가지 방향성을 가지게 되었는데, 첫 번째는 국가 주도의 비전을 현시할 수 있는 대규모 인프라 사업을 과시적으로 진행하는 것이었고, 또 한 가지는 문화적으로 민족주의를 강조함으로써 근대화와 산업화에 동원될 국민을 하나로 묶는 정신적 구심점이 필요했다는 점이다. 앞서 언급했던 이순신 성역화 사업, 각종 청사 및 박물관, 미술관을 민족주의 건축으로 거의 '강제'

77

77 강봉진, 종합박물관

했다는 것이 그런 부분을 뒷받침한다.

전자는 경제적으로 도약하기 위한 근본적인 시설들이 되었고, 후자는 이것을 가능하게 하는 정신적인 무장을 위한 시설이자 기념비였다. 박정희 정권이 경복궁을 정비하면서 민족문화의 전당인 종합박물관을 건립하고자 했던 것도 이러한 정치적 의도의 산물이었다. 식민 지배를 벗어나 근대화의 새로운 방향성을 선전하기에 적합한 이데올로기 기구가 될 수 있었기 때문이다. 그것은 1965년 한 · 일 국교정상화의 부작용을 완화시킬 수 있는 건축적 수단이기도 했다. 박물관이라는 시설 자체가 근대적 시설로서, 대상의 보존과 전시의 '주체'에게 막강한 권력을 부여하는 시설임은 주지의 사실이다.

거기에다가 이 시설의 설계 공모와 시공을 주도했던 인물은 앞서 언급했던 다섯 차례의 장관직을 역임했던 와세다 출신의 건축 기술관료 김윤기였다. 그는 일제 강점기 시절에 철도국에서 다양한 시설들의 건축에 관여했으며, 일제 문화통치의 일환이자 반항적인 민족감정을 섞어 몇몇 한옥 스타일의 철도역사를 계획하고 완공한 전적이 있었다. 종합박물관의 현상설계 지침은 앞서 언급했던 '제관양식'과 유사하다. 설계지침이 "건물 그 자체가 어떤 문화재의 외형을 모방한 것으로써 콤포지숀 및 질감이 그대로 나타나게 할 것이며 여러 동의 조화된 문화재 건축을 모방해도 좋음 (…) 단 내부 시설은 한식을 가미한 초현대식 시설로 한다"라고 명시되었던 만큼, 일제 시대의 제관양식, 혹은 흥아양식의 특성과 유사한 방법론을 사용하라고 강요하고 있는 것이나 마찬가지였다. 일제가 식민지 국민들에게 앞선 기술(콘크리트 구조와 설비 기술 등)과 통치력으로 문화적 상징성을 획득하고자 했던 것과 마찬가지로 쿠데타로 집권한 신생 국가권력이 강력하게 근대화를 추진하고자 하는 측면에서 문화적 상징성을 획득하고자 사업을 벌인 목적은 거의 유사하다고 할 수 있다. 그것을 집행한 주체가 그러한 사업에 정통했던 인사였던 김윤기였다는 것이 그것을 증명한다.

강봉진은 박정희 정권이 민족주의를 강조하며 문화재 사업을 급속하게 추진하는데 있어서 주도적인 역할을 한 건축가였다. 그는 궁궐의 각종 문화재와 문화시설(경복궁 광화문, 국립종합박물관, 창경궁의 동물사, 식물원 대온실 증축)계획을 전담했다. 그는 문화재 담당 공무원이 문화재 공사감리 업무량에 대해 문화재관리국에 민원을 제기할 정도로 생산력이 대단했다고 한다.[112] 당시 건축가들은 문화재관리국의 국립종합박물관 건립 지침과 이후의 파장을 우려하며 건축가협회와의 간담회를 열었고, 공간지를 통해 각계 35인의 의견을 게재하며 갈등 양상을 보도했다. '동양 최대의 박물관' 이라는 기치 하에 양식적인 재현의 외관은 정해져 있었다.[113] 결국, 종합박물관 설계경기에서 강봉진의 국보건설단이 당선되었는데, 그는 법주사 팔상전, 금산사 미륵전, 화엄사 각황전 등, 전국 유명 사찰의 입면과 매스를 유비하여 조합했고, 저층 기단부는 콘크리트로 구축하고 화강암으로 외벽 마감했으며 대부분의 전시시설을 배치하도록 계획했으며, 제습장치 및 공조장치 등 현대적인 설비들을 완비했다. 그러나 상부에는 거의 직접적으로 기존 사례가 복제되듯이 콘크리트 기와로 구축된 한국 고건축 요소들이 조합되어 올려졌다. 이후, 전국의 관청과 문화시설은 하나같이 콘크리트 기와와 구조의 민족주의 성향의 건축이 강제되며 주를 이루었다.

5인의 심사위원 중 건축계획 쪽 인사는 정인국이 유일했다. 양식과 건축계획의 조화를 잘 알고 있는 그가 이러한 건축을 용인한 이유는 무엇이었을까. 일제의 관습에 익숙했던 김윤기가 주도하고 대부분의 위원이 건

112) 강난형, 국보건설단 강봉진과 국립종합박물관, 한국근현대미술사학, 제33집 2017상반기, p195
113) 강난형, 같은 논문, 제33집 2017상반기, p201

78

축계획 파트가 아닌, 기술파트의 위원이었으며, 당시의 시대적 분위기가 이에 맞추어져 있었던 상황이었기 때문에 한 명의 심사위원이 전체적인 대세를 결정하고 결과를 주도하며 조정할 수는 없었을 것이다. 그러나 다른 한편으로, 그의 이론적 배경이 그러한 결과를 지지했을 수도 있다. 그는 뵐플린의 변증법적 양식의 변화를 통해 바로크적인 것을 긍정적인 '정반합의 과정적 산물로 보았고 역사적 발전의 하나의 증명으로 생각했다. 이와 같은 이론적 성향을 생각해 보았을 때, 정인국의 관점도 어느정도 녹아 들어가 있었다고 생각해 볼 수도 있다. 엄밀한 형태 대신 장식적인 것이나 감정적(pathos)인 것 즉, 동(動)적인 것이 중요하게 새로운 시대를 이끌어 갈 것이라는 믿음이 있었던 것은 아닐까. 60년대 이후, 그가 모더니즘 건축을 중심으로 하여 낭만적인 건축계획을 선보인 것도 이와 무관하지 않을 것이다. 이러한 방식을 통해 파토스적인 지역적 모더니즘을 만들어 낼 수 있다고 보았던 정인국에게 강봉진의 종합박물관의 방식은 양식의 변화 과정에서 나타나는 "또 다른 재현 양식"으로 다가왔을 수도 있다. 실제로 강봉진은 전통을 유형적으로 정리하고 샘플링하는 새로운 양식설계를 제시했다. 그는 "사례를 모아서 유형화하고 다시 분산하여 재배열하는 방식"을 사용했다고 공간지에 밝히고 있다.[114] 이러한 방법론은 듀랑의 유형을 정리하여 재구성하는 방법론이나 당시 구조주의의 영향을 받아 활동했던 이탈리아 무라토리 학파 등의 건축 유형학의 건축론에 영향을 받은 것으로 판단된다.

실제로 종합박물관 설계에 인용된 문화재는 법주사 팔상전, 금산사 미륵전, 화엄사 각황전, 밀양 영남루, 삼척 죽서루, 남원 광한루, 정읍 피향정, 여수 진남관, 무량사 극락전, 명정전 회랑 등을 참고하고 조합하는 방

78 강봉진 종합박물관 당선안

114) 「특집 한국 현대건축을 위한 심포지엄 시리즈1」: 국립종합박물관의 경우, 공간, 1967년 2월호 p12

식이었다.115) 논란으로 회의가 거듭되었고 수정안을 거치면서 초기의 안이 변형되어 오늘날에 이르게 되었는데, 80년대 들어 비판적 지역주의의 관점이 우세해지면서 전통적 요소가 직접적으로 재현되는 것에 대한 폄하가 극대화되었다. 오늘날 필요에 의해 전통적 요소가 접목되거나 다양성의 차원에서 다차원적으로 표현 양태가 분출되는 관점으로 보았을 때, 이러한 샘플링이 무조건적으로 비판받아야 할 일은 아닐 것이다. 당시 근대화가 활발하게 진행되었던 시대적인 상황에서 소수의 한 건축계획 분야 심사위원으로서, 함께 심사했던 엔지니어들 및 기술관료들 사이에서 선택할 수 있었던 건축가의 불가피한 선택의 결과물이었을 수 있다. 마치 서양의 매너리즘 시기의 건축가들의 치열했던 노력과 같이 말이다. 당시 박정희 군사독재 정권은 봉건왕조 국가의 상징인 경복궁과 제국주의의 상징인 총독부 건물(중앙청) 사이에 새로운 근대화의 국가로서의 상징이 필요했고, 건축가와 관료, 그리고 심사자가 절충적 표현주의적인 건축물을 선택하여 현실에 등장하게 되었던 것이다. 역설적으로 종합박물관은 근대화가 활발하게 진행되던 당시 부정적 민족주의를 강제하던 시대적 상황의 충실한 기록물로 남게 되었다.

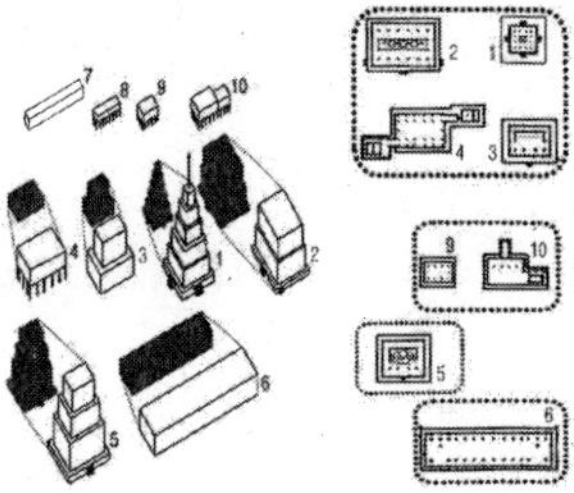

79

–민족주의의 문제점과 오리엔탈리즘

민족주의는 앞서 언급한 바와 같이 20세기의 산물이다. 힘과 문화에서 우월한 국가의 입장에서 보여지는 우열 구분의 민족주의가 있고, 반대로 그렇지 못한 국가에서 나타나는 이데올로기적 민족주의가 존재한다. 우선, 제국주의 열강 혹은 앞선 국가가 그렇지 못한 국가를 이분법적으로 나누어 문화적으로 우열을 구분하고 문화적 우월성을 비교하며 드러내고자

79 강봉진, 종합박물관 사례의 재구성 (강난형, 책 이미지 인용)
115) 강난형, 경복궁의 모던 프로젝트, 시공문화사, 2018, p91

하는 의도로 구분하는 경우가 있었다. 이러한 단순한 이분법적인 구도는 여러 가지 문제를 야기시킨다. 주체가 되는 서구 제국주의 열강이나 앞선 국가는 상대적으로 뒤떨어지는 국가의 문화를 자신의 기준으로 함부로 판단하고 분류하여 그 문화를 재단하고 평가하는 오류를 범할 가능성이 매우 높다. 다른 하나는 국가의 역량에서 뒤떨어지는 경우, 자국의 문화적 애국심을 고취시키는 도구로 사용되어 상위 문화에 저항하고 동시에 국민의 정신을 하나로 모아 정권의 입맛에 맞게 국민을 통치하기에 용이한 수단으로 작동되기도 한다. 90년대 활발하게 논의되었던 오리엔탈리즘의 담론은 서양의 이분법적인 특성이 그대로 드러나는 것으로, 서양의 침략적 행태나 지배 행위를 정당화시키는 담론이다. 서양의 기독교적인 시각은 선(善)이고 동양권의 이슬람 등의 테러리스트는 악(惡)이고 하는 등의 매우 간단한 원리의 이분법적인 시각으로 분류하고 행동하게 만드는 것이 오리엔탈리즘의 특성이다. 간단한 이분법은 한쪽으로 속하도록 강요하는 습성이 있다. 그리고 그것을 강요하는 세력에게는 보통 사악한 의도, 즉 권력의지가 투사되어 있다.

문화는 물의 흐름과 같이 자연스럽게 우월한 쪽에서 그렇지 않은 쪽으로 흐르게 마련이다. 결국, 문화적으로 우월한 중앙의 문화와 변방의 문화가 접속하고 연결되고 문화의 영향을 끼치게 되는데, 수용당하는 입장에서는 일정 부분 저항이 수반되기 마련이다. 이 과정을 달리 말해, 중앙과 변방의 상대적인 파워게임이라고 할 수 있다. 중앙의 파워가 있어야 상대적으로 변방이 드러나게 되고 주목을 받고 생각하게 될 수 있다. 마치, 빛이 있으면 자연스럽게 어두운 그림자가 함께 따라오게 되고 그 둘은 불가분의 관계를 가지게 될 수밖에 없는 상황과 유사하다.

민족이라고 하는 것은 지역성보다는 20세기 들어 각 국가의 형성과 그

국가를 형성하는 민족의 분류에 따라 각 지역의 문화, 지리, 역사, 정치, 경제, 사회 등의 고유한 배경에서 자연스럽게 형성되는 것이 일반적이다. 그러나 제국 열강에 의해 본인들의 의도와는 달리, 국경이 임의로 형성되는 경우에는 여러가지 문제가 발생하기도 했다.

80

건축에서 과거 형태의 복제나 구법의 반복은 일반적으로 건축적 퇴행의 결과를 가져온다. 특정 공간이나 역사를 공유하는 집단이나 지역과 결합되어, 과거의 건축 형태와 구법들을 사용하고 심지어 그 지역의 우월성을 표현하는 방법으로 사용하는 경우, 그 자신의 문제를 넘어 사회에 부정적인 영향을 준다는 점에서 민족주의 중심의 건축문화 정책은 지역의 근본적인 특성은 사라지고 식민지 문화현상이 가속화될 수 있다.

동양이라는 개념 자체는 서양에서 의도적으로 만든 개념이고 16세기 이후 유럽인들이 자신들의 정체성을 수립하기 위한 전략으로 만들어 낸 것이다. 이분법적 사고는 앞서 이성의 폐해와 통제의 사유에서 살펴본 바와 같이 무언가를 분류하고 그에 따라 분류 주체에게 권력을 부여하여 폭력을 행하는 것에 정당성을 부여하는 것이라고 말할 수 있다. 권력과 관련된 근대적 시설들과 통제 역학은 근본적으로는 이러한 사유와 체계로부터 태동했다. 서양과 동양의 현격한 구분을 강조하는 오리엔탈리즘을 에드워드 사이드는 서양이 동양을 자신과 다른 것으로 구분하고 지배하기 위해 날조하는 것으로 생각했다. 그것은 근대성의 양면적인 특성이다.

인류의 역사에서 과학의 발전으로 힘을 얻은 서구 제국주의 열강들은

80 민족주의 건축 시기의 영향(광주 박물관)

동양과 남미, 아프리카에 진출할 때, 무력을 이용하여 폭력을 행사하며 강제 침탈했다. 이러한 배경에는 과학적 이성을 기반으로 한 문명이 우수하고 그렇지 않은 문명은 야만적이며 미개한 것이라는 믿음에 근거하고 있다. 그러나 그러한 믿음은 지배자로서의 침략의 명분을 세운 것에 불과하고 무자비한 침탈과 지배가 강제적으로 이루어지면서 야만의 시대가 시작되었다. 서양의 이성과 과학이 우수하고 동양은 비과학적이고 야만적이라는 것의 등식을 성립시키려는 세력은 서양이 동양을 지배하고 폭력을 행사하고자 하는 오리엔탈리즘적 사고방식이라고 생각해야 할 것이다. 이것은 일본이 우리나라를 침탈하고 지배하기 위해 식민사관을 강압적으로 주입하고자 했던 역사와 매우 유사하다. 동양의 문화중에 많은 것을 미신, 야만, 미개한 것으로 분류하고 연구 대상으로 삼는 것 자체가 하나의 오리엔탈리즘적 사고방식으로 보아야 한다.

서양에서 20세기 말에 오리엔탈리즘이 주목받은 이유는 무엇일까? 사실, 오리엔탈리즘은 그전에도 계속해서 존재해 왔다. 기본적으로 이성과 과학이 비약적으로 발전했던 서양은 그만큼 이성의 폐해로 인해 인간적인 사유와 직관적 사유와 문화 등의 동양적 가치에 대한 향수가 있었다. 그러한 수요가 있는 이상 오리엔탈리즘에 해당되는 문화적 수요가 요구되었다. 특히나 이성이 발달한 서양에서는 동양에 비해 공동체적 가치가 상대적으로 쇠퇴되어 있기 때문에 그것에 대한 향수와 이성에 대한 반성 등의 반작용으로서 오리엔탈리즘이 있을 수 있으며 이러한 현상은 사실, 세기말에 이르러 더욱 수요가 증폭될 수밖에 없었다.

0427 국가 주도의 근대화 계획과 근대 건축의 한계

서양은 근대화의 과정 중에 나타났던 다양한 폐해를 경험한 이후 극복의 움직임으로 담론화되면서, 대안의 움직임으로 현상학과 구조주의의 건축

실험이 나타났다. 이와는 달리, 한국은 일제 강점기, 한국전쟁을 거치면서 시급히 국가 인프라와 재건사업에 몰두해야 하는 여건이었기 때문에 상황이 전혀 달랐다. 한국전쟁 이후 미국원조 경제가 차관 경제로 전환되었다. 미군정 이후 한국 정부가 수립되고, 우선 먹고 사는 기초적인 문제가 시급했다. 당시 기초 생활은 대부분 미국의 차관으로 해결되고 있었고 국가 기간산업은 일본의 차관으로 진행되던 시기였다. 이 시기는 미국과 소련이 자본주의와 공산주의의 체제경쟁을 하던 시기였고 한국과 북한은 강대국의 대리전의 양상을 보였다. 이후, 베트남 전쟁을 통해 다시 한번, 체제간 대리전쟁의 양상이 되풀이되었다. 한국은 베트남 파병을 통해 각종 지원과 외화를 획득하여 경제발전으로 전환시킬 수 있었다. 경부고속도로와 포항제철 등 국가 기간산업의 인프라 건설은 군인들이 적극적으로 개입하여, 마치 전투를 수행하는 것처럼 전력투구하며 달성되었다. 또한 서울에는 삼일 고가도로와 삼일빌딩 및 세운상가 등의 근대화의 상징들이 건설되었다. 또 몬트리올 및 오사카 엑스포의 한국관 계획을 통해 현대건축의 역사성과 미래 비전을 제시하고자 했다. 80년대 이후 한국의 포스트모더니즘 시기에는 현상학, 구조주의, 포스트모더니즘, 해체주의 등의 서구 담론들이 한꺼번에 들어와 논의되고 사회 문화적으로 다양하게 실험되는 시기가 있었다.

한국 기술개발공사(이하 기공) 사장을 역임했던 김수근은 박정희 정권에서 당시 실세였던 김종필과의 인연을 기반으로 국가 주도의 다양한 계획과 실험에 참여하여 주도적인 역할을 했다. 한강 연안 개발, 삼일고가, 경부고속도로, 포항제철, 중문관광단지, 보문관광단지 등 한국 현대사에서 굵직한 프로젝트들이 이 시기 기공에 의해 수행되었다. 박정희 독재정권의 국가 주도 사업이 보수적이고 억압적인데 반해, 기존 체계를 벗어난 새로운 것을 만들어야 하는 예술 분야는 기존 체제에 저항적이고 반동적어야 하는 경우가 많았기 때문에, 서로 궁합이 맞지 않는 것이 일반적이다. 그러나 억압적인 독재 군부 세력과 건축의 실험적 특성을 강조하는 유토피아 아방가르드적 성격이 강했던 김수근과 휘하의 건축가들이 함께 뜻을 같이 하는 기묘한 시기가 있었다. 매우 드물게도 억압적 '국가' 와 탈체제를 지향하는 상상력이 넘치는 '아방가르드' 의 공존과 병치가 이루어진 것이다. 당시 정부는 미국의 원조를 받아 국가 인프라 사업을 시행함에 있어서 기술용역으로 인한 외화 유출이 상당한 부분을 차지한다는 것을 깨닫고, 국가 주도의 기술용역을 수행하는 용역사를 통해 기술의 자립과 외화 유출을 막기 위해 기공을 설립했다. 당시는 항만, 고속도로, 상하수도 등의 도시 인프라스트럭처와 석유 화학단지와 제철소 등 산업시설 설계 수요가 있었는데, 대부분 외국 기업에 의존하면서 기술용역으로 엄청난 외화가 유출되고 있었던 것이다. 자연스럽게 기공의 핵심 인사들은 최신 기술을 습득하고 돌아온 해외파 엘리트들로 구성되었다. 1960년대 말, 기공의 도시계획부와 건축부는 윤승중, 유걸, 김석철, 김원, 김원석 등 당시 최고의 엘리트들로 구성되어 굵직한 국가 주도 사업에 관여했다. 해외파 엘리트들로 구성된 이유에는 20세기 전반의 일제 식민 지배 기간동안 근대화와 산업화를 위한 우수 인력이 충분히 양성되고 공급되지 못했기 때문이며, 그 대안이 필요했다. 정부는 직접 주도하에 소수정예의 해외 엘리트들이 빠르고 효율적으로 국가 주요 산업 인프라를 구성하는 용역을 수행하도록 독려했고 장기적으로는 기술 인력의 양성도 꾀할 수 있도록 하는 방법을 취했다. 그 기능을 수행한 것이 바로 한국종합기술개발공사였다. 설립 과정에서 유신 독재 정권의 반공의 상징인 자유센터를 김수근이 설계했고, 그 건물에 '국제산업기술단' 이 입주하며 출범되었다. 그 가운데에는 민간 엔지니어링과 설계사무소 조직이 포함되었는데, 그것이 바로 국내 제일의 종합 기술용역 기관인 '한국종합기술개발공사' 였다. 이와 같이, 기공은 근대화를 위한 주요 산업의 엘리트 풀을 구성하고 인력간 상호교류와 교육이 함께 이루어지는 기관이자 장소였다.

안창모는 '한국과 일본, 독일의 공통점을 언급하면서 세 나라 모두 후발산업국으로 산업화에 성공했고, 보호무역주의를 일정 부분 시행하며 자국의 산업역량을 확보했으며, 국가 주도의 산업정책을 수행했다는 공통점이 있음'을 주장했다.116) 또 무테지우스와 김수근을 비교하면서, '무테지우스가 주축이 된 독일공작연맹은 건축가가 주도하고 12개의 회사가 참여했는데, 기공 역시 김수근을 비롯한 건축가와 기술자가 중심이었고 여기에 상공부 산하 9개 정부 투자회사가 투자한 점이 유사하다고 언급했다. 그만큼 역동적으로 국가가 개입하여 산업을 발전시키고 국민들의 주거 및 미적 생활의 향상을 꾀했다는 점에서 독일 공작연맹의 무테지우스와 한국 기공의 김수근 사이에는 유사한 측면이 있다.

일제 강점기의 차별과 근대화 과정에서 절대 고급 인력의 부족을 극복하기 위해 정부 주도의 엘리트 용역회사의 구성과 인재들의 육성 방식은 효율성과 신속성에 있어서 매우 성공적이었지만, 엘리트 주도의 카르텔 형성과 다원성이 부족했던 점은 어쩔 수 없는 시대적인 한계로 남았으며, 근대화의 명암만큼이나 양면성이 존재하는 것이었다.

-자유센터 계획

김수근이 설계한 자유센터는 자유 진영과 공산 진영의 분단국가의 현실에서 자유 민주주의를 신봉한다는 상징이 되는 동시에 국가의 단결을 도모하고자 하는 '이데올로기 기구'로서 작동했다. 그래서 이 건축물은 종종 '이데올로기를 형상화한 정치적 기념물' 혹은 '정치적 신전'이라고도 혹평받는다. 현재는 노출 콘크리트 위에 수성페인트가 입혀진 채, '웨딩홀'의 기능으로 사용되고 있다. 반공의 신전이 엉뚱하게도 '웨딩홀'이라

116) 안창모, 근대국가 건설의 세 번째 방법, 한국종합기술개발공사, 건축신문, 2019년 3월 28일

81  

는 상업적 기능으로 탈바꿈한 것이다. 자유센터가 전혀 다른 양과 음의 두 남녀가 만나 결합되는 의식을 치루며 하나가 됨을 상징하는 결혼식장으로 변신된 상황은 변증법적 특성만큼이나 양면적 특성을 보이는 김수근의 행보 및 작품활동과 묘하게도 맞아 떨어지는 느낌이다.

박정희 정권은 이 건축물을 통해 대내외적으로 자신이 철저한 반공주의자임을 천명하고 자유 진영 국가들로부터 원조를 얻어내고자 하는 상징물로 이용하고자 했다. 최초에 '반공센터' 로 명명했다가 이후 '자유센터' 로 명칭을 변경한 것은 이러한 이유가 작용했다. 쥬세페 테라니의 '파시스트의 집' 은 이와 유사한 상징성을 갖고 시대적 정신이 가미되며 구축된 사례로서, 당시 파시즘과 모더니즘의 상징적 건축물이 되었다. 군사 정변 이후, 정권을 잡은 박정희는 자신을 둘러싼 사상적 의심을 재빠르게 잠재우고자 자유센터의 건립을 최우선 과제로 추진했다. 자유센터는 당시의 기준으로 보았을 때 엄청난 국가보조금 1억과 국민 성금 1억 5천만원을 합친 공사비를 사용하며 불과 4개월 만에 완공을 이뤄냈다.[117] 실로 엄청난 속도와 실행력이 아닐 수 없다. 김수근의 야망, 노고, 그리고 추진력을 엿볼 수 있는 대목이다. 자유센터는 외부에서 보았을 때, 노출 콘크리트로 구축된, 육중하게 휘어진 지붕과 열주들의 파사드의 상징적 요소들이 강력하게 시선을 사로잡고 있다. 이 건축물은 르 꼬르뷔지에의 찬디

81 김수근, 자유센터

117) 박고은, 사라진 근대건축, HB PRESS, 2022, p218

가르 고등법원의 건축어휘로부터 많은 영향을 받았다. 자유센터 안에 실제 기능으로 쓰이는 공간은 상대적으로 매우 빈약하다. 이러한 특징은 이 건축물이 필요한 프로그램의 기능을 충족시키는 건축이라기보다는 권력의 의도와 관련된 '상징'을 중시하는 건축물이라는 반증이 되고 있다. 김수근은 그러한 이데올로기 대립의 한가운데에서 영욕의 '자유의 신전'을 구축하는데 당시 권력의 충실한 에이전트가 되었다. 오늘날 자유센터는 20세기 이데올로기의 산물이자 권력의 선전도구의 산물이라는 역사적 기록물로 남아있다.

–세운상가와 여의도 계획

82

일제 강점기 시기 형성되었던 식민지 도시구조를 개편하면서 한국전쟁의 치유와 전재 복구를 추구하는 과정에서 등장한 세운상가와 여의도 개발계획은 이 시기에 김수근이 수행했던 의미있는 작업이었다. 세운상가는 스미슨 부부의 메가 스트럭쳐 계획과 메타볼리즘 운동과 같이 당시 해외의 구조주의 건축의 흐름과 공명하며 계획된 시대적 산물이다. 세운상가가 구축된 부지는 2차 세계대전의 아시아 태평양 전쟁을 대비하여 만들어진 도심 내 폭 50m, 길이 1km에 달하는 소개 도로로 쓰인 부분에 계획되었다. 안창모는 세운상가를 가리켜 '중 · 일전쟁과 2차세계대전 그리고 6 · 25전쟁의 사생아'라고 정의내렸다.118) 서울시는 무허가로 난립한 슬럼과 사창가 지구를 정리했다. 이후에 1층에 자동차 도로와 저층부에 상가를, 3층 높이에 인공대지를 두고 종묘로부터 남산까지 이어지는 공중 보행도로를 연결하고 5층부터 아파트를 배치하며 복합체를 계

82 김수근, 세운상가

118) 안창모, 〈지식카페〉 최고급 주상복합 → 회생불능 공룡 → 재생사업… '榮辱'의 역사, 문화일보, 2017년 4월 19일자 참조.

획했다. 세운상가는 척박했던 시대적 상황에서 그 당시로서는 보차가 분리되는 최신의 주상복합 아파트(메가 스트럭쳐)이자 주거, 문화, 상업시설이 복합화되는 거대 건축구조를 실현했던 것이다. 김수근은 다양한 프로그램이 복합화된 새로운 시대의 미래 도시의 유토피아적인 비전을 실험하고 실현한 것이다. 600년 고도인 서울의 심장부에 이러한 대규모의 메가스트럭쳐를 실현시킬 수 있었다는 것 자체가 하나의 놀라운 사건이었다. 이러한 실험적인 계획은 독재정부의 개발 추진력과 아방가르드 모더니스트의 상상력이 결합되어 가능했던 '사건' 이었다.

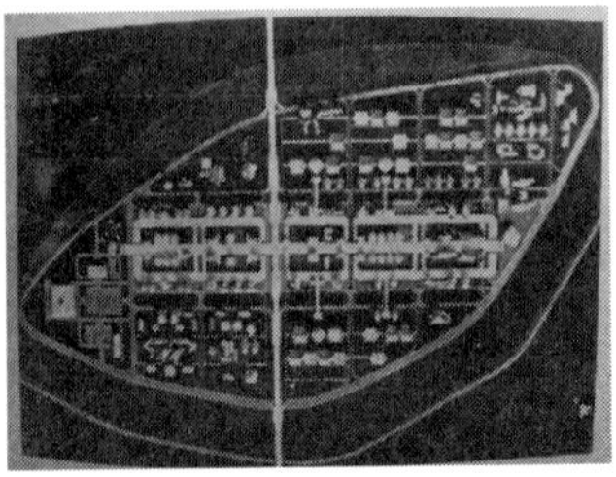
83

이 시기 김수근의 또 하나의 주요한 메가 스트럭쳐 계획은 여의도 계획이었다. 해방 후 서울 외곽에 위치한 경인(영등포 등) 지역은 경공업 중심의 산업구조가 조성되어 있었고 인천과 연계되는 경인 공업지역의 축에 여의도가 있었다. 당시 비행장이었던 여의도는 국가 소유의 땅이었고 시 외곽이었다. 따라서 도시가 확장되는 가운데 인천과 경인 공업지구와 도심 서울을 잇는 축을 만드는데 있어서 여의도는 신도시의 중요한 실험적인 지역으로 부상되었다. 이후 여의도 도시계획을 통해 국회의사당이 옮겨오고 이른바 다핵 대도시로서의 분화가 가능해졌다.

기공은 해외파 엘리트들의 두뇌와 군부 인사들이 주축이 되어 국가 근대화 및 산업화에 있어서 상징적이면서 실질적인 도움이 되는 사업들을 주도했다. 일제 강점기에 제대로 된 근대화 교육과 인력이 부족한 상황에서 소수정예로 신속하고 효율적으로 사업을 진행하면서 동시에 교육

83 김수근 여의도계획

및 인력양성도 함께 이룰 수 있도록 '기술 인력의 용광로' 역할을 하였고, 외화 유출까지 막아야 하는 임무를 수행했던 것이다. 기공은 짧은 시간에 국가가 필요로 하는 시설과 군부독재의 부정적인 측면을 가려줄 이상적인 국가 비전을 제시하기 위해 독재 국가권력과 아방가르드가 기묘하게 결합된 시스템이었으며, 이러한 사업 시스템의 영향은 여타 국가에 비해 효과도 강렬했고 그늘도 그만큼 더 짙었다.

앞서 살펴본 바와 같이, 국가 주도의 사업은 민족주의 및 일제 강점기의 식민지 건축의 폐해와 마찬가지로 목표 달성을 위한 효율성과 속도에 있어서는 매우 훌륭하다. 또 국가의 역량을 집중하여 엘리트 중심의 국가 주도의 사업들을 신속하게 성공시킬 수 있는 장점이 있다. 그러나 제국주의 및 양차 세계대전의 폐해, 민족주의의 폐해와 유사한 '동일성' 의 문제점을 노출한다. 국민을 위한다는 미명하에 앞서 언급했던 근대적 시공간의 특성이 대규모로 고스란히 드러나게 되는 것이다.

– '공간' 잡지

'공간(SPACE)' 잡지는 60, 70년대 우리나라의 문화예술계의 거의 유일한 미디어였으며 이를 통해 문화예술의 인사들이 소개되고 성장할 수 있는 중요한 역사적인 역할을 수행해 왔다. 그러나 공간이 창간된 1966년의 상황은 신동아, 주간한국 등의 정론 잡지 정도나 있던 시기였지, 문화 종합 예술 건축 관련 잡지는 전무한 상황이었다. 글 위주의 정론 잡지와 달리 판형과 이미지 위주의 잡지는 당시에는 파격 그 자체였다. 사진이 주가 되는 까닭에 잡지의 가격은 당시 기준으로 매우 고가였다.

공간 잡지를 창간하는데 음으로 양으로 도움을 준 인사는 육사 출신의 기술관료 '석정선' 이었다. 그는 5.16 군사정변 이후 중앙정보부 창설팀에서 활약했다. 그는 김종필을 도와 음지에서 다양한 정치활동 지원업무를 수행했다. 또 워커힐 계획, 한국종합기술개발 공사 등을 창설할 때 김수근과 함께 논의하며 신속하게 진행했다. 석정선은 창간호부터 22회 동안 발행인이었다. 또 발행처는 한국종합기술개발 공사였다는 점에서 세운상가 및 국가의 주요 건축물의 프로파간다를 지원하는 성격으로 창간을 도왔다는 추정을 할 수 있다.[119] 실제로 초기 공간잡지의 상당 부분의 지면이 이러한 국가사업의 소개에 할애되었다. 석정선은 당시 떠들썩했던 정치부문 4대 의혹의 배후 인물로 지목되었고, 이후 신문사 사장을 역임했던 인물이었다. 김수근이 석정선의 자택을 설계했다는 점에서 김수근과의 관계가 매우 돈독했으며 후견인과 같이 후원을 약속했던 사이였음을 짐작할 수 있게 한다. 나치의 괴벨스가 정권 찬양의 도구로 나치 홍보의 역할을 충실히 수행했던 것처럼, '공간' 잡지도 초창기에 '국가 기관지' 로 유사한 역할을 수행했다는 점에서 근대화 이면의 어두운 특성을 감지할 수 있다. 그러나 공간 잡지는 초창기 국가의 프로파간다 건축물의 선전용 매체로 시작하여 이후, 종합적인 문화예술 잡지로 거듭났다. 이후에는 지원이 끊기고 빚이 쌓이는 악조건에서도 의지를 가지고 꾸준하게 출간을 계속했다. 당시 상황에서 공간지는 김수근의 의지가 반영되어 지속된 극소수의 문화저널이자 문화의 인큐베이터로서 소중한 역할을 수행하기도 했다.[120] '설사 등사판을 가지고 손수 긁는 한이 있더라도 '공간' 지는 계속 발행하겠다는 것입니다.' 라고 의지를 역설했던 김수근의 모습에서 예술을 사랑하고 지키려는 그의 숭고한 열망을 절절히 느낄 수 있다. 이처럼, 한국 문화계의 화려한 공만큼 일정 부분 '근대화의 이면' 의 부정적인 모습도 함께 가지고 있다는 점에서 양면의 얼굴을 모두 가지고 있는 공간 잡지는 근대성의 장단점의 특성을 보이면서 또 다른 문화적 '역사' 로서의 의미도 지니고 있는 매체로 오늘날까지 지속되고 있다.

119) 박정현, 건축은 무엇을 했는가, 발전국가 시기 한국 현대건축, 워크룸프레스, 2020, p53

120) 등사판을 미는 한이 있어도 하나의 사회가 지속적으로 발전하기 위해서는 저마다의 희생이 필요합니다. 〈...중략〉 空間誌 100호를 내면서 한마디 더 해야 할 말이 있습니다. 그간, 공간지를 위해서 박봉에도 불구하고 자기 일처럼 열심히 일해주신 분들, 또한 싼 원고료에도 불구하고 귀한 원고를 아낌없이 보내주신 필진 선생님들, 그리고 애독자 여러분에게 지면이나마 감사의 뜻을 표합니다. 이미

–MBC 문화방송국

김수근이 설계한 작품 중에 '권력'과 직접적으로 관계된 또 하나의 작업으로 'MBC문화방송국'이 있다. 이 계획은 '방송국'과 '호텔'이라는 프로그램이 결합된 특이한 건축물인데, 방송국의 건축물로서는 지나치게 수직적이고 또 모뉴멘탈적인 특성이 강하다는 느낌을 준다. 위압적인 고층 건축물임에도 불구하고, 또 다시 옥상부에는 높은 방송송신탑이 세워져 수직적 상징성이 더욱 강화된다. 건물 상단부의 창문 형태의 입면 요소들은 TV 브라운관을 떠올리게 만든다. 이 건물이 방송사 건물이었음을 드러내는 상징적인 입면의 요소이다.

84

경향신문은 지난 74년 7월 언론통폐합 조치에 따라 MBC와 통합한데 이어, 그해 11월 주식회사 문화방송 및 경향신문으로 개편되어 매스미디어 그룹으로 새출발했다. 계획의 단면은 중간부에서 수평 수직으로 대공간이 필요한 스튜디오 프로그램을 고층 매스에 집어넣기 위해 특별한 구조가 필요했다. 상부는 트러스 구조로 계획되었고, 천정으로 뻗어있는 빔(beam)은 5층에서 올라와 6층까지 관통시켜 트러스 구조를 사용하고 있으며 그 트러스 구조의 공간마저 방송국 사무기능의 공간으로 사용하도록 계획되어 있다. 대규모 트러스 공간의 계획은 렘 콜하스의 ZKM 계획의 단면과 유사한 면모를 보인다. 이 작품은 확고하게 시대를 앞서간 단면과 복합성의 계획이라고 할 수 있다.

치룬 행사이지만 100호를 기념하는 공간미술대상 작품을 기증해 주신 화가 선생님들에게 아울러 감사의 뜻을 표하면서 그 보답의 뜻으로 나는 이렇게 결의를 표합니다!! [설사 등사판을 가지고 손수 긁는 한이 있더라도 '공간' 지는 계속 발행하겠다는 것입니다.] 100호 발간을 진심으로 기뻐해 주시는 여러분께 감사드립니다. 발행인 金壽根. (1975년. '空間'誌 100호 發行기념사에서)

84 MBC 문화방송국 디테일, 중간트러스 구조

이 건축은 본관 9층 이상은 특이하게 '문화관광호텔'의 프로그램으로 계획되었는데, 방송 사업 자체는 외국자본을 들여올 수 없었는데 당시 기준으로 호텔을 운영하면 외자 유치가 가능했기 때문에 방송국을 짓기 위해 편법을 이용했다고 한다. 물론, 호텔은 심각한 적자운영으로 폐업하게 되었고 이후 방송국의 숙소로 사용되었다. 입면의 비례와 구성이 훌륭한 작품성을 가지고 있는 것과는 별개로, 당시 국가의 이데올로기를 선전하는 '프로파간다'로서 역할을 했던 방송국의 특성상, MBC 문화방송국은 국민들에게 선전 선동의 상징물인 일종의 '모뉴먼트'로서 작용해야 했으며 김수근은 이러한 의도에 충실히 부응하여 이례적인 수직적 구성의 계획을 제시했다. 관 주도의 MBC 방송국을 만들기 위해 외자를 유치해야 했고, 방송국과는 어울리지 않는 호텔의 프로그램이 추가되었던 것과 수직적 구조의 상징성을 획득한 것 등 많은 것들이 예사롭지 않다. 이러한 상황들이 작용하여 방송국으로서는 일반적이지 않은 '괴상한' 유형의 복합체(다양체)가 등장한 것이다.

85

—남영동 대공분실

최종적으로 한국 현대사의 비극적인 시설의 대표적인 사례로, '남영동 대공분실'이 있다. 김수근이 이끌던 '공간' 그룹에서 1976년 설계했던 남영동 대공분실은 공간 사옥에서 보여지는 익숙한 매스 조형 및 벽돌의 재료 사용과 창문들의 건축적 요소들에서 확인할 수 있듯이, 김수근의 건축어휘가 고스란히 감지되는 건축이다. 이 건축은 당시 정권이 위협으로 간주했던 간첩이나 불순세력, 그리고 민주화를 염원하는 운동권 세력들을 취

85 MBC 문화방송국

조하고 고문하기 위해 특수하게 설계되었다. 설계자는 행정을 위한 진입 동선과 취조실로 진입하는 동선을 철저하게 분리했다. 피의자를 끌고 취조실로 진입하는 원형 계단은 눈이 가려진 채 피의자가 이끌려 올라가게 된다. 원형 계단을 오를 때 피의자는 계단참이 없기 때문에 위치감각을 느낄 수 없게 된다. 또 진입할 때 철제 원형 계단을 오르며 청각적, 공감각적으로 공포감이 최대한 증폭되도록 계획되어 있다.

86

취조실의 창문은 외부에서 내부의 행위들을 관측하기 힘들도록 좁게 계획되었다. 또 취조 중 창문 밖으로 뛰어내리는 것을 방지하기 위해 머리가 통과할 수 없는 사이즈인 30cm의 세로로 긴 슬릿창으로 계획되어 있다. 또 각 실들은 서로 엇갈려 있고, 시각적으로 건너편에서 어떤 일들이 벌어지는지 알 수 없도록 방음벽으로 계획되어 있다. 취조실에는 취조와 고문에 최적화되어 있는 공간구조, 가구 및 조명과 물고문용 수조 및 각종 시설들이 면밀히 계획되어 있음을 확인할 수 있다. 1976년에 완공된 건축은 1983년 증축이 이루어졌다. 고문 기술자 이근안에게 전기고문으로 고통받았던 정치인 김근태의 사례와 물고문 중 사망한 박종철 사건은 근대화와 산업화 시기의

87

86 남영동 대공분실, 1976년 원안 및 1983년 증축안
87 남영동 대공분실 고문실 내부

군부 독재 정치하에 이데올로기적으로 강제되는 음습했던 현대사의 어두운 사건들의 대표적인 사례이다. 그들이 고초를 당했던 장소가 바로 이 남영동 대공분실이다. 이 시설은 '공간' 그룹에서 작업한 것이 분명한 사실로 드러나고 있지만, 오늘날 그 누구도 이 작업이 당시 어떻게 진행되었고 어떻게 작업이 관리, 감독되어, 최종 승인되었는지를 증언하는 내부 인사는 나타나지 않고 있다. 아마도 근대성의 화려하고 발전된 밝은 모습 이면에 드리운 어둡고 깊은 폐해의 그늘과 같이 진실은 음습한 미궁속으로 빠져 들어가 영원히 나올 수 없게 될지도 모른다.

세운상가, 여의도 계획과 같은 대규모 시설부터 구조주의적 관점에서 수준 높은 한국성의 건축을 성취할 수 있었던 한국 현대건축의 대가의 계획 목록에 이러한 작업이 포함된다는 것 자체가 근대성의 발전의 이면에 어두운 그림자와 폐해가 동전의 양면처럼 함께 존재한다는 것을 상기시켜 준다. 그러한 측면에서 그의 작업들은 근대성이라는 특성을 다시 생각하게 만든다. 다시 한번 강조하거니와, 김수근은 천부적인 재능과 부단한 노력과 열정, 그리고 탁월한 용병술의 능력을 지닌 '걸출한 건축가' 였다. 그럼에도 불구하고, 눈부신 발전의 빛나는 장면 이면에 드리운 깊은 그림자 역시 엄연히 존재하고 있다. 그것은 근대성이라는 '동일성의 폐해' 라는 속성이 만들어 냈던 폐해적 속성, 특히 앞서 살펴본 제국주의, 파시즘, 민족주의적 동일성의 속성들이 만들어왔던 습하고 어두운 폐해의 양상이 김수근의 경우에도 피할 수 없이 드러난 것이라고 해야 할 것이다. 그것이 바로 근대 이성의 양면적 속성이었던 것이다.

이제 4권의 내용을 정리해야 할 시점이다.
근대 사상은 '주체' 를 신적 위치에 자리하게 하여 객체를 과학적, 객관적으로 판단하는 속성이 있었고 근대성은 과학기술의 발전과 문명의 발전을 추동하며 근대화에 큰 도움을 주었다. 그러나 객체를 함부로 판단하는 오판의 문제, 정, 반에서 상대를 완전히 폐기시켜서 발전의 원동력으로 삼기 위해 극렬한 투쟁이 발생한다는 점, 발전의 목적을 성취하기 위해 동일성으로 몰아가려는 특성으로 인해 다양한 폐해가 발생했다는 점이 두드러지는 특징이다. 제국주의와 1, 2차 세계대전, 유태인 대학살 등은 이러한 근대성의 이면에서 발생한 대표적인 폐해이자 폭력성이다. 또 민족주의적 문화 경향과 건축 경향은 장점보다 폐해적인 특성이 더 강한 면모를 보여준다. 마찬가지로 근대화를 추진했던 국가들은 빛나는 발전의 긍정적인 장면만큼이나 깊은 그림자를 드리우고 있다.

동북아 근대철학과 연계된 건축 담론으로, 기술적 측면에서 근대성(모더니티)에 대한 대응 태도에는 적극적으로 받아들이고자 하는 세력과 절충적 입장, 거부의 입장에 따라 다양한 양태로 나타나게 된다. 자강론과 함께 점진적인 근대성의 도입과 근대화의 절충을 추구하던 건축적 흐름이 존재했다. 동시에 적극적으로 근대기술을 도입하여 근대적 건축을 추구했던 기술 중심주의 건축도 역시 등장하고 발전하게 되었다.

한국 근대건축 담론의 전개에 있어서, 근대성에 직접적으로 영향을 받아 한국적 현실을 반영하여 학문적, 실제적 변화를 꿈꾸었던 실학파의 경향에서 근대 지향의 건축론으로 임원경제지의 저술이 있다. 또 일제 강점기의 식민 시기에는 식민지 건축 및 절충적 접목의 상황과 함께 근대성의 접목하는 건축적 시도들이 있었다. 동북아 사상과 근대기술의 충돌과 화해 가능성은 이러한 절충적 접목과 근대화의 창조적 자기 해석의 노력에 일정 부분 접목되어 등장하기 시작했다.

근대 주거 및 주거 단지의 발전 과정에 있어서, 근대성이 접목되면서 공간, 재료, 구법, 디테일에 있어서 전통적인 건축방식과는 다른 근대적 성격이 접목되었다. 특히 일제 강점기에는 급속한 도시화와 함께 근대적 도시계획수법의 필지 분할 방식이 접목되면서 도시형 한옥의 실험이 이루어졌다. 그것은 기일원론에 영향을 받아 완성된 한국적 건축 유형으로, 한옥의 전통적 방식과 근대적 도시계획, 건축계획 수법이 창조적으로 융합되어 적용된 것으로 볼 수 있다. 화양식, 의양풍 등 절충식 건축공간 및 표현의 변용과 적용 역시 일제 강점기의 근대성의 적용과 외적 변수가 작용한 결과였다.

근대건축과 연계된 건축 담론으로, 모더니즘과 국제주의 양식은 한국 건축계에도 예외 없이 이식되어 한국화되었다. 기술과 양식의 적극적인 도입 세력이 있었는가 하면, 한국적 특성을 중심으로 하여 절충식으로 적용하는 시도도 함께 생성되었다. 1세대 건축가들의 모더니즘은 일제가 받아들인 근대성을 식민지 상황에서 한국적 방식으로 풀어내야만 하는 트릴레마 상황에 놓여 있었다. 이들은 모방과 창조의 사이에서 갈등하는 근대인의 모습을 보이면서 성과와 한계가 공존했다.

한국 근대 건축가와 1세대 현대 건축가들의 한국성의 작품 경향과 특성은 서구의 콘크리트 및 구법과 함께 한국적 지붕과 기단 등의 디테일 등이 형태적으로 차용되는 방식 등이 사용되었다. 부여박물관의 왜색 논쟁은 최초로 건축 담론이 전 국민의 관심을 받으며 전통성의 건축적 계승에 대한 담론을 불러일으켰다. 1세대 건축의 근대적 적용에는 민족주의적인 건축의 특성이 드러나는 것이었으며 나름의 성과도 있었지만, 한계도 명확했다.

동북아 사상에서 기일원론의 방식이 발전해 온 것과 서양의 이원론의 사유가 만들어 온 방식에는 근본적인 차이점이 존재했다. 과학기술과 자본주의의 발전과 시민혁명의 특성은 이러한 이원론적인 사고의 발전단계에서 제국주의 및 파시즘과 민족주의의 폐해가 나타나게 되었다. 과학기술의 급격한 차이로 인해 나타나는 힘의 심각한 불균형으로 인해 동양 사회는 제국주의 열강의 침탈과 문화가 강제 이식되는 가운데 힘겹게 적응을 해야 하는 상황이었다. 그 가운데 사상을 무조건 도입하고 적용하는 것이 아니라 동북아적 시각으로 서양의 철학을 도입하여 적용하거나 새롭게 재해석하는 태도와 방식이 중요하다고 할 수 있다.

건축적 특성에 있어서 서구의 근대성의 적용은 기본적으로 당시 기술 중심주의와 제한적 기술도입 및 절충주의, 그리고 전통 고수 및 배타주의의 세 가지 방식으로 구분할 수 있다. 각각의 특성은 어느 시대에나 나타나는 특성들이지만, 근대 시기에는 근대성이라는 특성과 그 영향력이 너무나도 막강했기 때문에 세 가지의 대응 태도에 따라 나타나는 양태의 격차 역시 매우 큰 것이었다. 근대적 시공간의 탄생과 특성은 도시, 단지, 건축, 주거의 공간구성과 특성에 있어서 뚜렷한 차이와 특성을 보이게 된다. 근대건축의 도입과 기술 중심의 건축의 전개는 효율성과 근대적 특성이 적용되었다. 도시, 단지, 건축, 주거의 특성은 근대적 매트릭스의 시간관과 인간의 효율적 통제와 관리의 특성이 적용된 것이었다. 그것은 자본사회의 니즈를 적극적으로 만족시켜 주는 것이었다.

어쩔 수 없이 서양건축 양식, 국제주의 양식의 모더니즘 건축이 주류가 되어 근대적 특성을 적용하여 한국적 현실에 적용하기에 급급했던 공공건축에 비해 여전히 기존 사상과 문화적 전통의 자기장 하에 있었던 주거 건축은 기일원론의 특성이 남아있던 건축유형이었으며, 그 가운데 앞서 언급한 생기의 건축을 중시하는 건축문화에서 근대적 특성이 적용되어 진화하는 면모를 보였다.

한국에서는 실학파의 근대 지향의 건축적 흐름이 존재했고 식민지 상황에서 근대적 기술의 특성을 적용하면서 동시에 한국적 상황에 적절하게 적용하고자 하는 노력이 있었다. 근대 한국 주거는 이러한 특성이 가장 잘 드러나는 부분이었다. 근대 사택의 단지 구성 등은 관리와 통제를 위한 시설이기도 했고 근대적 특성을 적용하여 효율성과 최신의 기술이 적용된 효율적인 단지이기도 했다. 새로운 근대적 단지계획은 양동마을 등의 기존 전통 마을 구조와는 달리 기하학적인 특성이 적용된 계획이었다. 단순히 형태 구조의 차용에서 벗어나 우리에게 적합한 근본적인 사상적 특성, 공간적 특성으로부터 시작하고 그것이 토대가 되어 서구의 과학기술을 재해석하는 방식으로 다시 시작하는 방법은 어떻게 접근해야 할 것인가? 니시다 기타로와 와쓰지의 사상적 방식과 같이, 또 오늘날 가라타니 고진의 방식과 같이 동북아 사상이 기본이 되어 서양 사상을 재해석하고 그것이 중심이 되어 공간적, 물질적 세계에 적용할 수 있는 방안이 필요하다. 그것은 기일원론이 중심이 되어 서양철학을 재해석하는 방식이 될 것이다. 동시에 동북아적 시각에서 부족한 부분의 보완 역시 필요할 것이다.

변증법적 역사의 발전성을 사유하며 절대정신으로 향하고자 했던 근대 사상은 근대성의 형성과 공명하며 눈부신 발전을 이루었으나, 그만큼의 크기로 동일성의 폐해를 가져왔다. 개인의 개성을 희생시키며 목적론적인 동일성으로 강제하는 속성은 이후, 제국주의, 1, 2차 세계대전, 유태인 대학살, 파시즘, 부정적 민족주의 등의 폐해를 경험하도록 만들었다. 민족주의는 쉽게 전체주의 및 부정적인 동일성의 폐해의 길로 인류를 오도할 수 있다. 한국 근대화 과정에서 근대 철학자들의 다양한 사례와 때로는 비극적인 행보와 마찬가지로, 건축 분야에서도 다양한 인간군상의 건축가들과 작품들이 존재했고, 민족주의 건축의 부정적인 특성과 독재 시기의 바람직하지 못한 건축의 사례도 존재했다. 그것은 눈부신 발전 이면의 어두운 그늘과 같이 동전의 양면과 같은 근대성의 폐해적 속성이 여지없이 건축에 적용되며 드러난 결과였다.

시사점과 건축적용 가능성

PART III

생각해보아야 할 점

-근대성의 특성과 동북아 사유와 생활양식의 충돌지점을 극복할 수 있는 방안은?[121)]

우리 민족은 근세에 접어들면서 외세의 침탈과 일제의 지배를 강제당했다. 물질보다 정신과 예절과 체면에 익숙했던 동양권에 속해있던 우리는 급격한 서구의 모더니티와 모더니즘의 변화와 유입으로 혼란을 겪었다. 이 과정에서 우리는 단절된 역사와 생활 변화, 이후 한국전쟁의 아픔을 겪고 세계 최단기간 동안의 경제발전과 도시 공간구조의 변화를 통해 일상의 혁명적 변화를 경험했다. 이후 세기말 현상과 함께 무자비한 폭격과 같이 서구의 포스트모더니즘 계열의 사조들이 난입되었다. 모더니즘을 제대로 한국적으로 소화하기에도 역부족인 상태에서 당대의 건축가들이 한국성이라는 주제와 함께 자연스러운 담론의 발전과 물질적, 물리적 공간 및 조형의 변화와 발전을 수준 높게 성취하기에는 애초부터 역부족이었을 것이다. 식민지와 한국전쟁을 겪으며 개발도상국으로서 성장만이 미덕인 시대에 역사성과 전통의 배려는 자연스럽게 후순위였다.

전후, 경제성장이 활발하게 이루어지고 있는 동안, 경제성을 최우선시 하는 국적 불명의 모더니즘 건축으로 온통 채워진 공간들로부터 대중들은 역사의 심각한 단절을 인식하고 우리의 것(한국성)에 대한 갈증을 느끼게 된다. 그러나 독재 시기의 '한국성'(한국성을 강조한 건축)은 혁명 집권 세력과 보수세력의 대국민 선전 수단 혹은 정신 개조로 왜곡되어 기능한다. 이러한 방향성은 80년대 중반까지 이어지다가 80년대 후반부

121) 임기택, 건축평단, 건축의 한국성, 2015의 글 일부를 발췌하여 의도에 맞게 변형함.

터 90년대에 이르러 한국성에 대한 담론은 케네스 프램턴의 '비판적 지역주의'에 영향을 받아 기존 건축유형과 콘텍스트에 순응하면서 동시에 '의도적으로 낯설게 하기' 기법이 시도된다. 80년대 말 90년대의 포스트모더니즘과 해체주의 양식은 연속된 담론의 부재 속에 소화불량인 채 패션처럼 한 시대를 풍미하며 '국적 불명의 스타일'로 소비되었다. 그동안 한국성을 강조하는 건축계의 강박과 한국적 요소를 적용하는 것에 대해 극도의 자기혐오를 보여왔던 것은 질곡의 역사를 살아왔던 우리의 슬픈 자화상이었다. 한국성에 대한 갈망은 7, 80년대 보수 집권 세력의 이데올로기적 민족주의로 왜곡되었다. 90년대 이후 한국건축은 한국성에 대한 논의와 함께 공간적인 특성을 동시대적으로 드러내면서 조형적으로는 추상화되면서 한국적 특성이 자연스럽게 드러날 수 있는 방안을 발전시켰다.

서구의 근대 사유와 근대성의 관계를 바라보아야 하는 이유는 다음과 같다. 동북아 국가들에서는 제국주의 시대의 외세 침략이 공공연하게 자행될 정도로 근대성과 과학기술의 발전 속도가 너무나 빠르고 거대한 것이어서 근대세계의 흐름과 발맞추기 위해 과거와의 급격한 단절을 경험하게 되었던 것이다. 근대성의 측면에서 도시와 건축은 가장 크게 변화된 부문이어서 대도시의 출현과 함께 우리를 둘러싼 건조 환경은 기존의 전통적인 주거환경과 급격한 단절을 가져왔다. 그것은 너무나 거대한 변화여서 전통과 옛것은 빨리 청산해야 할 대상으로 치부되었다. 근대성과 새로운 세상의 정치, 제도, 물질적 토대는 새로운 시대에 대한 비전과 함께 급격한 변화를 가져오게 되었다.

20세기에 한국의 역사는 강제된 서구화 근대화의 과정을 거치게 되었다. 정치, 경제, 사회, 문화 전반에 걸쳐 근대화된 원리와 제도, 기술 등이 이식되었다. 우리는 일본 제국주의 식민 지배를 경험하고 난 이후, 해방을 맞이하고 외세에 의해 영향을 받아 한국전쟁이라는 민족의 비극을 연이어 경험하게 되었다. 이후, 한국은 전쟁의 상처를 극복하고 외형 갖추기에 급급한 상황에서 적극적으로 근대화의 길을 걷게 되었다. 우리의 것에 대한 생각은 1980년대에 이르기까지 거의 국수주의적인 방식으로 이용되기만 할 뿐이었다. 옛것은 철저하게 단절되었고 근대화의 시각에서 민족주의적인 상징으로서만 이용될 뿐이었다. 옛 것 중에 좋은 것을 오늘날에 되살리고 응용하는 것은 항상 주체적 건축의 '번역'의 작업이 필요한 분야이다.

건축계에서는 한국 전통건축에 관련된 것은 주로 고건축을 연구하는 건축학자들의 몫이었다. 일부 1980년대에 주체적으로 번역하고자 하는 시도들이 조금씩 보이기 시작했다. 그러다가 1990년대에는 4.3그룹 등 한국건축의 '한국성'에 대해서 형태적인 은유적 표현에서 벗어나 공간적 해석과 환유적 한국성을 고려한 방향성을 제시하며 새로운 한국성의 특성을 보여주는 시도들이 나타나기 시작했다. 이를 통해 한국성에 대해서 본격적으로 생각하는 계기가 되었다. 이러한 시도들은 한국성에 대해서 다른 차원에서 이른바 '번역'하여 새롭게 제시하는 시도가 나타나기 시작한 것으로 볼 수 있다. 그들은 7, 80년대 기존의 관 주도의 민족주의적인 관점이라기보다는 건축가 스스로가 동시대를 사는 한국인으로서 주체적인 관점에서 고건축이나 옛 한옥의 고고학적 특성뿐만 아니라 건축학에서의 위치와 의미, 배경까지 생각하고 현대성을 고려하여 동시대적으로 번역하고자 하는 노력을 기울였다.

한국에서 그 전까지의 학문적 경향이나 작품 경향은 관(官) 주도로 민족주의적인 특성의 보수적 경향을 정당화하거나 강화하는 분위기를 조성하는 세계관을 보여주었다. 그것은 마치 원전 중심주의의 폐해를 보여주는 것과 같이 옛것의 이미지를 차용하거나 우스꽝스럽게 조합하는 수준을 벗어나기 힘든 경우가 많았다. 콘크리트 기와지붕을 올리는 관 주도의 공공시설 등이 대표적이다. 따라서 이 시기에는 배경이나 문제의식 등이 존재한다기보다는 옛 건축이라는 원전 이미지의 차용을 기계적으로 재현한 것에 불과한 경우가 많았다는 한계가 있었다. 근대를 지향하면서도 옛것의 향수 혹은 기계적 재현에 불과했던 것이다. 따라서 80년대까지의 한국의 근대는 강제로 주입된 근대이며, 근대와 전근대가 교묘하게 얽혀 있는 상황이 지속되었던 것이다. 고건축과 전통 한옥의 고택들이 우리가 참조해야 할 우리의 자랑스러운 건축적 원전이기는 하지만, 그것들은 동시대적인 언어와 각종 외적 변수에 따라 새롭게 번역되어야 한다. 전통 건축이라는 '고전'과 동시대의 삶은 일치할 수 없고 전통 건축이라는 고전은 그 시대의 외적 변수에 대응하여 만들어진 것이므로, 동시대에 통용될 수 있는 일상의 소통 언어로 바로 적용하는데 한계가 발생할 수밖에 없다. 우리는 초연결 사회에서 근대성을 통해 받아들인 오늘날의 방식을 인정하는 가운데(서체) 한국적인 것을 계속해서 접목하고 재해석하여 녹여내는 작업(중용)이 필요할 것이다.

–건축의 절충적 대응방식은 근대성의 단계의 한 과정으로 나타나는 것인가?

근대성의 도입과 성숙의 단계에서 우선, 격차가 큰 근대성이 삽입되게 되면, 기존 전통사회에서 경험하지 못했던 편리함과 발전적인 부분에 대한 신기함을 경험하게 된다. 익숙하지 않은 새로운 문물과 과학기술, 그리고 그와 연관된 문화들이 들어오게 되면 사회, 문화, 건축 전반이 빠르게 변화하게 된다. 근대성을 주체적으로 받아들이고 자체적으로 새로운 근대적인 특성의 양태를 만들어 내기 위해서는 이미 그 근대성을 경험하고 충분히 그것을 운용할 수 있는 경쟁력이 있어야 하고, 그 능력이 성숙되기 위해서는 충분한 시간도 필요하다. 절충적 행태는 경쟁력이 떨어지는 세력이 선택할 수 있는 차선책이다. 기술적, 문화적으로 우수하고 경쟁력이 있는 근대적인 건축문화가 삽입되듯이 도입되면, 그것을 있는 그대로 서양에서 사용하는 방식으로 그대로 들여와 삽입하는 경우도 있었다. 그러나, 그것을 구현하는데 있어서 현지 인력과 재료 및 시공 방법을 일정 부분 적용해야 하는 경우가 발생할 수밖에 없다. 따라서 외세의 근대성은 변종화 될 수밖에 없다. 정치적으로 절충식은 기술을 적극적으로 받아들이는 진보 세력과 수구적인 보수세력의 니즈와 의도가 타협을 이루는 지점에서 힘겨루기를 하다가 굳어지게 된다. 경쟁력이 떨어지는 보수 세력들이 외세의 근대성에 대응하는 가운데 절충식이 나오게 되었고 이후, 근대 기술이 접목되고 추상화가 이루어지면서 본격적으로 근대성의 단계가 나타나게 된다. 근대 기술이 중심이 되어 전통과 과거를 은유적으로 해석하는 방식에서 더 나아가게 되면, 환유적인 재해석이 일어나고 자본의 특성이 가미되어 풍경이나 경관도 하나의 자본의 가치로 매겨지는 상황으로 발전하게 된 것이다. 그 이후에는 보통 근대성을 소화하여 표현하면서 자신만의 근대성을 표현하는 시기가 나오게 되고, 그것이 발전하고 충분히 성숙하게 되면, 자체적으로 자신의 문화를 충분히 녹여서 근대성을 새롭게 해석하며 표현하고 구축할 수 있는 단계에 도달하게 된다. 절충식은 그에 앞서 당시의 단계에서 건축가들이 할 수 있는 최선의 방안이었을 것이다. 매너리즘 양식은 르네상스에서 바로크로 넘어가는 시기에 나타났던 양상이었고, 과도기적인 양식으로 치부될 수도 있지만, 실제로 매너리즘 건축가들은 자신의 한계 내에서 당시의 외적 변수를 적절하게 반영하여 그 시대의 최선의 '변종'을 만들어 낸 것이었다. 근대성 역시 이러한 측면이 있고 큰 격차로 인해 절충적인 형식이 나타나는 단계에는 격차가 나는 부분에 근대성을 적용하여 신속하게 격차를 줄일 수 있는 영역을 집요하게 파고들어 접목하게 된다. 그 이후, 역량을 키워 한국적 감성으로 근대성을 제대로 소화시켜 표현할 수 있는 단계로 나아갈 수 있어야 한다. 그것이 유일한 해결책이자 경쟁력을 확보할 수 있는 방법론이다. 그러한 단계에 들어서게 되면 옛 요소들을 덧붙이면서 오히려 세련된 한국성을 구현할 수 있는 단계에 이르게 된다. 이른바 '서체중용'의 단계에 이르게 되는 것이다. 단순한 기술적, 문화적 격차를 줄이기 위해 소화가 덜 된 상태로 절충하는 중체서용의 단계에서, 서구 근대성을 충분히 소화하여 서구 근대성의 방식(서체)으로 표현하더라도 우리의 특성이 드러나는 단계(중용)로 표현하고 구축할 수 있도록 경쟁력을 높여야 할 것이다. 그렇게 되면 자부심을 가지고 우리의 요소들을 자유롭게 샘플링하더라도 자체의 아이덴티티와 보편성을 잘 접목하여 표현할 수 있는 단계에 오르게 될 것이다.

—지역주의 건축에서 허위의식이 숨어드는 방식은 어떻게 이루어지는가?

앞서 살펴보았듯이, 민족주의는 변형된 허위의식의 양태로 숨어 들어가면서 지배 세력이나 권력의 의도에 따라 이데올로기 도구로 사용되는 경우가 많다. 그들은 민족이 소중하고 민족감정과 방향성이 옳은 것이라고 호도하면서 개인의 희생을 강요하며 전체주의적인 방향으로 몰아가려고 한다. 민족주의가 도구적으로 쓰인 바와 같이, 민족주의는 쉽게 독재에 이용되고 더 나아가 파시즘적인 선동에 이용하기 쉽기 때문이다. 히틀러가 게르만 민족을 강조하며 선전 선동을 했고, 건축가는 그러한 선전 선동에 있어서 이데올로기를 선전하는 신전과 같은 '무대 장치(미장센)'로서의 역할을 수행했다. 박정희 정권에서는 이순신의 성역화 작업이나 제관양식, 홍아양식과 같이 주요 관청과 문화시설의 구축 재료와 콘크리트 지붕을 강요했고, 민족주의를 강조하는 각종 문화행사 등이 강제되었다. 이데올로기의 시대에 거의 직접적으로 건축이 도구적으로 이용되고 난

후, 근대성을 충분히 내면화하고 근대성을 중심으로 하여 지역성을 재해석하는 시기가 있었다. 근대화가 어느정도 성숙되고 보편성에 근거한 근대성의 도시구조와 건축경관으로 일정량이 구축되고 채워지게 되면, 단기간에 전통적인 경관적 요소들이 사라진 것에 대한 향수와 갈구, 죄책감과 유사한 반성이 뒤따르면서, 지나간 것에 대한 니즈가 폭발하는 시기가 도래하게 된다. 대규모 아파트단지나 공장단지의 건설로 인해 전통 도시경관과 조직의 급격한 소거에 대한 이러한 감정들이 드는 순간이 바로, 지역주의를 추구하는 건축가들의 허위의식이 발동하는 지점이 될 수 있다. 또 천편일률적인 근대적 주거(아파트 단지)가 채워지면 상대적으로 라이프스타일의 차별화를 꾀하는 구매력을 갖춘 계급들에게 현대적 니즈가 갖추어진 전통 주거에 대한 수요, 즉 향수의 수요가 늘어나게 된다. 또 다른 자본의 가치를 상승시키기 위한 일종의 '컬렉션'이 되는 것이다. 일부 지역주의 건축가는 이 지점을 파고든다. 신토불이(身土不二), 우리의 것에 최고의 가치를 주장하며 전통에 근거한 새로운 주거, 새로운 건축을 주창하는 이데올로기적 주장이다. 그 이면에는 결국 자본의 집적을 위한 행위를 가려주는 또 다른 이데올로기의 명분이 될 뿐이다. 부정적인 시각이지만, 이 역시 자본의 발전단계, 근대화의 발전단계에 특정 시기에 공통적으로 나타나는 양상이다. 이처럼 한국의 비판적 지역주의의 사례와 같이, 지역주의 역시 하나의 이데올로기로 허위의식이 숨어들기에 적당한 방법론이 될 수 있다. 현상학은 여전히 판단하는 주체가 살아 있기 때문에, 주체가 오판하여 잘못된 선택을 할 수 있는 가능성이 여전히 남아있다는 점에서 이성의 폐해가 반복될 수 있다는 것이 단점이다.

그렇다면 지역주의 건축에서 허위의식을 제거하고 구현할 수 있는 방법론은 어떻게 될 것인가? 전통과 지역주의적인 요소들을 가미하고 그러한 감성으로 접근하되, 당당하게 그것을 녹여내며 동시대성을 이야기해야 할 수 있어야 한다. 이러한 점에서 만프레도 타푸리의 다음의 문장은 허위적이고 이데올로기적인 시도에 대해 따끔한 일침을 날리면서 동시에 건축가로서의 자세를 되새기는데 도움이 된다.

'건축에 이데올로기적 의상을 입히려는 기만적 노력보다는 그것에 비효율적이며 기만적인 혁명적 의도를 주는 것에 의해 차분하고 시대를 넘어서는 순수성을 말하는 용기를 지닌자의 성실함을 좋아하게 될 것이다.' 122)

건축은 외피에 과도한 장식적인 기만을 입히려고 하지 말고 그것을 용기있게 제거한 이후, 오랜 시간 그 지역에 어울리며 남아있을 수 있도록 채광 및 환기를 위한 창문의 위치, 건물의 배치, 출입구 등 주변 콘텍스트의 근본적인 구조가 될 수 있도록 계획하는데 최선의 노력을 다해야 한다. 좋은 건축은 콘텍스트의 배경으로서 오랜 기간 원활하게 그 기능을 묵묵히 수행할 수 있는 순수한 건축 평면과 경관을 제시하며 지역의 일부로서 건강하게 기능할 수 있는 건축을 추구하여야 한다는 것이다. 그러한 건축은 굳이 '민족' 을 갖다 붙여 강조하지 않아도 자연스럽게 그 구조 안에 그 민족의 생활과 표현이 담길 수 있고 오랜 시간 기능을 원활하게 만족시킬 수 있는 건축일 것이다. 스스로를 드러내지 않고 욕망과 '이데올로기의 도구' 로서의 건축이 되지 않는 것이 중요하다. 욕망과 이데올로기적 자세에서 벗어나 지역에 오랜 시간 남을 수 있는 근본 구조로서의 건축, 차분하게 콘텍스트에 녹아들 수 있는 건축, 공동체의 형성과 발전에 도움이 될 수 있는 건축을 추구하는 것이 바람직하다.

122) 만프레도 타푸리, 건축과 유토피아, 김원갑 역, 기문당, 1994 p4

—박길룡의 생애와 같이, 통제 중심의 건축적 원죄를 벗어나면서 다양한 욕망의 접점을 만족시키는 방법은?

박길룡은 일본 제국주의의 시각으로 받아들인 근대성의 기술 중심의 교육을 받은 세대로서, 일본 제국주의의 주요시설들을 계획하고 시공하는 임무를 맡고 있었던 총독부 건축과 출신의 건축가였다. 그는 건축의 원죄적 속성으로 인해 총독부가 주관하는 시설, 즉 일제의 통제와 관리를 위한 시설들을 구축하는데 동원되었다. 그러나 그는 퇴근 후에는 한국인들과 다양한 사회 인사들의 의뢰를 받아 설계를 진행했고, 그의 사무실은 한국 건축가들에게 사랑방, 토론장 혹은 아지트의 역할을 했다. 그곳은 단순한 회합과 친교의 장소만이 아니라 시국을 토론하고 계몽을 위한 잡지의 발행과 자체적인 연구 활동도 함께 이루어지던 장소였다. 박길룡은 엄혹하고 척박했던 일제 강점기에 근대 건축가로서 부단한 노력으로 최선의, 최고의 건축의 꽃을 피우려고 노력한 훌륭한 건축가라고 생각된다. 현실에서 자신의 직무에 충실하면서 동시에 저항하는 태도와 방식은 오늘날에도 건축가라면 여전히 새겨보아야 할 부분이다. 우리는 박길룡과 같이 다양한 외적 변수와 권력의 다층적 입장에서 건축가로서 위태로운 줄타기의 노력이 필요하다. 줄타기를 하면서, 우리는 자신의 주관을 가지고 통제와 자본의 시녀의 역할에서 벗어나기 위해 어떠한 실천적인 노력이 필요하다. 그가 어렵고 힘든 가운데에도 동지들의 뜻을 모으기 위해 노력했던 점, 주거와 관련하여 국민들을 계몽하려고 노력하고 실제 개선안의 작업을 진행했던 점, 건축신문과 잡지를 발행했던 점, 그리고 최종적으로 국어 건축사전을 출판하려고 노력했던 점에서 후세 건축인들에게 큰 귀감이 된다. 자기가 맡은 임무를 수행하면서 최대한 자신의 자리에서 할 수 있는 저항을 지속했던 것이다.

건축가는 건축설계와 디자인에 관여할 수 있지만, 자본의 결정에 개입할 수 있는 여지가 적은 것은 원죄적인 한계를 보이는 것이 사실이다. 욕망하며 자본을 집행하는 클라이언트로부터 자금이 흘러나와 건축이 구축되기 때문이다. 결국 건축가에게는 순화된 자본을 꿈꾸거나 클라이언트의 니즈를 만족시키면서 동시에 탈주를 수행할 수 있는 스마트함이 요구된다. 이일훈이 언급한 바와 같이, '*이 세상에 자본으로부터 자유로운 건축가는 한 사람도 없다. 그 냉혹한 자본주의 현실속에서 사회의 기능과 미학적 성취를 동시에 이루는 건축가들은 존경 받을 만 하다. 특히나 낮은 예산의 프로젝트에서 그러한 노력과 성취를 이룬다면 더 큰 응원과 박수를 보내야 한다. 이 사회가 갖는 건축에 대한 기대와 애정이 식지 않았다면 우리는 건축가를 격려해야 한다.*' 123)

건축가는 정치적 권력자에게는 저항의 감성으로 권력의 통제와 이데올로기적 도구로서 쓰이는 것에 연대하여 저항하면서 도구로서 쓰이는 방식을 일정 정도 거부할 수 있어야 한다. 또 일반 클라이언트들의 의뢰에는 문화적인 요소, 사회적인 조그마한 도움이 될 수 있는 요소들을 적극적으로 권유하고 적용할 수 있는 용기가 필요하다. 그것이 건축적 원죄를 벗어날 수 있는 소수의 방법이 될 것이다. 시장에서 도태되지 않고 선택받을 수 있으면서도 동시에 적절하게 설득하고 공공에 조그마한 기여를 할 수 있는 방안, 저항적인 감수성을 지니고 임하는 자세가 중요하다. 주목받고자 하는 욕망의 먼지를 가라앉히고, 단기간에 주목받는 디자인보다는 앞서 언급한 방식으로 오랜 기간동안 남을 수 있도록 하기 위해서는 배치, 출입구, 창문 위치 등 주변 콘텍스트에서 근본 구조가 되고, 기존 구조에 적합하게 녹아 들어갈 수 있는 '순수한' 건축을 해야 할 것이다.

—

123) 이일훈, 모형속을 걷다, 솔출판사, 2005, p154

구조의 통제 가운데 여지를 남겨두는 구조는 긍정적인가? 통제를 벗어날 수 있는 구조를 만드는 방법은 어떻게 성취할 수 있을 것인가?

구조주의는 각 분야의 근본구조를 탐구한다는 측면에서 그리고 근본구조에 의해 움직이게 되어 있으므로 세상에 새로운 것은 없으며 정치적으로는 보수주의적인 입장을 견지하게 마련이다. 그러나 구조주의에는 그 구조 자체 내에 구조로는 설명하기 힘든 욕동의 세계가 구조 아래에서 움직이는데, 때때로 그 구조를 깨뜨리고 나와 새로운 구조를 생성시키는 측면이 존재하므로, 바라보는 시각에 따라서는 구조 이면에 혹은, 구조 자체 내에 변화와 혁신의 잠재성이 포함되어 있는 것으로 생각할 수도 있다. 따라서 구조 자체는 '칼' 이라는 도구와 같이 물질 자체는 의도가 없는 '단순 구조' 일 뿐이다. 칼은 쉐프에게는 훌륭한 음식을 만드는 도구로, 범죄자에게는 흉악한 범죄 도구로 쓰이게 된다. 칼 자체는 도구로서 선악이 없다. 마찬가지로, 그것을 사용하는 주체가 통제와 보수적 구조의 특성으로 쓸 것인가? 아니면, 그 자체 혹은 이면의 욕동의 힘을 적절하게 드러내며 새로운 구조로 만들 것인가에 따라서 그 구조는 억압을 강화하는 도구로, 혹은 억압을 풀어 해치고 탈주하게 만드는 새로운 긍정적인 구조로 전혀 다르게 쓰일 수 있다. 앞서 언급했던 천부적 역량의 김수근의 경우, 근대적 역량을 중심으로 자유센터, 세운상가, MBC방송사 사옥, 남영동 대공분실에 이르기까지 억압과 통제를 위한 구조를 만들 수도, 구조주의적 관점에서 한국적 공간구조와 미감을 가미시켜 새로운 한국적 구조를 만들며 창조적 파괴 혹은 탈주를 이끌 수도 있기 때문이다.

따라서 헤르만 헤르츠버거가 구조주의 건축을 구축할 때 주요하게 신경을 썼던 부분, 즉, 구조를 만들어 주되, 구조가 새로운 구조로 쓰일 수 있는 부분, 구조의 일정 부분을 사용자의 의도에 맞도록 변형하여 쓰면서 새로운 구조가 될 수 있는 여지를 남겨두는 것은 매우 중요하다. 구조주의의 전체주의적 속성, 동시에 들뢰즈의 구조주의 해석에 따른 탈주와 해방의 측면과 기존의 구조를 뚫고 나와 새로운 구조를 만들어 낼 수 있는 건축적 방안은 결국, 탑다운의 강제적, 통제적 방식보다는 보톰업의 니즈를 만족시키는 구조, 즉, 이면의 잠재성의 욕동과 관련된 움직임을 만족시키며 구조를 보완시키거나 일정 부분 허물어뜨리는 측면이 필요하다. 크리스토퍼 알렉산더는 근본 구조로부터 나온 건축유형의 풀(pool) 중에 적절하게 유형들을 조합하여 차용하더라도, 그것이 건축가 자아로부터 나온 독단적인 결정일 수 있으므로, 공청회와 해당 계획의 지역주민들의 의견을 청취하고 조정하여 최종안을 만들어 가는 보톰업(bottom-up)의 과정을 중시했다. 구조와 그것을 보완할 수 있는 보톰업의 체계가 필요하다는 것을 강조하는 것이다. 통제라고 볼 수 있는 구조를 넘어설 수 있는 방식, 그것이 사이와 틈의 사이를 비집고 새어 나오거나 이면의 욕동이 드러날 수 있도록 하는 해체주의적인 방식도 통제를 벗어날 수 있는 혹은 보완할 수 있는 구조가 될 수 있다. 그러나 후기구조주의의 특성과 장점에 대해서 언급할 때 잊지 말아야 할 것은 구조가 있을 때 비로소 그 구조의 변화나 생성의 흐름, 보완의 흐름도 성립될 수 있다는 점이다.

건축적으로는 구조주의적인 태도와 함께 자연을 도입할 수 있는 방법론이 함께 이루어져야 할 것이다. 앞서 언급한 대로 구조를 만들 때 의도적으로 구조 사이 사이에 자연을 배치하고 자연의 기의 흐름을 원활하게 도입하고 상호 관입되고 연계될 수 있는 구조로 만드는 것을 고려해야 한다. 또 사용자의 의도에 따라 구조 중 일부가 유연하게 사용될 수 있는 여지를 만드는 가운데 자연적인 요소가 함께 조화를 이루어 '자연과 함께하는 구조'가 될 수 있도록 해야 할 것이다. 그것은 기능을 배치하여 조닝할 때 기능의 원활한 흐름 가운데 자연의 기(미기후)가 개입할 수 있는 공간과 구조를 고려해야 한다는 것이다. 인공적인 구조 사이에 자연이 충분히 받아들여질 수 있는 구조를 계획하는 것이 필요하다. 인공구조물 및 인공 조경을 조화를 이루는 자연으로 간주하고 대도시의 구조와 건축의 공간구조를 자연을 최대한 받아들일 수 있도록 주변 환경을 최적의 조화 상태로 계획하고 관리하는 것이 중요할 것이다.

–기술중심주의의 '기'를 중시하는 태도와 구조를 중시하는 태도의 접목 지점은?

마음의 기의 흐름과 건축과의 조화를 최우선시하며 건축을 하되, 동시에 마음속의 구조를 중시하고, 존중하면서 보완할 수 있는 방법론에 집중할 필요가 있다. 김중업 및 그와 유사한 계보의 건축 즉, 시와 선과 건축의 참된 가치, 즉 존재 의지를 중시하는 태도가 그러하다. 이들 건축가들은 자유로운 선이 구조의 큰 틀을 구성하는 가운데 내부 혹은 외부의 일부가 인간적인 선이 가미된 자유곡선이 들어가는 방식을 사용하고 있다. 이러한 방식은 우리가 알바 알토의 공간과 매스에서 발견할 수 있는 가치들이다. 알바 알토의 건축은 모더니즘 건축과 같이 장식이 없는 하얀 매스의 기능적인 구성이지만, 단순히 '살기 위한 기계'와 같은 느낌이 아니라 유기적인 선, 아담하고 인간적인 스케일, 내부의 따뜻한 목재의 느낌들이 적용되어 조화를 이루며, 핀란드의 주변 침엽수림에 자연스럽게 녹아들어가는 느낌의 디자인 방식을 선보이고 있다. 그의 작품은 장식이 배제된 모더니즘 건축이지만, 마치 원래 이곳에 있었던 것과 같이 편안한 느낌으로 주변 콘텍스트와 조화를 이루는 건축이다. 그래서 알바 알토를 모더니즘 5대 거장에 끼워줄 때도, 아닐 때도 있다. 그만큼 알바 알토의 건축적 태도와 기능의 만족 및 주변 콘텍스트와의 관계는 지역의 기를 중심으로 하는 태도와 함께 그 구조를 중시하는 태도가 조화를 이루고 있다는 측면에서 생각해 볼 가치가 있다. 기술중심주의의 기는 물질이 중심이 되어 자본과 기술적 가치에 의해 철저하게 합리적인 방식으로 기능화되는 방식으로 조직화되어 가는 과정을 의미한다. 조직화되어 가는 과정이 바로 구조화이다. 담장을 구축하거나 벽을 세우는 과정 자체가 하나의 통제, 자본을 집적하기 위한 통제, 권력의지를 투사하기 위한 통제의 일환으로 만들어지게 되는데, 그것은 곧 지속적으로 그러한 권력의 의지가 시스템적으로 구조화되는 것을 의미한다. 그 구조화는 결국 물질의 흐름과 배치를 그러한 방식으로 구조화시키게 되는데, 그 과정에서 잊지 말아야 할 것은 구조 사이의 적절한 '여지'를 두는 것이다. 이성적으로 완벽하게 기능적이고 합리적인 계획이 오히려 많은 부작용을 낳게 되어 오히려 막대한 손실을 가져오는 사례를 우리는 계속해서 목격했다. 미노루 야마사키의 프루트-아이고(Pruitt-Igoe) 주거단지가 대표적이다. 인간의 욕망과 이면의 무의식의 충동적 특성들을 억압하는 구조보다는 적절하게 무의식이 발산되고 구조 속에 새롭게 거주자의 욕망에 의해 조절과 변형이 가능한 영역과 여지를 남겨두고 그것이 전체 구조에 영향을 주면서 변화시킬 수 있는 방안에 대해서 생각해 보아야 한다. 건축 자체가 무겁고 둔탁하고 오랜 시간 지속된다고 해서 그것이 영원히 지속된다는 것을 의미하는 것은 아니다. 생명체의 삶을 담고 그 생명체의 의지와 필요에 의해서 유연하게 변화해 나가고 자연으로 소멸할 수 있는 구조가 바람직한 구조일 것이다.

—일제 강점기 제관양식, 흥아양식의 조합과 절충은 절대적으로 부정적인 것인가?

앞서 언급한 대로 기술 및 문화의 경쟁력이 떨어지는 세력의 입장에서 '절충' 은 불가피한 대응 전략이다. '절충' 의 방법론은 경쟁력이 떨어지는 전통적인 부문에 새로운 신경향의 특성(우성 인자)을 접목시켜 '방어' 를 수행하는 대응이라고 할 것이다. 절충을 통해 점진적인 변화를 선택한 것이다. 그러나 '절충' 이라는 그 변화를 선택한 '주체' 가 어떠한 의도를 가지고 절충을 실행하는가에 따라 건축물의 의미는 달라진다. '흥아양식'은 일본의 만주 식민지 총독부가 통치와 관리를 위한 혹은 근대적 상징성을 지닌 시설 등을 건축할 때 지역의 건축어휘를 적용하는데 당시 근대적 철근콘크리트 구조 및 설비로 구축했다. 그것은 일제가 식민지를 건설할 당시, 해당 지역의 양식들을 일제 건축가의 시선으로 절충하여 새로운 동북아시아의 양식으로 선전했다. 거기에는 새로운 대륙에 식민지를 건설하는 근대 일본의 자부심과 강력한 권력 통치 의지가 결합되어 있는 것이다.

이 지점이 중요하다. 새로운 신문물과 과학기술이 밀려 들어오면서 동북아 사회에서는 근대성의 부족한 부분들이 드러났다. 어쩔 수 없이 근대성을 절충하는 과정에서, 식민 통치라는 권력의지가 투사된 통치의 의도를 가진 절충과 강윤의 태화사회관과 같이 피지배 국민의 민족적 니즈에 의해 만들어지는 프로그램과 절충의 경관은 도입하는 절차는 유사하더라도 그 성격과 기능 및 사용의 양태가 전혀 다른 것이다. 서구 매너리즘 건축가들의 치열한 노력을 생각했을 때, 또 민족적 자긍심과 콘텍스트, 그리고 그 안에서의 행위들을 생각했을 때, 강윤의 태화사회관은 그 성격과 분위기가 사뭇 차이가 난다. 이처럼 절충은 근대성에 대한 대응 단계에서 단계별로 드러나는 하나의 뚜렷한 대응 전략이자 노력으로 보아야 할 것이다. 문제는 그것을 시행하는 주체의 의도가 무엇이냐에 따라 그 분위기가 차이가 있다는 것이다. 이것은 근대성의 밝은 부분과 이면의 폐해의 차이와도 연계된다.

'은유'라는 절충의 단계가 어느정도 유행하고 나면 근대성의 기술과 표현에 대한 속성을 이해하고 그것이 자신의 처지에서 어떻게 일체화시켜야 할지에 대한 내용이 나와야 한다. 충분한 데이터가 쌓이고 경험이 쌓이게 되고, 숙성되면 독자적으로 재해석하여 현실 세계에 녹여낼 수 있는 역량이 생기게 된다. 그렇게 되면 그 다음 단계는 자신의 것으로 소화한 '환유'의 추상적 구조와 표현으로 나타나게 된다. 그 단계로 나아갈 때 비로소 제대로 이식된 근대성의 진정한 현지화가 출발하는 첫 지점이 될 것이다. 그것이 바로 '주체적 해석'이고 '서체중용'이 되는 첫 발을 떼는 시기이다. 강윤의 태화사회관과 제관양식 혹은 흥아양식이 모두가 절충이지만, 강윤의 태화사회관이 제관양식과 다른 부분은 그것이 통치를 위한 상징성을 위한 절충이었는지, 아니면 선한 의도로 경쟁력을 키우기 위한 차선책으로서의 절충이었는지의 차이가 있었을 것이다. 그것이 민족을 위한 선한 의지와 프로그램으로 쓰이는 것인지에 따라 미묘한 차이지만 결과적으로는 큰 차이를 만들어 낼 수 있다.

—중체서용과 서체중용의 차이와 서체중용이 가능한 방식은 무엇일까?

'중체서용'이란 '중학위체(中學爲體)' 혹은 '서학위용(西學爲用)'의 약칭이다. 아편전쟁에 패배하며 중국은 강화조약을 맺으며 체면을 구겼고 어쩔 수 없이 불평등조약을 맺을 수밖에 없었다. 근대적 무기 혹은 과학기술을 기반으로 하여 무력에 있어서 격차는 분명했고, 조약과 함께 근대성을 중심으로 하는 전방위적으로 서양 문화가 유입되었다. 앞서 '절충'과 마찬가지로 이러한 절충의 대응전략이라고 할 수 있다. '중학(中學)은 유교의 경학과 그것에 기초한 봉건 예교(禮教)를 가리키고, 서학은 과학기술→정치제도→사상 의식의 순차적이고 단계적인 과정을 거치는 서양 문화를 가리킨다. 그것은 중국의 전통을 본체로 삼되, 이전에는 업신여기던 서양의 정신적, 물질적 문화를 부분적으로 수용하겠다는 태도였다. 체(體)와 용(用)이라는 가치평가를 염두에 둔다면, 중체서용은 중화주의 또는 중국중심론의 변형이라 할 수 있다.'[124] 불교 혹은 성리학에서 사용되었던 체, 용은 개념적인 본체와 함께 그것의 작용이 있다는 것이고 결국 결과

124) 리 허쩌우, 중국 근대사상론, 임춘성 역, 한길사, 2005, p28

적으로 나타나는 것은 서양의 근대성으로 인해 만들어지는 건축을 포함한 서양식의 각종 문화인데, 이를 통해 결국 실천적으로 서용(西用)의 결과가 나오게 된다. 문제는 그것이 어떤 '주체'가 어떠한 '의도'와 어떠한 '대응 전략'으로 결과물이 만들어지는가이다. 중체서용의 최종 목적은 결국 서용인데 서체(西體)이면서, 동시에 중용, 즉 결과적으로 구축된 서양 근대성의 건축(문물)이라도 중국인의 절박한 태도에서 드러나는 서체는 과정으로서의 중국인의 주체적 해석과 대응이 녹아 들어가게 되고 근대화의 한 단계의 결과물로서 대응되게 된다는 것이다.

강력한 외래의 힘에 압도당했다고 하더라도, 이후 대응 전략을 고민하는 주체에게 시급한 과제는 결국 전통을 내재화하고 근대적 방식으로 재해석하는 것이다. 결국, 근대적 공업, 과학기술을 사회의 존재의 본체와 실질로 인정하여 그것을 지역적으로 고민하며 대응하는 과정은 그것이 일차적이고 은유적인 수준이라고 하더라도, 결국 단계로서의 근대화의 과정을 밟고 있는 증거가 된다. 그것을 근본으로 시작한다는 측면에서 결국 서체중용은 중요한 미래로 전진하는 한 발자국이라고 평가할 수 있다. 강윤의 태화사회관은 그러한 측면에서 보리스의 서구 선교 건축의 교육과 식민지 현실의 한국적 적용에 있어서 불가피한 선택이었다고 볼 수 있고, 주체적 해석과 은유적 절충의 초창기 단계로 볼 수 있을 것이다.

근대성의 기술을 중심으로 하는 보리스와의 미국식 건축교육과 신앙의 경험을 한 강윤은 기독교 신앙과 민족주의적 성향이 일제 강점기를 삶을 살아가는 주요한 가치였다. 동북아 주역 및 음양오행에서 보여지는 심리구조는 원시적이고 직관적인 미성숙한 과도기적인 표현 체계라고 할 수 있다. 동북아의 우주론의 모델은 해에 따라 똑같이 반복되는 농업 소생산(순환성), 자급자족이라는 폐쇄적인 자연경제(폐쇄성), 강고한 종법

혈연의 규범(질서 및 체계성) 등이 원인이 되어 근대성의 발전에 저해가 되었다. 그러한 특성이 오늘날까지도 영향을 미치고 있다. 옛것의 전통과 유형을 좇아야 할 사례로 맹신하는 것은 교조에 얽매여 스스로 벗어나지 못하고 있는 것과 같다. 이러한 성향이 동북아에서 외적 변수와 근대성의 도입에 있어서 악영향을 끼쳐왔다. 보편적인 특성을 보이는 것 중 우수한 점은 받아들이고 동시대의 물질, 공간 등 건축문화에 녹여서 새롭게 대응하고자 하는 것은 무척 중요한 과제이다.

사실, 기술 중심주의라고 하더라도 그것 자체가 특수한 그 지역에서 이루어지는 기술적 도전이자 그것의 도입에 대한 응전이기 때문에, 그 자체가 절충적인 특성이 있는 것이다. 그 시기, 그 나라, 그 지역의 독특한 콘텍스트에서 최우선적인 기술 중심적인 행위와 결과물이 벌어지고 있기 때문이다. 중체서용의 방식은 사실, 중심과 변방의 문화적 수준의 차이가 있는 경우, 자연스럽게 문화가 흘러 들어가는데, 때때로 제국주의 열강의 강제 침탈이나 속국을 삼을 경우, 자신의 문화나 건축을 강제로 이식하는 경우가 발생한다. 이렇게 강제적인 문화 삽입의 경우, 수준의 격차를 좁히기 위해 자신의 문화를 중심으로 수준이 높은 중심의 기술과 문화를 선별적으로 취합하여 '절충'함으로써 중심의 경쟁력 있는 기술과 문화에 대응하는 과도기적 방법론이라고 할 수 있다. 그러나 서체중용의 방식은 이에서 더 나아가 동등한 정도의 기술과 문화적 수준에 이르게 되었을 때에는, 이와는 다른 자율적이고 당당한 방식으로 기술과 문화적 특성들을 선별하여 조합할 수 있는 자신감을 가질 수 있다. '서체'라고 하는 보편적인 기술과 문화를 중심으로 하여 자신의 전통문화와 요소들을 자신감을 가지고 자유롭게 사용하고 융합시켜, 다른 지역과 차별화를 가져올 수 있고 더 나아가 다른 지역으로 흘러 들어가 유통될 수 있는 경쟁력을 가질 수 있다는 것이다. 보편적인 기술, 문화적 수준을 충분히 숙성시켜 성취하게 되면, 보편적인 방식으로 특수성을 가미하여 경쟁할 수 있게 된다. 이를 통해 새로운 중심이 될 수 있는 것이다. 사실, 강윤의 절충 방식은 현격하게 수준 차이가 나는 가운데 한시적이고 과도기적인 불가피한 '절충'을 통해 민족의식을 고취하고자 하는 저항의 의미를 가지는 건축적 작업이었다. 제관양식, 홍아양식과 같이, 당시의 현격한 기술적 문화적 강점을 중심으로 하여 권력의 정당성을 상징적으로 드러내고자 했던 건축문화와는 다른 저항과 투쟁의 방식이다. 오늘날 새로운 중심이 될 수 있을 정도로 경쟁력을 확보하게 된다면, 자연스럽게 서체중용이 될 수 있으며, 더 발전하게 되면 자신의 문화와 기술에 대한 자긍심을 바탕으로 하여 전통적 요소와 세계의 특정 문화나 요소들을 자유롭게 절충적으로 사용하면서도 자연스럽게 한국성이 드러나는 경지에 오를 수 있는 수준이 될 수 있다. 오늘날의 한국성은 그러한 방식으로 새로운 중심이 될 수 있는 서체중용의 방식으로 만들어야 할 것이다.

—근대적 '주체'의 특성을 건축에서 삭제하고 기일원론의 동북아적 가치를 건축에 접목시킬 수 있는 방법론은?

근대적 '주체'는 신의 자리에 위치하여 대상과 세계를 이성적인 판단으로 올바르게 파악할 수 있을 것으로 판단했다. 그러나 '주체'가 올바르게 판단하고 진리에 다가가는 것은 본래부터 근본적인 한계와 허약성이 있었다. 자아(自我)와 비아(非我)라는 명백한 구분을 통해 오판할 수 있는 뚜렷한 설정 구조를 만들었다는 것과, 이성적 판단으로 구분하여 동일성의 이데올로기로 몰아가며 개인의 개성과 자유를 억압하고자 하는 특성은 인류에게 많은 폐해를 가져왔음을 앞서 살펴보았다. 근대성의 양면적 특성은 이러한 부분에서 잉태된 것이다. 따라서 1, 2차 세계대전 이후 나온 서양의 사유들은 대부분 이 근대성의 폐해를 극복하기 위한 사유의 방식이라고도 볼 수 있다. 주체를 이성적인 관점에서 바라보고 사유하려고 했던 흐름에서 좀 더 다차원적으로 살펴보거나, 부조리한 현실을 극복하기 위한 연대와 실천을 추구하거나, 근본 구조를 살펴서 이성적인 부분뿐만 아니라 인류 근본의 감성적, 예술적, 무의식적 측면까지 다루려고 했던 것, 소외되고 억압되고 배제되었던 무의식이나 사회적 요소들을 온전하게 복권하고자 하는 것들 모두가 이후에 반동적으로 등장했던 사유의 흐름들이었다. 현상학, 구조주의, 포스트모더니즘, 해체주의, 및 후기구조주의 등의 사유들은 모두 이러한 태도과 특성들로부터 나온 사유의 흐름이다. 특히, 동시대에는 무의식의 부분들이 변증법적으로 정치, 경제, 사회 전반의 구조에 어떠한 영향을 끼치면서 새로운 구조가 생성되는가에 대한 사유가 활발하게 진행중이다.

동북아에서 기일원론의 경우, 마음의 수양과 근대성의 기를 융합하여 사유하려고 하는 사유가 시도되었다. 무의식적 요소가 사람의 마음을 괴롭히며 고통에 빠지게 만드는 것을 올바르게 다스리고, 소우주의 이치를 깨달아 전체세계에 적용할 필요가 있다. 동북아에서는 그것을 자신의 마음뿐만 아니라 전체 사회의 운행(통치)에 접목하고자 하는 경향으로 나타났고, 건축에서는 엄정한 자연의 운행과 함께 하는 삶의 태도, 기의 흐름에 민감하게 몸과 반응하는 건축의 체계, 그리고 시선의 체계, 순환성과 복합성의 체계로 나타나게 되었다. 하나의 대상(오브제)으로서, 상업적 이익을 위해 상징적인 건축이 되고자 하는 욕망의 건축을 지양하고, 불편하지만 자연과 하나가 되는 소박한 집, 자연의 기의 흐름에 순응하는 집, 채 나눔의 집(이일훈)이 필요하다. 또 마음의 기의 흐름을 존중하고 전체와 하나가 되는 방식을 최우선적으로 고려하며 건축을 하되, 동시에 마음속의 구조를 중시, 존중하면서 구축할 수 있는 방법론에 집중할 필요가 있다.

왕부지에게 생성이란 양생음성(陽生陰成)의 구도에서 이해될 수 있다. 양은 생(生)하고, 음은 성(成)한다. 양은 동적으로 발산하면서 새로움 및 차이를 만들어 내지만, 음은 정적으로 수습하면서 양의 움직임이 망령되지 않도록 잡아준다. 기존 구조의 질서를 유지하면서 이면의 무의식, 억압된 것들의 잠재적 움직임을 최대한 포용하고, 이면으로부터의 생성의 힘을 긍정할 수 있는 구조와 방법론, 설계방법론은 어떻게 되어야 할 것인가? 이러한 질문을 설정하고 답하는 것은 오늘날 기일원론의 가치체계를 중시하며 근대가 만들어 낸 폐해를 동북아 사유의 차원에서 생각해 볼 수 있는 계기가 될 것이다. 그것은 5권에서 살펴보게 될 한국 현대 건축가들이 치열하게 고민하며 적응해 온 가치들과 공명한다. 또 향후, 우리가 세계적 보편성을 중심으로 동북아 문명권과 한국 건축이 가지는 사상과 문화의 차이와 강점의 재해석과 적용을 통해 새로운 중심을 만들고 그것이 충분히 보편적인 경쟁력을 가지면서 다른 변방에 영향을 주며 새로운 문화의 흐름으로 흘러나갈 수 있는 힘을 생성시킬 수 있을 것이다.

참고문헌

국내 단행본

1. 건축, 도시 부문

- 라파엘 모네오, 건축적 고뇌와 디자인 전략, 임기택 역, Spacetime, 2006
- 라파엘 모네오, 라파엘 모네오가 말하는 8인의 현대 건축가, 임기택 외 3인 역, 공간사, 2008
- 리차드 코인, 건축가를 위한 데리다, 임기택 역, Spacetime, 2013
- 앤드류 무어, 건축의 컬러, 임기택 역, Spacetime, 2009
- 이영수 외, 건축콘서트, 공저, 효형출판사, 2009
- 임기택 외, 건축공간론, 공저, 기문당, 2010
- 강난형, 경복궁의 모던 프로젝트, 시공문화사, 2018
- 강상중, 공간-아시아를 묻는다, 이강민 역, 한울, 2007
- 강영환, 아시아 건축기행-유토피아를 디자인하다, 한길사, 2019
- 강영환, 건축에 담긴 문화읽기(중국남방 건축기행), 울산대학교출판부, 2003
- 건축운동연구회, 건축운동 4 (한국근대건축개론), 대건사, 2004
- 건축평단, 건축평단 2017.봄 - 통권9호, 반지역주의, 반세계주의, 건축평단, 2017
- 건축평단, 건축의 한국성, 정예씨, 2015
- 고바야시 히데오, 만철, 일본제국의 싱크탱크, 임성모 역, 산처럼, 2004
- 고유섭, 조선건축미술사 초고 (우현 고유섭 전집 6),열화당, 2010
- 고토 오사무, 일본 건축사, 김왕직, 조현정 역, 한국학술정보, 2011
- 공동주택연구회, 주거단지계획, 동녘, 2007
- 국민대학교 건축대학, 통섭지도: 한국건축을 위한 아홉 개의 탐침, 공간사, 2007
- 김경표, 동양건축사, 보성각 2014
- 김도수, 참 한옥 집 짓기-김 목수가 살림집 현장에서 쓴 이야기, 보리, 2015
- 김동욱, 한국건축 중국건축 일본건축-동아시아 속 우리 건축 이야기, 김영사, 2015
- 김동욱, 조선시대 건축의 이해, 서울대학교출판문화원, 2013
- 김동욱, 한국건축의 역사, 기문당, 2013
- 김봉렬, 김봉렬의 한국건축 이야기 1-시대를 담는 그릇, 돌베개 2006
- 김봉렬, 김봉렬의 한국건축 이야기 3-이 땅에 새겨진 정신 돌베개, 2006
- 김봉렬, 김봉렬의 한국건축 이야기 2 - 앎과 삶의 공간, 돌베개 2006
- 김봉렬, 불교 건축(한국 미의 재발견 11), 솔, 2004
- 김성도, 근대기 한일 불교 건축, 고려, 2010
- 김성도, 근현대 문화재: 건축유산의 보존과 활용, 고려, 2012
- 김성도, 사진으로 풀어본 한일전통건축, 고려, 2012
- 김성홍, 길모퉁이 건축-건설한국을 넘어서는 희망의 중간건축, 현암사, 2011
- 김소연, 경성의 건축가들, 루아크, 2020
- 김왕직, 조선후기 건축경제사, 한국학술정보, 2005
- 김인철, 공간열기, 동녘, 2011
- 김정동, 하늘 아래 도시 땅 위의 건축 1 - 아시아로 가는 길, 가람기획, 1998
- 김지민, 한국의 유교건축, 발언, 1997
- 김태경, 재조일본인이 바라본 조선의 풍경과 건축: 1910-20년대 조선공론편, 역락, 2015
- 김홍식, 민족건축론, 한길사, 1987
- 니시자와 야스히코, 식민지건축: 조선, 대만, 만주에 세워진 건축이 말해주는 것, 최석영 역, 2023
- 니콜라스 펩스너, 근대건축과 디자인:산업혁명에서 20세기 초반까지, 이대일 역, 미진사, 1986
- 대한건축학회, 동양건축사도집(축학전서 11), 1995
- 대한건축학회, 동양건축사도집, 기문당, 1995
- 러우칭시, 중국의 고대건축 지음, 한동수 역, 혜안 2004
- 루경서, 궁궐건축(중국고대건축총서 1) 지음 한동수 역, 발언, 1996
- 루경서, 단묘건축(중국고대건축총서 2) 루경서 지음 한동수 역, 발언, 1996
- 리여성, 조선 건축 미술의 연구, 한국문화사, 1999

- 리화선, 조선건축사 3, 발언, 1993
- 리화선, 조선 건축사: 원시-근대편 (조선부문사 시리즈), 사회과학출판사, 2012
- 리화선, 조선건축사 2, 발언, 1993
- 무라타 겐이찌, 일본 전통 건축 기술의 이해, 임채현, 김철주 역, 한국학술정보 2009
- 만프레도 타푸리, 건축과 유토피아, 김원갑 역, 기문당, 1994
- 민현식, 건축에게 시대를 묻다, 돌베개, |2006
- 박강철, 현대 건축의 전화, 조선대학교출판부, 1999
- 박길룡, 서울체, 2020
- 박고은, 사라진 근대건축, HB PRESS, 2022
- 박정현, 건축은 무엇을 했는가, 발전국가 시기 한국 현대건축, 워크룸프레스, 2020
- 박정현, 국가 아방가르드의 유령, 프로파간다, 2019
- 박윤준, 정승진, 아시아 건축의 이해, 서울하우스, 2010
- 박철수, 한국주택 유전자. 1, 20세기 한국인은 어떤 집을 짓고 살았을까?, 마티, 2021
- 박철수, 한국주택 유전자. 2, 아파트는 어떻게 절대우세종이 되었을까?, 마티, 2021
- 박언곤, 일본 건축사-건축읽기, 발언, 1994
- 샤오모, 건축의 의경-동양과 서양의 건축은 어떻게 다른가, 박민호 역, 글항아리, 2019
- 서경원, 한국건축 속의 인문학, 도서출판 담디, 2016
- 서유구, 임원경제지 섬용지 1-건축.도구.일용품 백과사전 이동인 외 역, 풍석문화재단, 2016
- 서유구, 임원경제지 섬용지 3-건축.도구.일용품 백과사전, 이동인 외 역, 풍석문화재단, 2017
- 스기야마 노부조, 일본조선비교건축사, 서동천 역, 세진사, 2017
- 안창모 외, 한국의 근대건축, 북노마드, 2011
- 앤드류 보이드, 중국의 건축과 도시, 이왕기 역, 기문당, 1999
- 오창섭, 한국의 근대건축(북노마드 디자인 문고 2), 북노마드, 2011
- 영건의궤 연구회, 영건의궤: 의궤에 기록된 조선시대 건축, 동녘, 2010
- 오인욱, 오인욱교수의 한국 근대건축 속의 공간디자인, 고성도서유통, 2012
- 윤일주, 한국근대건축사연구, 기문당, 1988
- 윤장섭, 한국건축사, 동명사, 2008
- 윤장섭, 한국건축사론, 기문당, 1990
- 윤장섭, 한국의 건축, 서울대학교출판부, 2008
- 윤장섭, 중국 건축기행, 기문당, 2005
- 윤장섭, 일본의 건축, 서울대학교출판부, 2000
- 윤장섭, 중국의 건축, 서울대학교출판부, 1999
- 윤장섭 , 한국의 건축, 서울대학교출판부, 2008
- 이강민, 한옥문화의 세계화을 위한 인문학적 가치 발굴 연구 3, auri(건축도시공간연구소), 2014
- 이강민, 현대 한옥기술의 변화와 전망, auri(건축도시공간연구소), 2014
- 이강민, 한옥활성화를 위한 신한옥 모델개발 연구 2, auri(건축도시공간연구소), 2013
- 이광노, 한국근대건축: 한국 근대건축 연구, 곰시, 2014
- 이광노, 한국 근대 건축, 곰시, 2014
- 이경아, 경성의 주택지, 도서출판 집, 2019
- 이상정, 한국 풍토건축의 멋, 경상대학교출판부, 2012
- 이상헌, 한국 건축의 정체성-서양 건축과의 차이를 통해 보다, 미메시스, 2017
- 이상헌, 대한민국에 건축은 없다-한국건축의 새로운 타이폴로지 찾기, 효형출판, 2013
- 이희봉, 한국건축의 모든 것 죽서루, 한국학술정보, 2013
- 임기택, 통제담론과 건축이론, 시공문화사, 2015
- 임석재, (예로 지은) 경복궁, 인물과사상사, 2015
- 임석재, 기하와 현실, 북하우스, 2002
- 임석재, 우리 옛 건축과 서양 건축의 만남, 대원사, 1999
- 임석재, 한국 전통건축과 동양사상, 북하우스, 2005
- 임석재, 서울건축사:건축으로 읽는 629년의 사회문화사, 미진사, 2022
- 임석재, 한국 현대건축의 지평 1, 인물과사상사, 2013
- 임형남, 내가 살고 싶은 작은 집, 위즈덤하우스, 2017

- 자오광차오, 마젠충, 세상에서 가장 친절한 중국 건축 이야기, 이명화 역, 다빈치 2014
- 자오 광차오, 나무로 집 지은 이야기만은 아니랍니다:중국 목조건축의 문화사, 미진사, 2020
- 장헌덕, 중국과 한국의 불교건축, 빛과글, 2005
- 전남일, 한국 주거의 공간사, 돌베개, 2013
- 전봉희, 권용찬, 한옥과 한국 주택의 역사, 동녘, 2012
- 전봉희 , 이규철, 서영희, 한국 근대도면의 원점, 서울대학교출판문화원, 2012
- 전진성, 상상의 아테네, 베를린.도쿄.서울-기억과 건축이 빚어낸 불협화음의 문화사, 천년의상상, 2015
- 전진성, 역사가 기억을 말하다-이론과 실천을 위한 기억의 문화사, 휴머니스트, 2005
- 전진성, 박물관의 탄생, 살림, 2004
- 전봉희, 3칸×3칸-한국건축의 유형학적 접근,서울대학교출판부, 2006
- 전봉희, 권용찬, 한옥과 한국 주택의 역사, 동녘, 2012
- 전봉희, 나무, 돌, 그리고 한국 건축 문명, 21세기북스, 2021
- 정인하, 한국의 근현대건축, 열화당, 2023
- 주진형, 최형순, 한국 건축 공간 디자인, 구미서관, 2015
- 중국 근대건축 1, 한동수 역, 발언, 1994
- 중국 근대건축 2, 한동수 역, 발언, 1994
- 최부득, 건축가가 찾아간 중국정원: 강남 원림건축 26곳, 미술문화, 2008
- 최우용, 일본 건축의 발견-일본 건축은 어떻게 세계건축계의 주류가 되었는가, 궁리 2019
- 최윤경, 사회와 건축공간, Spacetime, 2003
- 클래런스 페리, 근린주구론:도시는 어떻게 오늘의 도시가 되었나?, 커뮤니케이션북스, 2013
- 한국건축역사학회 집필진, 한옥 설계의 원리와 실무, 국토교통부, 2014
- 한국건축역사학회, 한국 건축사연구1_분야와 시대, 발언, 2003
- 한국건축가협회, 한국의 현대건축 건축가-한국현대건축총람 2, 기문당, 2000
- 한문화사, 신한옥:한옥, 전통에서 현대로, 한문화사, 2011
- 황두진, 당신의 서울은 어디입니까?- 서울을 다시 짓는 건축가, 황두진의 나의 도시 이야기, 해, 2005
- 황두진, 가장 도시적인 삶 - 무지개떡 건축 탐사 프로젝트, 반비, 2017
- 허균, 한국 전통 건축 장식의 비밀, 대원사, 2013
- 후노슈지, 아시아로 떠나는 건축 · 도시여행서, 한삼건 역, 박영사, 2023
- 후지시마 가이지로, 한의 건축문화 나의 연구 60년, 곰시, 2011
- Amos Ih Tiao Chang, 건축공간과 노자사상, 윤장섭 역, 기문당, 1984

2. 철학 부문

- 강상중, 오리엔탈리즘을 넘어서, 이경덕, 임성모 역, 이산, 1997
- 강신주, 강신주의 노자 혹은 장자-노자의 길과 장자의 길 사이에서, 오월의봄, 2014
- 강신주, 철학 VS 철학 - 동서양 철학의 모든 것, 오월의봄, 2016
- 강신주, 장자 & 노자: 道에 딴지걸기, 김영사, 2013
- 길희성, 인도 철학사, 소나무, 2019
- 길희성, 知訥의 禪思想, 소나무, 2001
- 나가오 다케시, 박규태 역, 일본사상 이야기 40, 예문서원, 2002,
- 노스코트 파킨슨, 동양과 서양, 안정효 역, 김영사, 2011
- 동학학회, 동학과 전통사상, 모시는사람들, 2004
- 라다크리슈난, 인도철학사 1, 이거룡 역, 한길사, 1996
- 뤼스 이리가라이, 동양과 서양 사이-개인으로부터 공동체로, 동문선, 2000
- 리쩌허우, 중국고대사상사론, 정병석 역, 한길사, 2005
- 리쩌허우, 중국근대사상사론, 임춘성 역, 한길사, 2005
- 리쩌허우, 중국현대사상사론, 김형종 역, 한길사 2005
- 리처드 니스벳, 생각의 지도 - 동양과 서양, 세상을 바라보는 서로 다른 시선, 최인철 역, 김영사, 2004
- 마르셀 그라네, 중국사유, 유병태 역, 한길사 2015

- 미셸 푸코, 헤테로토피아, 이상길 역, 문학과지성사, 2023
- 박동환, 서양의 논리 동양의 마음, 사월의책, 2017
- 박우찬, 박종용, 동양의 눈 서양의 눈, 재원, 2016
- 박정현, 정약용 코드, 새움, 2022
- 북경대학교철학과연구실, 중국 철학사 1, 박원재 역, 간디서원, 2005
- 서행정, 인도철학 이야기, 한국외국어대학교출판부 지식출판원(HUINE) l2013
- 서울대학교 철학사상연구소, 마음과 철학: 공자에서 최한기까지, 유학편, 서울대학교출판문화원, 2013
- 서울대학교 철학사상연구소, 마음과 철학 불교편, 서울대학교출판문화원, 2013
- 에드워드 W. 사이드, 오리엔탈리즘, 박홍규 역, 교보문고, 2015
- 이규성, 한국현대철학사론, 세계상실과 자유의 이념, 이화여대 출판부, 2012
- 이병욱, 인도철학사, 운주사, 2004
- 이승환, 김용석, 서양과 동양이 127일간 e-mail을 주고받다, 휴머니스트, 2001
- 이안 부루마, 아비샤이 마갈릿, 옥시덴탈리즘 - 반서양주의의 기원을 찾아서,송충기 역, 민음, 2007
- 이정우, 세계철학사 1-지중해세계의 철학, 길, 2018,
- 이정우, 세계철학사 2-아시아세계의 철학, 길, 2018
- 이지수, 인도 불교철학의 원전적 연구, 여래, 2014
- 이진경, 철학과 굴뚝 청소부, 그린비, 2015
- 이진경, 근대적 시공간의 탄생, 그린비, 2010
- 이토 구니타케, 세계철학사. 4, 중세 2 : 개인의 각성, 비(도서출판b), 2023
- 장왕식, 동양과 서양, 종교철학에서 만나다, 동연(와이미디어), 2016
- 전호근, 한국 철학사:원효부터 장일순까지 한국 지성사의 거장들을 만나다, 메멘토, 2018
- 조광제 외, 장소 철학 1 - 장소의 발견, 서광사, 2020
- 철학연구회, 현대철학의 정체성과 한국철학의 정립, 철학과현실사, 2002
- 평유란, 중국철학사 - 상, 하, 박성규 역, 까치, 1999
- 평유란, 간명한 중국철학사, 정인재 역, 마루비, 2018
- 폴 A. 코헨, 학문의 제국주의-오리엔탈리즘과 중국사, 이남희 역, 순천향대학교출판부, 2013
- 한스 요아힘 슈퇴리히, 세계 철학사, 박민수 역, 자음과모음(이룸), 2008
- 한스 콘, 민족주의, 차기혁 역, 삼성출판사, 1988

3. 예술 부문

- 아놀드 하우저, 문학과 예술의 사회사, 백낙청 역, 창작과 비평사, 1974
- 마츠바라 사브로 동양미술사, 예경, 1998
- 강희정, 구하원, 조인수, 클럭, 아시아미술사-선사토기에서 현대미술까지, 예경, 2015
- 구노 미키 중국의 불교미술, 최성은 역, 시공사, 2001
- 바이하원, 불교미술 입문을 위한 중국사원 문화기행, 배진달 역, 예경, 2001

4. 외국단행본

- AArata Isozaki, Japan-ness
- Agger, Ben, Cultural Studies as Critical Theory, London: Falmer Press, 1992

5. 국내 학위논문

- 김성우, 건축에서의 근대적 오류와 전통적 대안, 한국인문사회과학회, 1997
- 김제연, 일제강점기 조선 건축계의 서양 근대건축운동 인식에 대한 연구, 고려대 석논, 2023
- 허유진, 20세기 초 서울의 서양식 저택 연구, 한국예술종합학교 건축과 석논, 2013
- 이영수, 건축구성형식의 변화와 특성에 관한 연구, 홍익대 박론, 1992
- 박항섭, 한국 현대건축의 양태와 표현특성에 관한 연구, 홍익대 박론, 1997
- Kazuhiro Kaida. A Study on the Introduction and Development process of the Steel structure building in Japan[Ph.D. dissertation]. Kyushu University, Japan, 2008

6. 국내외 학회 논문

- 강난형, 국보건설단 강봉진과 국립종합박물관, 한국근현대미술사학, 제33집 2017상반기
- 강훈, 이동언, 디지털 건축디자인으로서 '주름(Fold)'에 관한 연구-질 들뢰즈의 '주름(Fold)'사유와 피터 아이젠만의 '접기(Folding)'기법을 중심으로 -. 대한건축학회 논문집, 20(11), 2004
- 김정수, 현대건축과 과학화, 건축, 1963.7
- 김성우, 건축에서의 근대적 오류와 전통적 대안, 한국인문사회과학회, 1997
- 김영재, 나카무라 요시헤이의 서양건축양식의 수용과정과 그 의미, 대한건축학회논문집, 제29권 제5호, 2013년 5월
- 김용범, 건축가 김윤기의 초년기 교육과정과 건축활동에 관한 고찰, 대한건축학회논문집, 제29권 제6호, 2013년 6월
- 김정동, 「김세연과 그의 건축활동에 대한 소고」, 한국건축역사학회 추계학술발표대회 논문집, 2007
- 김진일, 김승제, 건축가 W.M. Vories와 강윤에 대하여, 대한건축학회 계획계, 10권 5호, 1994년 5월
- 백선영, 전봉희, 1930년대 김종량의 주거실험과 H자형 주택, 대한건축학회 학술발표논문집, 2004년 10월
- 안창모, 일제하 경성고등공업학교와 건축교육, 대한건축학회논문집, 14권 6호, 1998년 6월
- 이강민, 임원경제지 섬용지 건축기사의 구성과 특징, 한국주거학회 학술대회논문집. 2010년
- 이강민, 서지학적 분석을 통한 임원경제지 섬용지 영조기사의 구성과 특징 연구, 한국주거학회논문집 제21권 제4호, 2010년 8월
- 이병수, 1930년대 서양철학 수용에 나타난 철학 1세대의 철학함의 특징과 이론적 영향, 시대와 철학, 2006 제 17권 2호
- 이홍렬, 이경규, 서구 모더니즘 건축운동을 통해 바라본일제강점기 가정개량 담론 형성, 한국일본근대학회, 2024, vol., no.84
- 임기택, 근대 구조기술 전파과정 중 건축가 배기형의 연계성 연구, 22권2호(통권96호) 2020
- 정인국, 건축양식발전의 주기성과 이원성, 건축 대한건축학회, 제7권 제2호 1963.8 1-2
- 허유진, 우동선, 1930년대 말 서울의 양관에 대한 연구, 대한건축학회 논문집 제29권 제7호, 2013년 7월
- 홍윤기, 박종홍 철학 연구-철학과 권력의 퇴행적 결합, 역사비평, 2001
- Kazuhiro Kaida. A Study on the Introduction and Development process of the Steel structure building in Japan[Ph.D. dissertation]. Kyushu University, Japan, 2008

7. 신문, 인터넷 기사 및 잡지

- 건축평단, 건축의 한국성, 건축평단, 2015 가을호, '21세기의 한국성_임기택'
- 권태문, 건축사, 한국의 건축가8-이천승, 1997년 1월호
- 권태문, 한국의 건축가-이천승, 건축사, 1997년 1월호
- 김봉렬, 20세기 한국건축의 유산과 교훈, 건축사, 99년 1월호
- 김승제, 한국의 건축가-강윤, 건축사, 1996년 10월호
- 문화공보부, 문화공보 30년, 1970
- 박길룡, 한국의 건축가-정인국, 건축사,1996년 2월호
- 안창모, 〈지식카페〉 최고급 주상복합 → 회생불능 공룡 → 재생사업… '榮辱'의 역사, 문화일보, 2017년 4월 19일자
- 안창모, 근대국가 건설의 세 번째 방법, 한국종합기술개발공사, 건축신문, 2019년 3월 28일
- 윤인석, 한국의 건축가 탄생배경, 건축사, 96년 6월호
- 윤인석, 한국의 건축가-박동진, 건축사, 1996년 9월호
- 송인호, 건축, 제66권 제 06호, 2022년 6월
- 이천승, 특집 30주년 회고담, 걸어온 길을 돌아보면, 대한건축학회지 19권 65호, 1975년 8월
- 이호진, 건축사, 한국의 건축가-김정수, 1995년 8월호
- 임기택, 건축평단, 건축의 한국성, 2015
- 공간, 「특집 한국 현대건축을 위한 심포지엄 시리즈1」: 국립종합박물관의 경우, 공간, 1967년 2월호

동북아 사유와 건축이론 시리즈 4
Thinking and Architectural Theory in Northeast Asia

근대성의 충돌과 동북아 건축의 대응

1판 1쇄 2025년 4월 15일

저자 임기택(ktarchitect@pknu.ac.kr)

발행인. 김기현
발행처. 시공문화사(Spacetime)
디자인. Design Battery

등록. 1993년 3월 12일
주소. 서울시 서대문구 독립문공원길 13 극동프라자 5층(03733)
전화. 02)3147-1212, 2323
전송. 02)3147-2626

www.spacetime.co.kr, spacetime@korea.com
ISBN 978-89-5592-489-3 93540

정가 10,000원